LES

ARBRES ET ARBRISSEAUX D'EUROPE

ET LEURS INSECTES.

LES

ARBRES ET ARBRISSEAUX

D'EUROPE

ET LEURS INSECTES,

PAR J. MACQUART,

CHEVALIER DE LA LÉGION-D'HONNEUR, MEMBRE DE DIVERSES SOCIÉTÉS SAVANTES.

Que ne puis-je dire avec La Fontaine :

Les arbres parlent peu,
Si ce n'est dans mon livre.

Les Insectes gâtent les fruits, ils dévastent les forêts ; ils produisent le miel, la cire, la soie.

Extrait des Mémoires de la Société des Sciences, de l'Agriculture et des Arts, de Lille.

LILLE,

IMPRIMERIE DE L. DANEL, GRAND'PLACE

—

1852.

INTRODUCTION.

Lorsqu'en 1848 je fus invité par la Société nationale des sciences, de l'agriculture et des arts, de Lille, à donner aux associés cultivateurs des conférences sur les Insectes nuisibles aux cultures et sur les moyens de s'en préserver (1), je me bornai aux plantes herbacées; mais je me promis d'étendre mon travail aux Arbres, et je dirigeai particulièrement mes recherches vers cet objet. Dans tout le cours de ma carrière entomologique, j'avais observé souvent des dévastations considérables, quelquefois immenses, causées par les Insectes sur les arbres; j'avais vu dans nos vergers les Pommiers en proie au Puceron lanigère, les Poiriers au Tigre, les Cerisiers aux Charençons, aux Teignes, les Pruniers aux Bombyx et aux Phalènes; j'avais déploré les ravages causés dans nos bois par les Scolytes, les Tenthrèdes, les Tordeuses, la Nonne,

(1) Les conférences ont été publiées dans les notices agricoles de la Société de 1848 et 1849

le Cossus, et cette multitude d'autres Insectes qui font quelquefois périr par milliers les arbres de nos forêts.

J'avais pris connaissance en même temps des moyens de préservation employés par les hommes qui se sont devoués à cette utile investigation : en Allemagne, par M. Ratzeburg, le célèbre forestier dont le bel ouvrage (*Die forstinsecten*) est si honorablement connu ; en France, par MM. Audouin, Guérin-Menneville, Robert, Michaux et quelques autres qui ont fait d'utiles travaux dans le but de préserver les arbres des Insectes nuisibles.

Cependant en voyant les dégats commis par les Insectes sur les Arbres, je n'avais pu méconnaître en même temps les relations curieuses, intéressantes qui existent entre les uns et les autres, rester insensible à ces harmonies ineffables que la Providence manifeste à nos sens pour les transmettre à notre âme; j'avais admiré dans les Insectes les rapports qu'ils ont avec les Arbres, par leurs couleurs, leur conformation, leurs instincts, leurs industries dans les différentes phases de leur développement. Ici, je voyais la chenille de la Noctuelle échapper à ses ennemis en se posant sur les Lichens de l'écorce du Frêne, colorés comme elle, se confondant avec elle; là, c'était la larve du Charençon qui roule la feuille du Coudrier en cornet, en estompe, qui la plie en valise en y renfermant un œuf, et en pourvoyant ainsi à la sûreté et à la subsistance de sa larve à sa naissance. Là encore c'est le Cynips dont la larve détermine par la succion l'afflux de la sève sur la feuille du Chêne et la formation de galles sous la forme souvent élegante de fleurs et de fruits.

De cette double consideration des ravages causés par les Insectes et de toutes les harmonies qui les lient au règne végétal, il résulta dans mon esprit une disposition qui leur était moins malveillante que favorable; je me persuadai que leur destination dans l'économie générale de la nature était moins de nuire aux Arbres en restreignant leur multiplication dans les bornes nécessaires au maintien de l'équilibre parmi les êtres, que de prendre leur part au banquet que leur offrent les plantes, d'animer la scène végetale par leurs mouvements, leurs passions, leurs guerres, leurs amours, et, répandus à l'infini en faveur de l'exiguité de leurs dimensions, de manifester par toutes les merveilles de leur organisation et de leurs instincts, la Puissance, la Sagesse et la Bonté Divines.

Les Insectes ont leur berceau, leur aliment et leur demeure sur toutes les parties des Arbres. Leur organisation dans les diverses phases de leur développement, leurs appétits, leurs instincts sont en harmonie avec les racines, l'écorce, le bois, les feuilles, les fleurs, les fruits. Ils réalisent la fable des hamadryades dont la destinée était liée à celle de ces végétaux. Les racines nourrissent de nombreuses larves souterraines. L'écorce est percée par la trompe des Cigales, des Pucerons, des Gallinsectes qui s'abreuvent de la sève; elle est incisée par la scie des Tenthrèdes qui y déposent leurs œufs à sa surface intérieure. La multitude des Coléoptères et de leurs larves creusent des galeries, se fraient des routes ténébreuses. C'est ainsi que le Scolyte pénètre sous l'écorce du Chêne, de l'Orme, du Hêtre, du Pin en choisissant une fissure. Il pratique dans la couche la plus récente des trouées verticales au bord desquelles il dépose ses œufs, et il revient mourir à l'entrée qui reste fermée par son cadavre, afin de prolonger au-delà de la mort même ses soins maternels. Lorsque les larves sont écloses, elles creusent chacune, des sillons transversaux extrêmement rapprochés entre eux. L'aubier et même le bois sont souvent envahis par les Cossus, les Capricornes, les Sirex.

Les feuilles, ces organes si importants de la végétation, ces racines aériennes, ces appareils de la respiration, qui ne le cèdent qu'aux fleurs en coloris, en diversité de forme, servent de nourriture à des myriades d'Insectes. Elles sont surtout le fonds inépuisable de la subsistance des chenilles, ces innombrables productrices de la soie, qui non-seulement la sécrètent et la filent à notre usage comme au leur, mais qui rivalisent d'industrie avec la Chine et Lyon, sinon par la somptuosité des produits, au moins par l'utilité, la convenance avec leurs besoins. L'instinct leur donnant la prescience de l'etat en quelque sorte léthargique de chrysalide, qui doit précéder leur brillante transfiguration, les chenilles pourvoient à leur sûreté future en se filant de mille manières des cocons dont la consistance, la forme, la matière, la position, se modifient à l'infini.

En restant circonscrits dans le cadre des chenilles qui vivent sur les Arbres d'Europe, nous trouvons que les cocons dans leur consistance imitent la gaze, le crêpe, la toile, le papier, le feutre, le parchemin, avec toutes les modifications intermédiaires. Leur forme, ordinairement ovoïde, est parfois sphérique, pyriforme, glandiforme, en barillet, en sac, en nacelle, en fourreau, en crosse de pistolet, en hélice; tantôt c'est un hamac bercé au moyen de deux fils dans un cocon renfermé lui-même dans une feuille roulée en cornet, tantôt c'est un réseau à claire-voie, suspendu par de longs brins de soie à une branche, comme le nid de la mésange penduline, de sorte qu'il est balancé par le moindre vent.

La soie est presque toujours la matière principale des cocons; mais les chenilles y mêlent souvent des molécules de terre, des fragments de feuilles, de mousse; elles se découvrent quelquefois de leurs poils pour en augmenter la solidité. Quelques-unes les construisent de terre agglutinée, et d'autres, vivant sur les arbres conifères, emploient la résine.

Quant à la position que les chenilles choisissent pour leurs cocons, elles les fixent tantôt sur les branches, tantôt entre des feuilles; elles les appliquent contre les troncs ou sous les écorces; elles les déposent à la surface du sol ou elles les enterrent plus ou moins profondément. Quelquefois, réunies en familles nombreuses, elles filent de grandes toiles en commun pour abriter les cocons individuels. Plusieurs vivent en mineuses entre les deux membranes des feuilles, et elles n'en rongent que le parenchyme. Quelques Insectes les façonnent en berceaux pour leurs œufs, les roulant, les pliant, les tordant de mille manières. D'autres encore, par la déposition de leurs œufs sur les feuilles, déterminent l'afflux de la sève, et la formation d'excroissances galliformes qui présentent le phénomène singulier de l'ordre, de la régularité, de la convenance provenant d'une déviation accidentelle des sucs végétaux.

Les fleurs qui charment nos sens par leur velouté, leurs couleurs, leurs formes, leurs parfums, qui parlent à notre esprit par leurs attributions importantes, comme organes de la fécondation, par la conformation de leurs nombreuses parties, dont les modifications infinies stimulent nos études sous le rapport botanique, physiologique, philosophique, qui intéressent notre âme comme emblêmes des vertus et des sentiments qui honorent le plus notre nature : le Lierre, l'Immortelle, la Sensitive, le Lys, la Pensée, la Violette, la Germandrée, la Marguerite, les fleurs, dis-je, livrent aux Insectes les trésors de leurs corolles, sans rien perdre de leur fécondité. D'innombrables essaims sont pourvus d'une trompe en harmonie avec elles pour humer le doux suc des nectaires; d'autres armés de brosses et de cuillers, destinées à recueillir le pollen des étamines. C'est ainsi que l'Abeille rassemble son butin, et, de retour à sa ruche, le transforme en cire et en miel pour la construction de ses alvéoles et la subsistance de sa famille.

Les fruits, en étendant cette dénomination à toutes les graines qui résultent de la fécondation et qui contiennent les germes de la génération suivante, sont le fonds le plus général de la nourriture des être animés; sans eux le règne animal n'existerait pas plus que le végétal lui-même. Aussi la sagesse suprême les a-t-elle prodigués de manière à remplir cette double destination, et autant elle les a protégés, garantis, soigneusement revêtus, comme gage de la conservation des espèces, autant elle les a présentés à l'appétit des animaux par toutes les séductions de la forme, de la couleur, de l'odeur et de la saveur. Les Insectes prennent une large part à ce vaste banquet; nous ne les trouvons que trop souvent partageant nos goûts, et nous disputant les fruits dont nous sommes le plus friands. Les Guêpes, les Mouches et les Fourmis ravagent nos Reines-claudes, nos Abricots, nos Poires, nos Raisins. Une multitude d'autres deposent leurs œufs sur le germe des fruits, et leurs larves s'y développent au centre.

C'est ainsi que nous trouvons des Pyrales se développant dans la Pomme, la Châtaigne, le Gland (1), une Mouche dans la Cerise (2), le Charençon dans la Noisette (3), le Dacus dans l'Olive (4), la Siphonelle dans la Noix (5). Toujours l'image du ver rongeur qui corrompt le bonheur fondé sur les sens.

Les Arbres, dans toutes leurs parties, donnent donc des moyens d'existence aux Insectes ; ils souffrent quelquefois de leur multiplication excessive, et nous devons chercher les moyens de les en préserver; mais habituellement, ils sont trop puissants pour ressentir quelque effet de la présence de si petites créatures. Ils sont pour elles ce que le globe est aux hommes, qui s'en partagent les nombreuses parties, s'en approprient les productions, y exercent leurs industries respectives, y remplissent la destination que la Providence leur a assignée. Voyez le Chêne, seulement sous le rapport de ses Insectes, sans parler des autres animaux qui vivent de ses feuilles, de ses glands, de son écorce, de ses racines, quelle multitude de classes, de genres, d'espèces, différant, contrastant d'organisation, de grandeur, de couleurs, d'habitudes, d'instincts, vivant le plus souvent de sa substance sans lui nuire, mais portant quelquefois la perturbation dans son existence, lorsque des circonstances atmosphériques favorisent des multiplications excessives.

C'est à l'homme, en vertu de l'empire que Dieu lui a donné sur la terre, de protéger les arbres contre ces dévastations, d'autant plus qu'il les y expose souvent lui-même dans ses cultures en faisant ses plantations dans des sols, des sites, des expositions, des conditions qui les affaiblissent et les livrent aux offenses de leurs ennemis.

---

(1) Carpocapsa pomonana, splendana, amplana.
(2) Ortalis cerasorum.
(3) Strophosomus coryli.
(4) Dacus oleæ.
(5) Siphonella nucis.

L'homme doit considérer l'arbre comme la plus haute expression de la nature végétale, comme il l'est lui-même, sous le rapport matériel, de la nature animale. Il doit voir en lui l'un des agents les plus puissants pour le nourrir (1), l'abriter et établir sa domination sur la terre. L'arbre est le plus bel ornement du sol, soit par son élévation, son port majestueux, soit par son feuillage, ses fleurs, ses fruits. Il intéresse l'esprit et le cœur par les harmonies qu'il nous présente avec la nature entière.

Cependant, ces harmonies que nous voyons, que nous sentons, dont nous éprouvons sans cesse les effets, ne sont pas pour ainsi dire entrées dans le domaine de la science botanique. La physiologie végétale, qui a pénétré si avant dans l'organisation des plantes, est demeurée trop étrangère aux relations qu'elles ont avec la nature entière ; elle s'est réduite trop souvent à classer, à décrire, à approfondir la connaissance des organes ; elle est restée en arrière de la physiologie animale. Et cependant, il y a tant d'analogie, tant de ressemblance entre les plantes et les animaux, que la botanique et la zoologie devraient marcher de front ; comme cette dernière science, la botanique devrait se produire en trois branches : la systématique, la géographique et la philosophique, et cependant cette dernière lui manque en grande partie encore ; la botanique se livre peu aux généralisations, aux considérations des analogies et des harmonies ; elle n'a pas encore proclamé, comme la zoologie, « ce fait fondamental que chaque organe dans » chaque végétal a exactement la structure, la position, le volume, » la forme les plus favorables à l'accomplissement de la fonction » qui lui est dévolue, et que le savoir le plus profond sur l'orga- » nisation des plantes, que les raisonnements les plus ingénieux » sur les nécessités de leur vie, ne sauraient rien concevoir qui

---

(1) A la vérité, les arbres contribuent peu à la nourriture des hommes en Europe, à l'exception du Châtaignier ; mais il n'en est pas de même dans les autres parties du monde, où l'Arbre-pain et beaucoup d'autres constituent la principale nourriture des hommes.

» pût ajouter à la perfection de ces œuvres de la nature (1). »

Il est résulté de cet éloignement de plus en plus prononcé de cet ordre de considérations, que la botanique est devenue froide, aride, abstraite, privée, si je puis m'exprimer ainsi, de sa spiritualité; elle a cessé d'être l'aimable science de J.-J. Rousseau et de Bernardin de Saint-Pierre. Ce dernier, parmi les harmonies de la nature végétale, admettait la coordination aux rayons solaires des formes et des couleurs des fleurs pour en augmenter ou en amortir l'intensité suivant la température des différents climats: les formes, par leurs modifications en réverbères et en parasols; les couleurs par le dégré différent de chaleur que chacune d'elles procure aux plantes; de sorte que ces charmantes productions qui se dessinent si diversement en couronne, en étoile, en vase, en guirlande, en grelot, en papillon, qui se colorent des nuances les plus vives, les plus suaves, qui ne semblent faites enfin que pour le plaisir des yeux, ont chacune la forme, la couleur qui déterminent la température nécessaire à la fécondation, et elles voilent de leurs grâces l'utilité que leur a donnée la sagesse suprême.

Nous ne croyons pas à cette théorie, toute séduisante qu'elle soit; peut-être que la nature gardera longtemps encore son secret; mais il est hors de doute pour nous, que chaque forme, chaque couleur, chaque parfum dans les fleurs a sa raison d'être, son utilité relativement au végétal.

Les grands botanistes de nos jours ont signalé dans les plantes des phénomènes qui semblent plus ou moins accidentels et qui nous paraissent au contraire conformes à la loi des harmonies: ainsi tous les organes de la fleur sont sujets à se développer d'une manière incomplète, ou même à ne pas se développer du tout, à *avorter* pour ainsi dire, ce qui cause des altérations notables dans la symétrie de la fleur. Ces avortements peuvent arriver soit accidentellement, soit constamment par suite de la dis-

---

(1) M Is. Geoffroy Saint-Hilaire

position primitive, et de la nature de certains organes dans telle ou telle espèce.

Des avortements déterminés d'avance et comme nécessaires se passent quelquefois sous nos yeux pendant la floraison; ainsi plusieurs plantes qui ont un nombre déterminé de carpelles (fruits en germe) au moment ou la fleur s'ouvre, n'en conservent plus qu'une partie pendant la maturation des fruits; tel ovaire qui a trois loges au moment où la fleur commence, n'en conserve que deux ou une, parceque les autres ne grossissent pas, et que leurs cloisons se détruisent et se soudent avec les membranes voisines (1).

Un autre phénomène analogue à celui dont nous venons de parler est celui des métamorphoses, qui a été signalé par le poëte botaniste, le célèbre Gœthe ; il consiste dans la série de transformations des organes floraux qui s'éloignent d'autant plus ou d'autant moins de la nature des feuilles qu'ils en sont plus ou moins distants par leur position. Ainsi, on trouve souvent des sépales (folioles du calice) analogues aux feuilles, plus rarement des pétales, plus rarement encore des étamines. Dans les fleurs doubles, les étamines deviennent souvent semblables à des pétales, et quelquefois on a vu des carpelles se changer en étamines. Enfin tous ces changements se réalisent à la fois lorsque toutes les parties de la fleur sont transformées en feuilles vertes et épanouies comme elles. Ainsi, dans le sens opposé, les bractées et les sépales se changent quelquefois en pétales, les pétales en étamines, et les étamines en carpelles.

Ces métamorphoses et ces avortements, tantôt accidentels, tantôt constants par suite d'une disposition primitive, nous semblent attester tout à la fois la loi si étendue de l'unité de composition et celle qui régit les modifications des types, suivant les vues ineffables de la Providence.

Dans l'état actuel de la botanique, voici la définition de la fleur et du fruit : La fleur est la réunion des organes sur lesquels

---

(1) Alph. de Candolle. Vegel, 1, p. 159.

naissent les germes des plantes phanérogames et de ceux qui les entourent immédiatement. Elle se compose de feuilles dans un état particulier de transformation, naissant à l'extrémité de la tige ou de ses ramifications, et disposées ordinairement par verticilles réguliers.

Le fruit ou carpelle, considéré en lui-même, est une feuille repliée sur les bords, et qui se compose de trois parties : la surface ou membrane extérieure, la membrane intérieure et l'intervalle entre ces deux membranes (1).

Cette définition prouve l'etat avancé de la botanique systématique; cependant la fleur et le fruit sont autre chose encore que des feuilles transformées. La fleur est le lit nuptial de la plante, entouré de tous les accessoires nécessaires pour l'accomplissement du mystère de la fécondation, offrant en même temps, dans le suc de ses nectaires, un immense banquet aux essaims infinis des Insectes dont la trompe est faite pour le recueillir, ouvrant surtout à l'homme une source inépuisable de jouissances par la beauté, la grâce, l'elégance, l'harmonie, la diversité de la forme, l'éclat, la pureté, les nuances, le dessin des couleurs, la suavité, la finesse des parfums. Comment douter que la fleur n'ait reçu cette haute destination en voyant la faveur universelle dont elle jouit près de l'homme, qui seul sait apprécier sa beauté. Le fruit est non-seulement le résultat de toute la végétation, puisqu'il est le moyen par lequel s'opère la reproduction des espèces; il est destiné à nourrir de son extrême surabondance la plus grande partie des animaux qui, sans lui, n'existeraient pas, ce qui entraînerait l'anéantissement des autres; l'homme y trouve non-seulement des aliments substantiels, salubres, savoureux, exquis, mais encore, comme dans les fleurs, les formes, les couleurs, les parfums les plus propres à flatter ses sens.

Parmi les harmonies que les végetaux, et particulièrement les arbres, présentent avec les éléments, nous mentionnerons celle

(1) Alph. de Candolle, histoire naturelle des végétaux, 1, p. 133 et 172.

relative à la lumière : M. Marrey, partant des observations faites par M. W. Herschell sur la température propre aux différents rayons du spectre solaire, s'est assuré que, selon la couleur dominante du disque floral, la température de la plante était en rapport exact avec celle que présentent les mêmes couleurs fournies par le prisme, de sorte que la température de l'atmosphère étant de 12°,22 centigrades, par exemple, celle du *Calta æthiopica* est de 12°,78, et il se trouve que les couleurs blanche et bleue sont moins actives que les jaune et rouge.

L'arbre s'harmonise avec l'air, surtout par l'action des feuilles qui, sous l'influence du soleil, absorbent l'acide carbonique de l'atmosphère, retiennent son carbone et exhalent de l'oxigène, tandis que pendant la nuit elles absorbent de l'oxigène et dégagent de l'acide carbonique, mode de respiration qui rend les arbres favorables à la santé de l'homme, lorsqu'ils sont agglomérés en vergers, en forêts.

Les harmonies aériennes des arbres se manifestent encore dans les graines des espèces propres aux montagnes, dont la dissémination s'opère à l'aide d'ailes membraneuses ou d'aigrettes plumeuses que les vents emportent au loin. Dans les espèces dioïques, les vents opèrent aussi la fécondation en établissant des rapports entre les sexes.

L'arbre est en harmonie avec l'eau, l'élément constitutif de toute végétation, qu'il va puiser par ses racines dans les profondeurs de la terre, par ses feuilles dans l'atmosphère où il l'aspire et la recueille sous la forme de pluie, de neige, de rosée, de brouillard, de vapeur. Les feuilles ont dans ce dessein de larges surfaces pour l'absorber, des canaux ou des aqueducs pour l'amener à la base de la tige, et de là aux racines dans les arbres des montagnes, comme ceux des lieux aquatiques ont dans diverses dispositions de leurs feuilles et de leurs rameaux des moyens de l'en éloigner.

Les semences des arbres aquatiques sont propres à voguer, et pour cela, elles sont pourvues de carène, de proue relevée en esquif, en pirogue, et elles descendent ainsi le courant des rivières et des fleuves pour se resemer sur leurs rivages.

Les harmonies de l'arbre avec la terre consistent surtout dans la base et le support que l'un trouve en l'autre ; à chaque nature de sol répond un genre de racine qui y puise les éléments appropriés à la nutrition du végétal. Ainsi le Chêne enfonce son long pivot, le Peuplier étend ses racines horizontalement, le Pin fixe les siennes dans le sable, le Charme dans l'argile, le Bouleau sur les rochers des montagnes, l'Aune dans les tourbes des marécages.

L'arbre emprunte à la terre une partie de sa substance et la lui restitue tant par la décomposition annuelle de son feuillage que par la dissolution de son tronc à sa mort.

Il confie sa semence à la terre qui la reçoit, la réchauffe, l'humecte, la nourrit et y développe le germe vital qui y est contenu.

Enfin l'arbre est la plus belle production de la terre par sa grandeur, son port, son feuillage, ses fleurs, ses fruits; il en cache la nudité, l'aridité ; il en décore la surface de ses plus riches vêtements qu'il diversifie de mille manières : de sombres forêts de Chênes, de Sapins dans les vastes plaines ; des bouquets de hauts Peupliers dans les îles, de longues rangées de Saules au feuillage glauque bordant les fleuves, de grandes futaies de Bouleaux affrontant les neiges des régions polaires, des touffes de Palmiers ombrageant les oasis du désert, les Cèdres, les Mélèzes s'élevant sur les flancs du Liban, de l'Hymalaya, de l'Atlas, des Alpes.

L'arbre imprime à chaque site son cachet particulier et donne à la terre son charme principal : la variété. L'arbre présente également des harmonies avec les autres végétaux ; il naît sous l'abri des plantes herbacées auxquelles il prête bientôt à son tour son ombre protectrice; il offre son tronc aux Mousses, aux Lichens, aux Lianes qui l'étreignent, au Lierre, symbole de l'amitié.

Les harmonies de l'arbre avec la nature animale se manifestent particulièrement par les aliments qu'il fournit à un grand nombre de mammifères, d'oiseaux, d'insectes, et par tous les moyens qu'y trouvent ces derniers d'exercer les industries que leur suggère leur instinct maternel, ce qui est en partie l'objet de cet ouvrage.

Mais c'est avec l'homme que l'arbre présente les rapports les plus harmonieux, les plus étendus; il intéresse également ses sens, son esprit et son âme; il lui donne ses fruits, son ombrage, son bois qui fournit des matériaux à la satisfaction de ses besoins, à ses arts, à sa civilisation.

L'arbre parle à l'esprit de l'homme par l'étude de tous les phénomènes, de toutes les lois naturelles qu'il dévoile à ses yeux. Les grands avantages qu'il nous procure, la haute importance qu'il acquiert dans nos grandes agglomérations ont créé la science forestière qui a illustré Duhamel du Monceau, Ratzebourg, et leur a donné des droits à la reconnaissance publique.

Enfin l'arbre parle à l'âme, quoiqu'ait dit Lafontaine. Les grandes colonnades, les voûtes élevées, les dômes majestueux que présentent les forêts, agrandissent nos pensées comme les palais de Louis XIV; les hautes pyramides qui se balancent dans les airs et s'élèvent en flèche vers le ciel y dirigent nos désirs; l'arbre qui incline ses rameaux vers le sol nous ramène aux mélancolies terrestres; l'arbre toujours vert nous entretient de l'éternité; l'arbre séculaire évoque nos souvenirs, il nous reporte aux temps reculés de sa jeunesse; comme tous les vieillards, il nous raconte sa vie, son siècle. Avec quelle émotion n'avons-nous pas vu le Chêne du bois de Vincennes sous lequel saint Louis rendait la justice à ses peuples et montrait cette haute sagesse, éclairée par la foi, qui engageait les souverains à le prendre pour arbitre dans leurs différends. Nous avons salué dans la plaine de Lens l'arbre de Grenay, à l'ombre duquel le grand Condé vint se reposer après sa victoire (1). Nous mentionnerons encore le Chêne qui offrit un refuge à Charles II après la bataille de Worcester, et qui, pour prix de cette hospitalité, a été reçu dans les cieux en donnant son nom à une constellation; enfin, le Chêne qui abrite encore la

(1) En 1648

petite chapelle du hameau de Ranquin, commune de Pouy, où saint Vincent de Paul, enfant, allait prier et préludait à cette charité dont il est devenu l'apôtre.

Parmi d'autres arbres célèbres, nous citerons encore le Châtaignier du mont Etna, dont la cime colossale peut offrir un abri à cent chevaux, ainsi que l'indique son nom, et qui est âgé de 4,000 ans, d'après la supputation de ses couches annuelles. Qui ne connaît le Baobab qu'à vu Adanson sur les rivages du Sénégal et dont il fait remonter la naissance aux premiers âges du monde.

Le respect qu'ont toujours inspiré les vieux arbres les ont fait tenir lieu chez nos ancêtres de temple de la Justice. Les Celtes, les Gaulois, les Français du moyen-âge portaient les jugements aux Cinq-Chênes, aux Sept-Tilleuls, sous le Bouleau, sous le Noyer, sous l'Orme, devant l'Aubépine (1). On jurait au pied de ces arbres foi et hommage, on y faisait des traités, on y prêtait des serments, on y fixait le point de départ pour les grandes entreprises militaires; tel était le fameux Ormeau de Gisors, le célèbre Chêne-des-Partisans dans les Vosges.

Jusqu'ici nous n'avons considéré les arbres qu'isolés et d'une manière abstraite ; nous n'avons vu que leur beauté individuelle; mais si nous les examinons dans leurs aggrégations, en grandes plantations et en vastes forêts, dans les masses imposantes qui revêtent le sommet et les flancs des montagnes, qui ombragent les sombres vallées et les bords des eaux, dans les harmonies et les contrastes qui répandent tant de charmes sur les campagnes, ils excitent bien plus encore notre attention; nous voyons en eux un riche manteau jeté sur la nudité de la terre, un trésor toujours renaissant pour les nations, une source intarissable de travail, d'industrie, de bien-être pour le peuple.

Un intérêt puissant s'attache donc aux plantations de nos parcs, de nos jardins, de nos vergers, des bords de nos routes, de nos rivières, et bien plus encore à nos bois, à nos forêts. Quels que

(1) C'est ainsi que l'on désignait certains jugements.

soient l'incurie dont ils sont l'objet, l'empressement avec lequel ils sont abattus aussitôt qu'ils présentent quelque valeur, la parcimonie qui replante, la cupidité qui défriche, les arbres sont encore le plus bel ornement de notre France; il y a encore de belles plantations, de grandes forêts; la sage prévoyance de nos ancêtres nous a dotés de ces ombrages. Nous voyons encore çà et là à l'entrée des châteaux, à la porte des presbytères, sur les cimetières et les places publiques de nos villages, des arbres de Sully, c'est-à-dire de vieux Chênes, des Tilleuls caverneux qui ont été plantés en exécution de l'ordonnance rendue par Henri IV, à la demande de son ami, afin de multiplier les bienfaits que produisent les plantations.

Les arbres fruitiers de nos jardins, de nos espaliers, de nos vergers, méritent bien les soins que nous prenons de les planter, de les cultiver, de les preserver de leurs ennemis. Dans l'utilité et les jouissances que nous présentent leurs fruits, la Providence s'est montrée ingénieuse à les multiplier, à les diversifier, à les répartir à toute l'année, à leur donner des qualités bienfaisantes pendant la saison de leur maturité. Elle les met à notre portée par le peu de hauteur des arbres qui les produisent, elle nous invite à les cueillir par leurs formes gracieuses, leur coloris, leur parfum; lorsqu'ils tombent, c'est sur un moëlleux gazon, pour qu'ils ne se froissent pas.

Avec quel plaisir ne revoyons-nous pas, à chaque printemps, la nouvelle évolution des fruits qui, comme une guirlande, se deroulent à nos yeux, charment tour à tour nos sens, et successivement rafraîchissent, purifient, calment, animent, réchauffent notre sang par leurs salutaires propriétés. A peine la fraise a-t-elle disparu, qu'elle est remplacée par la groseille, la framboise; la cerise fait la transition avec les fruits à noyau et précède l'abricot, la pêche, la prune; à ceux-ci se mêlent la mure, la figue; ensuite murissent l'aveline, la noix, l'amande; enfin, la nèfle; le raisin, la poire et la pomme, qui, par leur faculté de se conserver pendant l'hiver, prolongent nos plaisirs jus qu'au retour des fraises. C'est un enchaînement, un cercle complet de jouissances, qui rivalise d'éclat et de parfum avec une couronne de fleurs, et qui nous séduit encore par les formes, le velouté, les teintes nuancées, les odeurs suaves, et surtout les saveurs les plus fines, les plus délicates auxquelles se mêlent tous les degrés du doux et de l'acide.

Tous ces bienfaits ont été accordés à l'homme qui, à la sueur de son front, a su les découvrir, les rapporter des diverses contrées, les cultiver et obtenir par la culture ces modifications, cette diversité, ces perfectionnements dont nous savourons les merveilles, qui changent l'âpreté en suavité, la sécheresse en succulence, la fadeur en saveur, l'âcreté en douceur, et conquérir ainsi la cerise de Montmorency, la reine-claude, la pêche de Malte, le colmar, le chasselas de Fontainebleau et tant d'autres excellentes conquêtes de l'horticulture.

Les arbres forestiers que nous avons transplantés dans nos vergers, dans nos bosquets, le long des chemins et des cours d'eau, forment une partie considérable de la richesse du sol dans quelques-unes de nos provinces, et particulièrement dans la Flandre. Pour s'en faire une idée, il faut gravir le mont Cassel (*Castellum morinorum*), aux souvenirs romains, trois fois champ de bataille sous les rois Philippe, et jeter les yeux sur le panorama qui s'étend de Dunkerque à Lille. Cette heureuse contrée où les terres arables luttent de fertilité avec les nombreux pâturages, est semblable à une vaste forêt mêlée de petites clairières, et cependant, à l'exception de la forêt de Nieppe, du bois de Clairmarais et de quelques bosquets, toutes les plantations qui semblent couvrir la terre sont celles des vergers, dont l'intérieur est planté d'arbres fruitiers, et le bord, généralement orné d'un ou deux cordons d'ormes. Dans les haies d'Aubepine ou de Pruneliers s'élèvent des Chênes, des Peupliers, des Frênes. Le bord des chemins est planté de Peupliers de Hollande (Bois-blancs), dont les racines traçantes raffermissent le sol et en absorbent l'humidité, tandis qu'un large fossé préserve de cet effet les champs riverains.

Ces beaux vergers, l'honneur de la terre flamande, qui faisaient parcourir avec tant de jouissances la route de Lille à Dunkerque avant que le chemin de fer eut réduit presqu'à rien la distance et le plaisir, offrent la végétation la plus vigoureuse, le gazon le plus vert, l'ombrage le plus frais. Ce sont tous Champs-Élysées, s'écriait avec joie une jeune personne (1) douée d'un sentiment exquis, venant de Paris habiter la Flandre, dans un temps où ceux de la capitale n'etaient pas encore envahis par la foule et la poussière.

Ces vergers sont encore embellis par les bestiaux qui y paissent, et surtout par les belles vaches laitières à la robe fine, luisante, à la poitrine large, à la tête petite, aux jambes deliées, au beurre excellent, qui élèvent la race flamande au rang des types les plus renommés.

Au centre de ces vergers s'élèvent les bâtiments des fermes, véritables fermes-écoles où brillent la propreté, l'ordre, l'activité, l'économie, l'aisance, la probité, le bonheur domestique. On y retrouve quelques vestiges de la vie patriarchale, ou plutôt, on s'y rappelle la description délicieuse de l'habitation et des mœurs de la famille de Lasthénès, dans les *Martyrs* (2).

---

(1) M.elle O., rendue orpheline par la hache révolutionnaire, fut adoptée par M.me de B. dont le mari, juge au tribunal de cassation, en fut expulsé pour le crime d'être le frère d'un saint prêtre deporté pour refus de serment.

(2) Je possède au pied de ce mont historique une de ces fermes, de médiocre contenance, mais dont les vergers présentent dans une heureuse proportion, les arbres et le gazon, dont les terres arables produisent à l'envi le froment, le lin, le colza, la betterave, le tabac, le houblon, et dont le fermier est un cultivateur modele. Nul ne règle mieux son assolement, ne fait un usage plus judicieux de ses engrais, ne veille plus à ses intérêts, et, chose plus rare, à ceux de son propriétaire. Je n'ai nulle part des étables et écuries mieux aérées, des granges plus remplies, des pâturages plus gras, plus exempts de chardons et de taupinières, des arbres mieux venants, mieux élagués, je voudrais ajouter mieux échenillés, si la vérité me le permettait; c'est là son moindre défaut. Aussi, Cantois est-il le paysan le plus instruit de son village, et a-t-il reçu le

Si les arbres dont nous nous sommes entourés dans nos jardins, dans nos vergers, nous procurent tant d'avantages et de jouissances, les forêts nous inspirent un intérêt d'un ordre supérieur ; elles sont pour les nations ce que les premiers sont pour les familles : une ressource, un trésor précieux.

Les forêts qui couvraient primitivement tous les pays tempérés et particulièrement les Gaules auxquelles elles donnèrent leur

---

surnom de petit avocat. Connaissant le prix du savoir, il voulut que son fils en acquît autant que lui ; il y réussit, et grâce à l'instituteur de la commune et même de M. le curé qui avait reconnu ses heureuses dispositions pour l'étude, le jeune garçon devint le plus savant de toute l'école, il en était en même temps le modèle par sa modestie, sa soumission et sa piété.

Un jour, Gantois étant venu me payer son fermage, je lui trouvai l'air bien soucieux, et je lui en demandai la cause. Il me répondit : Autant j'ai désiré de l'instruction à mon fils, autant je la maudis maintenant. Elle lui a fait mépriser l'état de cultivateur, il a toujours des livres en main, il lit, il écrit, il calcule sans cesse, il fait ce qu'il appelle de la Géométrie. Je ne peux plus le faire travailler à la terre, il n'apprend plus l'agriculture que dans l'ouvrage d'un M. Virgile dont je n'avais jamais entendu parler, et qui, je crois, ne lui apprend rien de nouveau : il n'y est pas question du drainage. Ce n'est encore que le moindre sujet de ma peine ; il s'est attaché depuis plusieurs années à une jeune fille qui, ainsi que lui, remportait toujours les premiers prix à l'école, qui montrait les mêmes goûts que lui. Je crois qu'elle l'a ensorcelé, et elle fait mon désespoir.

Je dis à Gantois : elle a donc séduit votre fils et lui a fait perdre ses principes de morale et de religion ?

Je dois dire, me répondit-il, que je n'ai pas le moindre reproche à lui faire sous ce rapport. Elle est aussi sage que belle ; elle est l'exemple du village, elle prodigue à sa mère infirme les soins les plus touchants, elle va veiller au chevet des pauvres malades, en un mot elle a de la raison, de la modestie, de la vertu, de la charité, de la piété, mais elle n'a rien, absolument rien ; si mon fils l'épouse, il n'aura jamais le moyen de me remplacer dans votre ferme, et c'est cependant le plus grand de mes désirs. Ce qui accroît encore mes regrets, c'est que j'avais arrangé son mariage avec la fille de mon riche voisin, mais quand je lui en ai parlé, il m'a répondu : Mon père, vous voyez là-bas ces deux Ormes si rapprochés que leurs racines et leur couronne se confondent ; ils ne sont pas moins inséparables que je ne le suis de Fidélia. Vous nous avez laissés croître ensemble si vous nous séparez, nous mourrons ensemble nom (1), qui, dans les premiers siècles de la monarchie, comprenaient encore les deux tiers du territoire français, et qui se sont réduites successivement au neuvième, c'est-à-dire, à six millions d'hectares, les forêts faisant place à l'agriculture, c'était la barbarie reculant devant la civilisation. Cependant, elles entrent admirablement dans l'économie générale du globe; maintenues dans une certaine proportion, elles servent la civilisation elle-même, elles font partie de la richesse des peuples; leur conservation est donc d'utilité publique. Elles sont d'ailleurs la plus belle parure de la terre. Quel charme d'errer dans une forêt en parcourant tantôt sa lisière parfumée de violettes ou de fraises, tantôt ses taillis touffus, ses charmantes clairières, ses futaies aux dômes majestueux, en explorant les productions de cette féconde

---

Fidélia avait en effet exercé sur le jeune Cantois un charme irrésistible, elle avait été l'amie de son enfance, la compagne de ses jeux, son émule dans les succès scolaires; une secrète sympathie les rapprochait sans cesse; on les rencontrait souvent ensemble, animés de la même pureté de sentiments, exerçant la bonté de leur cœur, comme Paul et Virginie allant en tremblant demander à l'impitoyable colon la grâce de la pauvre négresse fugitive.

L'enfant, l'adolescente était devenue une jeune fille à la fois belle et jolie, à la taille souple et élancée, aux yeux bruns pleins de vivacité et de douceur, à la physionomie animée par l'esprit et le sentiment, au sourire enchanteur, au doux parler, même dans cet idiome rocailleux qu'on appelle le flamand qui, malgré sa dégradation, n'en est pas moins fils de la belle langue de Klopstock, de Gœthe et de Schiller.

Enfin le père dut céder aux instances, à la persévérance de son fils, et peut-être à l'enchantement que produisait Fidélia sur lui-même; la jeune femme devenue mère de famille continue a mériter l'estime et l'affection qu'inspirait la jeune fille. Son mari tire parti de son instruction, il s'est fait arpenteur, il donne une partie de son temps au percepteur infirme, le greffier l'emploie quand il est surchargé, il est le conseil de tout le village; cependant il n'est pas riche, il n'est qu'heureux

Cette espèce d'idylle s'est produite sous l'ombrage des arbres d'un beau verger et dans l'intérieur d'une humble habitation, avec une innocence, une pureté de mœurs dignes des bergers de Théocrite, de Virgile et de Gessner.

(1) En langue celtique, Caul signifie bois. Cependant, suivant Cluverius, Gaulois vient du mot celtique *Gallen*, voyager

nature; de gravir ainsi les flancs des collines, de découvrir tout à-coup à ses pieds une vaste plaine avec ses cultures, ses villages, sa rivière serpentant au milieu des prairies émaillees de fleurs.

Quel puissant intérêt s'attache aux forêts dans les phénomènes qu'elles ont la mission d'opérer. Elles purifient l'air par leurs gaz vivifiants, améliorent le sol par leur feuillage transformé en humus, modèrent la température en formant des abris contre la violence des vents, des froids, des chaleurs; elles dirigent les météores, attirent les tempêtes et la foudre en les détournant des plaines cultivées; enfin elles attirent et retiennent les vapeurs atmosphériques sur les montagnes et les condensent en sources; elles les économisent et en régularisent la distribution en ruisseaux qui descendent par mille détours, se réunissent en rivières, en fleuves, et répandent sur leurs rives la fraîcheur et la fertilité; tandis que les défrichements sur les montagnes laissent le sol sans résistance contre les pluies, la terre cède sous le choc, descend la pente, va envahir la plaine, laisse la montagne chauve pour toujours, et, au lieu de paisibles ruisseaux, les eaux se précipitent en torrents dévastateurs. Protégeons donc les forêts contre la cupidité et l'ignorance. Au grand principe que l'une et l'autre mettent en avant, que l'on doit défricher partout où le sol doit produire plus en culture qu'en forêts, opposons non-seulement toutes les raisons physiques, mais encore la pénurie du bois, l'intérêt public et l'avenir de nos arrière-neveux qui nous devront de beaux Chênes, de gros Ormes, sans compter leur ombrage.

Les forêts présentent encore le phénomène des apparitions spontanées ou plutôt de rotations naturelles d'essences succédant à d'autres essences. Nous citerons la forêt de Trelon couverte actuellement de Chênes, et qui, d'après la tradition locale, l'etait autrefois de Hêtres, ce qui paraît être confirmé par le nom de *Fagne*, donne à toutes les forêts dans cette partie de la France, et qui dérive évidemment du nom de *fau*, *fayard*, *fagus*, de cet arbre (1).

---

(1) Observation de M. Meugy, ingénieur des mines.

C'est peut-être à la même cause qu'il faut attribuer la disparition des Châtaigniers remplacés par les Chênes dans un grand nombre de forêts. Si l'on recherche la cause de ce phenomène, que l'on considère que chaque essence d'arbre tire de la terre des éléments chimiques différents et propres à sa nature. Ces éléments diminuent et s'épuisent avec le temps, et il doit en résulter que l'arbre qui y trouvait le principe de sa vie, cède la place à une autre espèce qui puise à son tour dans le sol d'autres éléments appropriés à sa nature ; mais il faut l'action lente des siècles pour opérer ces transmutations.

La prédilection que j'ai toujours eue pour les forêts, fortifiee par mon ardeur entomologique, m'en a fait visiter, explorer un grand nombre. Dès mes jeunes ans, le voisinage de la forêt de Nieppe me la faisait fréquenter avec bonheur. J'en parcourais les longues allées en capturant des Mars, des Tabacs d'Espagne, des Cordons bleus ; je pénétrais dans les taillis de Charmes qui ne sont coupés qu'à trente ans ; je visitais mon filet, assis au pied du vieux Chêne du Pré à vin (1) dont la circonférence est de près de six mètres ; mon excellent père me conduisait au vieux château des comtes de Flandre à La Motte-au-Bois, grande clairière au centre de la forêt. La forte végétation, les beaux arbres, les imposantes masses de verdure, tantôt inondées de lumiere, tantôt plongées dans l'ombre des nuages, les nuances infinies du feuillage, surtout en automne, le chant des oiseaux, le bourdonnement des insectes, tout charmait la jeunesse de mes sens, de mon esprit, de mon cœur.

Plus tard, j'allais souvent visiter la petite forêt de Phalempin (2) près de Lille et du champ de bataille de Mons-en Pevèle (3). C'est un site précieux pour les entomologistes et qui fait pardonner

(1) Ancien prieuré dont le nom fait conjecturer que la vigne y était autrefois cultivée.

(2) On donne encore le nom de forêt à ce bois au milieu duquel se trouvait l'abbaye fondée en 1039.

(3) Philippe-le-Bel y remporta une victoire sur les Flamands en 1304.

à la plaine lilloise sa pauvreté sous ce rapport. Les petits coléoptères y abondent surtout, et l'on trouve assez souvent des espèces rares ailleurs.

En Artois, je parcourus la forêt de Guines; je vis les Frênes deux fois séculaires des anciens remparts, et près de là le camp du Drap-d'Or, où se déploya toute la magnificence rivale de François I.er, d'Henry VIII et de Charles-Quint.

Je voulus voir aussi les restes de la forêt de Créquy, dont le nom, dérivé de ses Cerisiers, nous parle si glorieusement des croisades, de l'héroïsme, de la chevalerie, de la fidélité.

Dans le Hainaut, j'explorai la forêt de Mormal où, dans ses grandes futaies, se trouvait naguère un Chêne dans l'intérieur duquel se trouva l'empreinte du marteau forestier de Philippe II (1). De là je pénétrai dans les Ardennes, si célèbres dans l'histoire et dans les romans de chevalerie, dont la vaste forêt de Chênes, de Hêtres, de Bouleaux, n'est qu'un prolongement de l'immense forêt hercynienne des anciens qui couvrait la Germanie tout entière. Je prolongeai mes explorations jusque dans les sombres profondeurs de la forêt de Haguenau, dont les Pins atteignent des dimensions si imposantes et répandent un si épais ombrage (2).

---

(1) Cette empreinte se trouve à cinq pouces de profondeur dans le tronc.

(2) Je parcourus la forêt de Haguenau dans une circonstance particulière; il s'était commis un meurtre dans la ville et le coupable s'était jeté dans la forêt. Le général Marescot, commandant le génie à l'armée du Rhin, arrivé le lendemain avec son état-major dont je faisais partie, nous invita à monter à cheval pour aller à la recherche du meurtrier. La perquisition fut longue; nous pénétrâmes dans toutes les profondeurs des futaies de pins et nous eûmes le succès désiré, à la grande satisfaction des habitants qui chantèrent les louanges du général. Mes vieux souvenirs me rappellent une autre circonstance qui honore bien plus encore celui qui eut un duel avec Bonaparte au siége de Toulon.

Marescot avait été nommé commandant supérieur de Mayence déclaré en état de siége; ce commandement comprenait un assez grand nombre de villages voisins, sur la rive droite du Rhin, qui, précédemment avaient été frappés d'une contribution de guerre dont la plus grande partie n'était

Parmi les forêts de la France, j'en ai visité quelques-unes dans la Lorraine, dans la Normandie, dans le Nivernais (1) et surtout dans les environs de Paris, celle de Compiègne, de Montmorency, de Chantilly, de Sénart; j'ai parcouru celle de St.-Germain avec mon ami M. Lepelletier de St.-Fargeau, dont la mémoire me sera toujours chère; celle de Fontainebleau, avec mon gendre, M. Magon de la Giclais, qui l'inspectait en savant forestier. Il m'a fait admirer les beaux arbres auxquels la tradition ou l'admiration publique a donné des noms : tels que le Charlemagne, situé dans la vallée du Nid de l'Aigle; le Clovis, près de la Belle-Croix; le Samson, près du rocher des Deux-Sœurs; le Bouquet du Roi, dans la vieille futaie de la Tillaie; le Tonnant, dans celle de la Mare aux Evées.

Les forêts qui se sont le plus profondément gravées dans mes souvenirs sont celles des bords du Rhin, de ce fleuve également beau par son cours tantôt pittoresque, tantôt majestueux, par ses belles villes romaines de Cologne, Mayence, Strasbourg et Bâle, et par l'histoire, les romanesques légendes, poésie dont le temps l'a illustré. Il a en quelque sorte pris part aux événements les plus importants de l'Europe depuis vingt siècles : la conquête des Romains, l'invasion des Francs, Charlemagne, la féodalité

---

pas encore acquittée. Le général, jugeant ce recouvrement inutile, en exempta ces villages en considération des dévastations que la guerre y avait causées. Les habitants voulurent lui témoigner leur reconnaissance pour cet acte d'humanité, et envoyèrent un jour à Mayence des députés qui, après avoir rempli leur mandat, déposèrent à ses pieds une grande corbeille de raisin des côtes de Hocheim et de Kostheim, dont ils le prièrent d'agréer l'hommage; le général s'étant aperçu que la corbeille avait de la pesanteur et ayant fait enlever le raisin, il se trouva au fond une cassette pleine d'or. Il dit alors aux députés qu'il acceptait le don, qu'il gardait le raisin et qu'il leur remettait l'or en leur recommandant d'en faire la distribution aux victimes les plus malheureuses de la guerre. Présent à cette scène, je vis les yeux se mouiller de larmes de gratitude et j'entendis bénir celui qui représentait si bien le caractère français.

(1) Il y a à Pont-St.-Martin, près de l'église, un Orme dont le tronc fort contourné, à 16 mètres de circonférence.

et le moyen-âge, la renaissance, la découverte de l'imprimerie, les guerres modernes ; chacune de ces phases historiques a laissé sur les rives du fleuve des monuments ou au moins des vestiges, comme les volcans de ses montagnes en s'éteignant ont laissé des cratères, des basaltes et des laves. (1)

---

(1) Une fois, je remontai le fleuve de Cologne à Biberich, me rendant à Wiesbaden pour présenter mes hommages à un jeune prince l'objet de mon respectueux dévouement et de mon affection. Je rencontrai sur le bateau à vapeur M.me de *** accompagnée de M. de B. et de R., et qui voulut bien m'admettre au nombre de ses chevaliers. Je pus apprécier mieux que jamais toutes les qualités de cette femme éminente. La beauté des sites qui passaient sous nos yeux et surtout le but de notre voyage, donnaient un nouveau degré d'activité et de chaleur à sa brillante imagination, à son esprit orné, à son cœur, sanctuaire de la charité chrétienne, de la bienfaisance poussée à ses dernières limites.

Parmi nos nombreux compagnons de voyage, il se trouvait M.me de *, d'Aix-la-Chapelle, pour laquelle M.me de *** ressentit une sympathie qui fut partagée à l'instant; ces dames se rapprochèrent et ne se quittèrent plus. Il régnait en effet une grande harmonie entr'elles : même distinction, même noblesse de sentiments, même élan vers le bien, avec les différences que détermine celle de la nationalité. M.me de * était accompagnée de sa fille, jeune personne charmante, dont le premier printemps dans le monde présentait toutes les fleurs que fait éclore une excellente éducation. A tous les dons extérieurs, à tout le charme d'un aimable caractère elle joint le relief que donne les talents, et le sentiment des arts, accompagnés de simplicité et d'élévation, cachet d'une nature d'élite dignement cultivée. Elle parle français avec une grande pureté d'expressions, et on la prendrait pour une élégante parisienne élevée par une tendre mère, sans un léger accent qui, dans sa jolie bouche, est une grâce de plus; elle parle l'allemand avec la douceur que savent lui donner les femmes malgré sa rude nature. Sa mère nous parlait avec bonheur et bien bas de sa piété filiale, de sa piété religieuse et du zèle avec lequel elle se dévoue au soulagement des misères humaines, comme une humble fille de St.-Vincent de Paul.

Il est inutile de dire combien la conversation fut agréable dans une telle société. La journée était belle; le soleil du mois d'août répandait tout son éclat sur les beaux sites qui nous passaient sous les yeux et qu'ombrageait de temps en temps quelque beau nuage bordé d'or, qui apportait la variété au tableau. Assis sur le pont sous une tente élégante, ou nous promenant de la poupe à la proue, nos regards erraient de la rive droite à la gauche, passant d'un coteau frais et riant couvert de riches vignobles

Dans deux voyages en Suisse j'ai vu également de grandes forêts et de beaux arbres. Je me suis incliné à Fribourg devant le tilleul planté en 1476 en mémoire de la bataille libé-

---

à une montagne chauve, volcanique, surmontée des ruines d'un vieux château. Dans le désir de connaître le nom des lieux que nous admirions, au lieu de l'insipide manuel Richard, nous trouvâmes en M.elle de S. un cicerone plein de délicatesse et de sentiment qui nous montra du doigt et nous nomma tous les objets dignes d'intérêt qu'elle avait appris à connaître en allant plusieurs fois avec sa mère visiter sa sœur mariée dans la Bavière rhénane. En passant devant Bonn, berceau de Beethoven, elle rendit hommage au grand artiste dont les œuvres faisaient ses délices; elle déplora le malheur inouï de l'auteur des immortelles symphonies, devenu complètement sourd lorsque son génie musical était dans toute sa force, événement heureux, dit-elle, pour l'art et pour sa gloire, puisque son talent s'accrut par l'accident même qui semblait devoir l'anéantir et que ses plus magnifiques compositions datent de cette époque, mais qui le rendit plus malheureux que Milton dans sa cécité, jouissant au moins de la consolation d'entendre son poème sublime de la bouche de ses filles.

C'est avec le même sentiment de l'art qu'elle nous nomma de nombreux châteaux, dont quelques-uns relevés de leurs ruines avec magnificence, tels que ceux de Rheinstein, Stolzenfels, Johannisberg, un grand nombre d'églises d'architectures gothique et bizantine à Bingen, à Bacharach, à Boppart, à Remagen, qui, avec les grandes cathédrales de Cologne, Mayence, Strasbourg, attestent la puissance et le génie de ces siècles de croyance, et cette délicieuse imitation, comparable à la sainte chapelle de Paris, l'église de sainte Apollinaire, construite récemment par le Mécène des bords du Rhin, le comte de Fustenberg, qui a reproduit toutes les beautés de l'art chrétien en faisant l'appel le plus généreux à toutes les capacités artistiques.

Elle nous nomma encore les ruines des châteaux de Rüdesheim, de Liebenstein, de Lorch, du couvent de Nonnenswerth, auxquels se rattachent les noms des héroïnes des légendes, Gisèle, Hildegarde, Gerlinde, Hildegonde, qui par leurs vertus ou leurs malheurs excitaient son intérêt.

De son côté sa mère nous entretenait de tous ces monuments historiques, sous le rapport de leur origine et des diverses phases de leur destinée; elle nous montrait, par exemple, le Godesberg, volcan des temps primitifs, où l'Empereur Julien établit un camp (1), où Théodoric construisit un château (2), où l'électeur Frédéric II éleva une forteresse (3) dont l'élec-

(1) En 362.
(2) En 1210.
(3) En 1375.

ratrice de Morat (1) ; mais c'est particulièrement dans les environs de Genève que j'ai observé les arbres les plus remarquables. En parcourant la rive septentrionale du lac jusqu'à Villeneuve, j'ai vu dans une riante prairie près de la jolie petite ville de Morges deux Ormes aux dimensions colossales. Chacun d'eux avait à la sortie du sol 17 mètres de circonférence, et

---

teur de Bavière fit une ruine (*) et le dernier électeur de Cologne une vigne.

Elle nous montrait de même dans quelques-unes de ces ruines le berceau de familles illustres que le temps a respectées, lorsque tant d'autres ont subi le sort de leurs châteaux. Elle nommait les Nassau, les Dalberg, les Brandebourg, les Stadion, les Latour et Taxis, les Liebenstein, les Weinberg, les Steinbourg, les Ostein. Je savais qu'elle appartenait à l'une d'elles

Quant à M.me de ***, le fleuve et ses bords, la chaîne du Taunus bornant l'horizon, les monuments de tant d'âges différents exaltaient son imagination, enflammaient son âme et excitaient cette éloquence vive, entraînante qu'elle reçut du ciel pour prix de ses vertus Comme Corinne sur le cap Misène, sa pensée plongeait dans le passé, s'élevait dans l'avenir, planait sur les temps comme sur les lieux. Elle voyait le Rhin dans toute l'étendue de son cours, comme dans ses fastes historiques refléter une image des siècles écoulés. Né de ses trois ruisseaux tombés des Alpes, traversant en bondissant dans sa course fougueuse, les rochers, les glaciers, les vallées, les villes de la Suisse, se calmant dans le lac de Constance avant de s'écouler majestueusement sur les limites de la France et de l'Allemagne, elle y voyait la barbarie dans toute sa rudesse reculant peu à peu devant la domination civilisatrice des Romains, l'introduction du christianisme, l'influence de Clovis et de Charlemagne, l'institution de la féodalité et de la chevalerie, l'invention de l'imprimerie et la diffusion des lumières, enfin l'action du grand siècle de la France sur l'Europe entière.

Plus nous approchions de Wiesbaden, plus son amour pour la France éclatait et s'inspirait des impressions qu'elle allait recevoir. Elle y voyait un illustre exilé qui présente à la fois tout l'intérêt qu'inspire les plus grandes infortunes et les qualités les plus propres à exciter l'affection et l'admiration. Elle nous disait, dans la conviction de son âme, et avec la vivacité de ses vœux pour la gloire et le bonheur de la France, tout ce qu'il nous est interdit, et que nous aspirons a la liberté de pouvoir redire un jour.

(1) Il existe un autre tilleul commémoratif de cette bataille, près de Morat, très remarquable par ses dimensions.

(*) En 1593.

sa couronne était d'une très-grande étendue. Dès l'année 1541, ces Ormes étaient d'une grosseur remarquable. L'un d'eux a été renversé en 1824. Un peu plus loin, à Prilly, près de Lausanne, il se trouve au bord d'une fontaine un Tilleul au moins égal en grosseur aux Ormes de Morges. Au treizième siècle, il prêtait déjà un vaste ombrage aux réunions des habitants. Au-delà de Lausanne, le village de Lutry, au bord du lac, possède un Orme dont l'ancienneté est inconnue, mais qui, par son admirable développement, attire tous les regards.

En revenant de Villeneuve à Genève par la rive méridionale du lac, un Châtaignier gigantesque se présente dans le parc du château de Neuve-Celle, près de Meillerie; il n'a pas moins de 13 mètres de circonférence à sa base. Dès l'année 1480, il ombrageait un hermitage; plus loin, sur les flancs du grand Salève, les ruines de l'antique abbaye de Pomiers sont abritées par des Hêtres d'une grandeur extraordinaire. Non loin de là, à peu de distance du Mont-Blanc et près du col de Serré, un Mélèze excite l'admiration par ses dimensions imposantes; il est âgé de 800 ans, suivant la tradition du pays.

Après avoir mentionné, trop longuement sans doute, les plantations et les forêts que nous avons observées, nous revenons aux Insectes qui en forment la population la plus nombreuse, qui naissent, vivent et meurent sur les arbres, et qui y causent quelquefois des dommages considérables. En les faisant connaître, en décrivant leurs instincts les plus remarquables, nous nous proposons d'indiquer les moyens les plus efficaces de préserver les arbres de leurs déprédations; ces moyens sont préventifs ou correctifs; ils doivent être quelquefois énergiques pour arrêter de grandes dévastations.

Jusqu'ici les plantations, et surtout les forêts, en France, ont été rarement l'objet d'une surveillance active. Sous le rapport des Insectes nuisibles, l'Allemagne, beaucoup plus riche en forêts, nous a devancés par suite de l'intérêt plus sérieux qu'elle avait de les combattre et aussi par l'influence d'un homme supérieur,

M. le professeur Ratzeburg, dont les observations, les expériences et les excellents ouvrages ont été appréciés, favorisés, adoptés.

C'est en suivant les traces d'un si bon guide que nous allons traiter la même question relativement aux forêts dont il s'est occupé spécialement. Quant à nos plantations, et surtout aux arbres fruitiers, ils ont été en France l'objet de travaux recommandables sous ce rapport, et nous n'avons rien à emprunter des étrangers.

Tous les arbres que nous cultivons ou qui croissent spontanément dans nos forêts servent de berceau et d'aliment à des espèces tantôt fort restreintes, tantôt fort nombreuses, d'Insectes ; ceux qui en sont le moins attaqués sont les arbres d'origine exotique qui ont été le plus souvent importés sans les Insectes qui leur étaient propres : tels sont l'Acacia blanc, le Catalpa, le Liquidambar de l'Amérique septentrionale, le Ginkgo, le Kohlreuteria, le Pawlonia de la Chine ou du Japon. Ils sont seulement en proie aux Insectes qui appartiennent à des arbres qui ont des affinités botaniques avec eux. Nous possédons donc ce premier moyen de préserver nos plantations des déprédations des Insectes, moyen, à la vérité, qui n'est guère applicable qu'à nos jardins, et qui consiste à ne planter que des arbres exotiques appartenant même à des genres étrangers à l'Europe ; car si nous ne faisons que choisir des espèces, soit américaines, soit asiatiques des genres européens, tels que des Chênes, des Hêtres, des Ormes, des Frênes, les Insectes qui ravagent nos espèces indigènes pourront se jeter également sur les étrangères, tandis qu'ils respecteront, plus ou moins, les arbres génériquement différents. L'expérience est à cet égard d'accord avec le principe théorique. Le Marronnier d'Inde et l'Acacia blanc, presqu'aussi répandus que nos arbres indigènes, sont beaucoup moins en proie aux Insectes que ces derniers, et, s'ils ne le sont pas entièrement, ne peut-on en trouver la cause dans quelque affinité, pour le Marronnier, avec le Chataignier, pour l'Acacia, avec les plantes légumineuses?

Dans le nombre immense des Insectes qui vivent sur les arbres, les uns sont attachés exclusivement à une espèce, d'autres ont été observés sur plusieurs, d'autres encore exercent leur avidité sur toutes. Parmi les premières, nous citerons les Pucerons du Peuplier noir, qui, par la succion, font dilater et contourner en hélices les pétioles des feuilles, de manière à former des loges hermétiquement fermées, dans lesquelles des centaines d'individus vivent en sûreté.

Les secondes se composent généralement de ceux qui vivent sur les différentes espèces du même genre ou des genres voisins, tels sont les *Chesias* (Phalénide) sur les Genêts, les *Lobophora*, sur les Saules et les Peupliers.

Parmi les troisièmes, nous citerons le Hanneton, les Charençons des Conifères, les Scolytes, les Bostriches, le Bombyx des Pins, le Bombyx nonne. Ils sont au nombre des plus nuisibles, et par-conséquent de ceux que nous avons le plus à combattre.

Afin de ne pas devoir mentionner ces derniers Insectes à l'article de chacun des arbres qu'ils attaquent, nous allons exposer les dégâts qu'ils commettent, et les moyens les plus efficaces pour nous y soustraire. Ce sont surtout MM. Ratzebourg, Robert, Michaux que nous consultons sur ce sujet.

De tous les Insectes, le plus nuisible aux arbres, est la larve du Hanneton, connue sous le nom de Man ou Ver blanc. Elle est surtout funeste dans les bois aux jeunes semis ou plantis, et doit être combattue par tous les moyens qu'indique la science entomologique et l'expérience forestière. L'un de ces moyens est de diminuer le nombre des Hannetons ailés avant leur ponte, et, à cet effet, il faut recourir aux arbres-piége ou *d'appat* qu'on laisse isolés près des parties de bois nouvelles ou des plantis, de sorte que ces insectes s'y réunissant pour dévorer le feuillage, puissent y être recueillis en grand nombre en secouant ces arbres, le matin avant qu'ils ne puissent prendre leur essor.

Les Hannetons ne pouvant pas facilement effectuer leur ponte dans les terrains couverts d'herbe ou de mousse, et préférant partout la terre nue et fraîchement remuée, il est bon, dans les cantons infestés par ces insectes, de ne pas labourer le sol des bois à repeupler et de laisser le gazon.

L'une des précautions les plus utiles à prendre, c'est d'observer l'année de vol, c'est-a-dire la quatrième année du développement des larves, celle où, après avoir passé peu de temps dans l'état de nymphes, elles arrivent à la forme ailée. Si cette année est abondante en Hannetons, il convient de semer en céréales les terrains destinés à être reboisés, afin d'en écarter ces insectes et de les empêcher d'y déposer leurs œufs. Nous apprenons aussi, par l'observation de l'année de vol, à juger de l'abondance et du degré de développement des larves, et du plus ou moins d'hostilité que nous devons opposer à leurs ravages; cette guerre consiste a les rechercher et à les détruire au milieu même des racines qu'elles dévorent, et il n'est pas difficile de découvrir leur présence d'après l'altération qu'elles produisent sur le feuillage, et de suivre leur marche souterraine surtout dans les semis ou les plantis en ligne; on se sert aussi avec succès des troupeaux de porcs qui en sont très-friands.

L'on a aussi indiqué comme un moyen d'en preserver les jeunes arbres, l'emploi du goudron dont l'odeur leur répugne, quelques feuilles séches trempées dans cette substance et placées à portée des racines, suffit, dit-on, pour les en éloigner.

Parmi les nombreux Insectes qui attaquent les arbres conifères, nous signalerons le grand Charençon du Pin (Pissodes pini) qui dépose ses œufs le plus souvent à la base près des racines, et dont la larve pénètre sous l'écorce et cause quelquefois des ravages dans les jeunes plantations. Le moyen le plus efficace pour diminuer le nombre de ces Insectes, est de déraciner les souches saillantes des vieux Pins abattus; car, c'est de préférence sur ces souches que les Charençons font leur ponte.

L'on se sert aussi avec succès de fagots ou d'écorces de Pins, ou de fosses, pour y attirer ces insectes en grand nombre et les détruire.

Un autre Charençon Pissodes *notatus*, quoique plus petit, cause aussi des dommages aux Pins. Il place ses œufs sous la base des verticilles inférieurs des jeunes sujets. La larve creuse sous le liber une galerie serpentante qui descend en s'élargissant, et elle produit ainsi un affaiblissement souvent mortel au végétal. Les moyens indiqués contre l'espèce précédente sont aussi employés contre celle-ci, mais ils sont moins efficaces.

Les forêts de haute futaie de Conifères ont pour principaux ennemis le *Bostrichus typographus* et le Scolytus *(hylesinus) piniperda*.

L'un et l'autre, après avoir passé l'hiver à l'état de larve ou de nymphe, prennent, à l'état parfait, leur essor dans le courant d'avril ou au commencement de mai. C'est alors qu'ils percent les arbres résineux ; ils s'attaquent généralement aux parties supérieures, ou de fortes branches se séparent du tronc. Quand ils sont introduits dans l'arbre, le mâle et la femelle se rongent ensemble une plus grande cavité, espèce de chambre nuptiale, à partir de laquelle ils tracent en général, en ligne ascendante et descendante, plusieurs galeries principales qui sont assez droites. La femelle creuse à droite et à gauche, le long des canaux principaux, de petites excavations dans chacune desquelles elle dépose un œuf. Avant que tous n'aient été pondus (au nombre de 30 à 50 et quelquefois de 100), les larves sortent de ceux déposés les premiers et ils se fraient perpendiculairement aux galeries principales, de petits canaux qui s'élargissent à mesure que les larves croissent ; à l'extrémité de ces canaux secondaires, la larve pénètre dans l'écorce où elle passe à l'état de nymphe ; les insectes, arrivés à l'état parfait, s'ouvrent un passage à travers l'écorce en y laissant de petits trous. Il y a quelquefois une seconde génération de suite après la première.

Le Scolytus piniperda se distingue du Bostrichus typographus par les particularités suivantes : après la première génération (terminée ordinairement a la fin de juillet, il n'en établit pas d'autres, mais il s'insinue de suite dans les pousses des tiges voisines, dont il dévore les tuyaux médullaires. A l'approche de la rude saison, lorsqu'il a abandonné ces mêmes tuyaux, il se perce un chemin autour du col de la racine dans les arbres en estan et dans les souches, et se glisse jusqu'à l'aubier pour y passer l'hiver. Il ne vit que sur les Pins.

La ponte n'a pas lieu en général et ne saurait en quelque sorte, dans l'ordre de la nature, avoir lieu sur les arbres très-vigoureux, attendu que, si une femelle, à défaut d'un meilleur gîte, s'introduit sous l'écorce d'un sujet semblable et y creuse sa galerie, celle-ci, soit immédiatement, soit un peu plus tard, est envahie par la résine, de telle sorte que l'insecte ne peut plus continuer son travail et quelquefois reste englué dans la galerie commencée.

C'est seulement sur des arbres fatigués et d'une végétation faible que la ponte se trouve dans des conditions favorables pour les succès de ces attaques.

La nature a donné au Scolyte l'instinct de se préparer de semblable gîtes, même dans des plantations très-vigoureuses. Pendant tout l'été, cet insecte ne peut vivre et ne vit que de la substance médullaire des pousses de l'année; il s'y introduit au moyen d'un trou pratiqué vers la base, les perfore dans leur longueur, puis en sort pour aller attaquer une autre pousse. Lorsque ces dégats sont répartis sur un fort grand nombre d'arbres, et que quelques pousses seulement sur chacun sont attaqués, il n'en résulte pas un mal considérable, mais, indépendamment de ces altérations partielles, les insectes, guidés par leur instinct, s'attachent en grand nombre à certaines parties des plantations ou à des individus isolés, dont ils attaquent toutes ou presque toutes les pousses; celles-ci se dessèchent et tombent au pied de l'arbre, qui, ainsi mutilé, se trouve à la fin de l'hiver dans un état de langueur qui est la première condition pour le succès de la ponte. Aussi, est-ce principalement sous l'écorce de ces arbres que les femelles viennent creuser leurs galeries et déposer leurs œufs. Les larves nées de ceux-ci, en sillonnant toute la circonférence intérieure de la tige et en rongeant le liber, font périr l'arbre. Telle est la cause immédiate et directe de la mort des sujets attaqués ; la destruction des bourgeons en été l'a préparée, mais ne suffirait pas seule pour l'effectuer. (Vilmorin.)

Il y a des arbres parfaitement sains, qui, dans l'espace d'un été, se sont trouvés complètement envahis. Il n'est pas douteux d'ailleurs que les arbres faibles et d'une végétation chétive ne soient plus facilement attaqués par les insectes. Cependant les Scolytes existant en grande quantité peuvent tuer des arbres bien portants : les premiers qui les attaquent périssent étouffés par la résine; mais il en reste toujours un certain nombre qui appauvrissent l'arbre; d'autres surviennent qui augmentent le mal et finissent par faire périr le sujet. (Chevandier.)

Une plantation d'Epiceas ayant été élaguée en pleine sève et par un temps très-chaud, presque tous ces arbres furent desséchés en peu de jours, et exhalèrent une forte odeur d'éther, ce qui provenait sans doute de la décomposition de la résine. On s'aperçut bientôt après que tous les arbres étaient piqués par les Scolytes. Il est probable que l'élagage intempestif opéré sur les Epiceas a fait sortir une assez grande quantité de sève et que cette circonstance, en rendant ces arbres maladifs, a nécessairement facilité la multiplicité des Scolytes.

La sécheresse qui règne en certaines années peut amoindrir la sève des arbres jusqu'au retour des pluies automnales sans les exposer à périr par cette cause ; mais ils deviennent accessibles aux attaques des Scolytes qui peuvent causer leur mort par leur multitude; et c'est peut-être ainsi qu'en 1835 tant d'arbres affaiblis par la sécheresse ont été détruits par ces insectes.

Le moyen le plus efficace à employer contre les ravages de ces insectes, est de faire abattre et enlever les arbres attaqués, avant leur sortie de l'écorce, ou au moins d'opérer la décortication, afin de mettre obstacle à une nouvelle génération. L'on peut aussi se servir avec quelque succès d'arbres d'appât lorsque de grands dégâts sont à craindre, et il faut être fort attentif à connaître la présence des Scolytes et les divers degrés de leur développement (1), pour pouvoir prendre à temps les mesures préservatrices. (2)

Des Scolytes de différentes espèces produisent aussi de grands désastres sur beaucoup d'autres arbres forestiers et fruitiers. Ces Coléoptères déposent leurs œufs sous l'écorce de chaque côté d'une galerie verticale que la femelle creuse plus ou moins profondément, chaque larve creuse à son tour une galerie horizontale, et dont le diamètre augmente suivant l'accroissement de la larve. En 1835, plus de 50,000 pieds de chênes, âgés de 35 à 40 ans, sont morts dans la forêt de Vincennes, et leur perte a été attribuée à ces insectes; à la vérité, il faut ajouter que ces petits Coléoptères n'attaquent que les arbres dépérissants, et ne font que hâter leur mort. Cependant d'heureuses expériences ont été faites récemment par

---

(1) On connaît le terme du développement lorsque l'on trouve de la vermoulure qui indique la sortie de l'insecte.

(2) M. Vilmorin a employé chez lui un moyen efficace pour diminuer les ravages des Scolytes; c'est d'abattre au commencement de l'hiver et de disperser dans les Pinières un certain nombre d'arbres destinés à recevoir la ponte; celle-ci en effet se concentre presque tout entière dans ces tiges qui présentent les conditions les plus favorables à la réussite du couvain, les insectes se trouvent ainsi réunis, dans un de leurs états d'œufs ou de larves, en nombre immense dans ces arbres qui doivent servir à leur destruction. Elle a lieu au moyen de l'écorcement des tiges pour toutes celles qui sont en état de fournir du bois d'œuvre, et de la conversion en charbon pour celles dont la dimension est trop faible pour cet usage, aussi bien que des grosses branches qui peuvent recéler aussi des insectes

Le point essentiel pour le succès complet de cette opération est de l'exécuter au moment précis où toute la ponte étant terminée, aucune larve n'est encore arrivée à l'état d'insecte parfait, et n'a pu prendre son vol au dehors. Cette époque peut varier, dans chaque localité, d'une semaine ou deux, selon la température de la fin de l'hiver et du printemps. Dans son domaine du département du Loiret, où M. Vilmorin a adopté cette pratique depuis dix ans, des observations très-nombreuses lui ont fait reconnaître que les circonstances dont il vient de parler se présentent habituellement pendant la seconde quinzaine de mai, et les premiers jours de juin; aussi est-ce pendant cette période, sauf les années exceptionnelles, qu'il faut écorcer les tiges et les perches, brûler les écorces, et convertir les branches en charbon.

MM. Robert et Michaux, pour guérir les arbres attaqués, particulièrement les Ormes et les Pommiers. M. Robert a pensé que l'on ferait périr un grand nombre de ces insectes si on pouvait les attaquer pendant la période de leur accroissement, et il a eu l'idée de pratiquer à des distances convenables, des tranchées longitudinales sur le tronc des arbres, afin de couper, à peu près sous un angle droit, beaucoup de galeries transversales de larves ; ces tranchées détruisent toutes celles qui se trouvent sur leur trajet ; celles qui n'y sont pas encore parvenues, arrivées à ces tranchées périssent desséchées par l'air ; enfin les bourrelets séveux qui se forment sur les bords de la coupure, restent longtemps lisses ou peu rugueux, ce qui ne permet pas aux femelles de s'abriter dans des anfractuosités pour y percer leurs galeries de ponte; ils amènent, en outre, une circulation plus active de la sève qui noie la femelle dans sa galerie et s'extravase dans les trous occupés par les larves, ce qui les fait périr étouffées.

M. Michaux, de son côté, a fait des expériences pour constater que l'enlèvement de bandes longitudinales d'écorce sur un arbre ne nuisait pas à sa végétation, et il a reconnu que cette opération donnait à l'arbre plus de vigueur, en provoquant des bourrelets dans lesquels la sève circulait plus facilement que sous les écorces couvertes de leurs parties mortes et rugueuses.

De plus, M. Robert avait eu une pensée analogue relativement aux bourrelets, et elle lui avait été suggérée par l'examen d'un grand nombre d'arbres des Champs-Élysées, rongés par les chevaux des Cosaques, ce qui a produit des bourrelets dans lesquels aucun Scolyte ne s'est établi depuis cette époque. Frappé de ce phénomène de physiologie végétale, il a cherché à le produire pour le traitement de plusieurs Ormes attaqués des insectes, et chez lesquels il ne restait que de très-petites portions d'écorce encore vivante. Il a provoqué, par des incisions, des bourrelets sur les bords de ces portions d'écorce, et il a conservé la vie à des arbres qui seraient morts sans cela. Si les tranchées sont assez rapprochées, on voit l'espace compris entre chacune d'elles, non-seulement purgé des larves qui l'infestaient, mais encore occupé par une nouvelle écorce qui participe des bourrelets.

Chez des arbres plus jeunes, et dont la circonférence ne dépasse pas quarante-cinq centimètres, M. Robert a opéré une décortication presque complète dans des sujets attaqués sur tous les points par de nombreux Scolytes. Comme sur beaucoup de points ils avaient déjà détruit l'écorce jusqu'au bois, et que, dans peu de temps, ils auraient entièrement cerné le tronc et interrompu la circulation de la sève, il était impossible de conserver les qualités du bois comme bois de charronnage ; on ne devait chercher qu'à sauver l'arbre afin qu'il continuât à donner de l'ombrage. M. Robert, dans cette décortication, n'a cherché qu'à mettre les larves à nu, il a respecté le liber et même une assez notable portion de l'écorce vive dans tous les endroits où les insectes n'avaient pas encore pénétré jusqu'au bois, et il en est résulté un renouvellement de l'écorce sur tous les points non attaqués, la formation d'un grand nombre de petits bourrelets sur les bords des portions où l'insecte avait touché le bois, et, après un an à peine, ces arbres ont eu toute la surface de leur tronc couverte d'un réseau de bourrelets et de portions d'écorce fraîche, qui permettent une libre circulation de la sève et repoussent les Scolytes par cela même et par leur peu d'épaisseur.

Ces procédés qui ne sont pas praticables sur les arbres des forêts, peuvent être employés avec des résultats très-utiles sur les plantations.

Le Bombyx du Pin (1), est l'insecte le plus nuisible aux conifères. La chenille peut dévaster des forêts entières de haute futaie, si l'on n'y oppose des moyens de préservation proportionnés aux dangers. Les chenilles qui éclosent au mois d'août se répandent sur le feuillage et le rongent jusqu'au mois de novembre. Alors, arrivées à la moitié de leur développement, elles se retirent sous la mousse au pied des arbres. Au retour du printemps, elles remon-

(1) Lasiocampa pini.

tent sur les pins et recommencent leurs ravages jusqu'au mois de juin, époque à laquelle elles se filent un cocon très-solide, et passent à l'état de chrysalide.

Cette espèce se propage quelquefois au point qu'elle exerce des dévastations immenses et qu'elle exige les moyens de destruction les plus energiques. En Allemagne, on a recours à l'incendie de grandes futaies pour sauver des forêts entières. On rassemble des amas de branchages du côté d'où vient le vent et l'on y met le feu. Du côté opposé, on fait de larges abattis pour arrêter les flammes et l'on parvient ainsi à détruire le foyer le plus menaçant d'une funeste propagation pour l'année suivante.

Quand le danger d'une irruption est moins grand, on se borne a creuser de petits canaux pour isoler les cantons intacts de ceux qui sont attaqués, ces chenilles ne peuvant franchir ces barrières (1).

Un autre procédé de conservation consiste à former sur les troncs des anneaux enduits de goudron qui otent aux chenilles le moyen de monter sur les pins au printemps.

Le plus souvent on peut se borner à recueillir les chenilles, l'hyver en les cherchant sous la mousse, le printemps en secouant les Pins à coups de hache.

Le Bombyx nonne (2) est aussi l'un des ennemis les plus redoutables des conifères et même des arbres à feuilles plates, tels que le Chêne, le Hêtre, le Bouleau en demi-futaies. Les chenilles, quelquefois innombrables, éclosent au mois d'avril, et font de grands ravages en procédant de bas en haut, et en rongeant partiellement les feuilles (3), et elles passent à l'état de chrysalides au mois de juin. Cette espèce parait dans les forêts par périodes

---

(1) Il suffit que ces canaux aient un pied de largeur et de profondeur pour barrer le passage. On creuse aussi des canaux et des fosses d'appat.

(2) Liparis Monacha, Linn.

(3) Elles dévorent les feuilles des pins en en laissant tomber des fragments à terre. celles des hêtres en n'en rongeant que l'intérieur.

qui durent trois années, de plus en plus abondantes. Les femelles ont l'instinct de déposer leurs œufs dans des parties de la même forêt différentes de celles où elles l'ont fait l'année précédente, ce qui étend leurs ravages qui ont souvent causé la perte de forêts considérables en Allemagne.

Les moyens de préservation consistent principalement à détruire les œufs et les chenilles. Pendant l'automne et l'hyver, la recherche des œufs peut se faire utilement en enlevant les écailles des écorces sous lesquels ils ont été déposés par plaques (1). Lorsque les chenilles éclosent, elles restent réunies pendant quelques jours, et la recherche en est également nécessaire et facile, en faisant observer qu'elles se trouvent de préférence sur les gros arbres. Lorsqu'elles se sont dispersées sur le feuillage on peut en recueillir de grandes quantités en secouant à coups de hache les branches inférieures.

Tous les moyens de défense que nous venons d'indiquer contre les insectes nuisibles aux arbres, et ceux que nous signalerons encore dans le cours de cet ouvrage, sont utiles ; mais l'efficacité en est subordonnée à un autre moyen qu'emploie la nature pour maintenir l'équilibre et protéger la végétation sans cesse menacée de destruction : les animaux insectivores et particulièrement les parasites des insectes, qui se développent dans leurs flancs, s'alimentent de leur substance et les font périr d'épuisement. Plusieurs grandes familles sont spécialement chargées de cette importante mission : telles sont surtout les Ichneumonides parmi les Hyménoptères et les Tachinaires parmi les Diptères. Plus les insectes nuisibles à la végétation se multiplient sous l'influence des causes atmosphériques, plus leurs parasites pullulent eux-mêmes par l'aliment qui leur est offert et ils finiraient par en détruire les générations s'ils ne mouraient à leur tour d'inanition. Ce résultat s'opère plus ou moins activement suivant que, pendant

---

(1) Ces œufs se trouvent à différentes hauteurs du tronc surtout sur les Pins, tandis que sur les Epicéas, c'est en général au bas du tronc, parce que plus haut, sans doute, l'écorce est beaucoup trop lisse Ratzeb.

le même temps, les générations des parasites dépassent en nombre celles de leurs insectes nourriciers, ou que les individus qu'elles produisent sont également plus nombreux que ceux des générations qui les ont nourris.

On a employé en Allemagne un moyen artificiel pour atteindre plus promptement ce but : c'est de transporter dans les forêts infestées de chenilles des paniers contenant des chrysalides, des chenilles ou des œufs de papillon, piqués par des Ichneumons; la génération parasite qui en provient ne tarde pas à se répandre et à remplir sa destination. Mais ce moyen est peu pratiqué, même en Allemagne, où peu de gardes forestiers acquièrent assez d'habitude pour distinguer les chenilles qui portent des parasites de celles qui en sont exemptes.

Revenant aux arbres, je dois exposer la classification que j'ai suivie dans mon travail. J'ai cru devoir adopter l'ordre naturel adopté par Mr Spach dans son histoire naturelle des végétaux (1), en substituant cependant la série ascendante à l'inverse. Je me borne à distinguer les arbres par les caractères qui les différencient le plus nettement les uns des autres; je mentionne ce qui inspire de l'intérêt dans chacun d'eux et je termine par la désignation des insectes qui s'y développent avec l'indication de leur manière d'y vivre.

Je ne suis pas botaniste, ou je ne le suis qu'autant qu'un entomologiste doit l'être pour connaître les plantes habitées par des insectes. Quelque peu horticulteur aussi, j'ai admis dans mon jardin un assez grand nombre d'arbres et d'arbrisseaux tant exotiques qu'indigènes, sur lesquels j'épie les insectes qui y élisent domicile, c'est ainsi, par exemple, que parmi les Conifères, je cultive outre les principales espèces européennes, les Taxodium, les Dacrydium, les Callitris, les Schubertia, les Cryptomeria, les Podocarpus, les Cephalotaxus, les Salisburia, les Phyllocla-

---

(1) Dans les suites à Buffon, édition Roret

dus, les Araucaria, les Cèdres du Liban et de l'Himalaya (1).

Le travail que nous avons entrepris a quelques rapports avec la Flore des Insectophiles, par Jacques Brez, entomologiste distingué, l'ami de Senebier; mais cet ouvrage, qui s'étend à tout le règne végétal, a été publié en 1791, c'est-à-dire 60 ans avant le nôtre. Il provoque par cette différence de date une comparaison qui peut offrir quelque intérêt entre cette époque déjà reculée en entomologie et l'époque actuelle. Avant 1791, trois hommes de génie avaient fondé les trois principales branches de la science: Swammerdam avait créé l'anatomie des insectes ; Réaumur avait répandu de vives lumières sur leurs instincts ; Linnée avait appris à les nommer, à les décrire, à les classer. Ces trois hommes avaient été suivis de près par des émules tels que Degeer et Lyonnet. Depuis, les deux premières de ces branches de l'entomologie restèrent assez longtemps stationnaires ; la troisième semblait les avoir absorbées. En 1791, les premiers ouvrages de Fabricius avaient paru et commencé à initier l'esprit et les yeux à l'observation approfondie de l'organisation extérieure. Pendant les 60 années qui se sont écoulées depuis, il y a eu progression continue dans cette partie de la science, ainsi que dans le nombre de ses adeptes. Dans l'impossibilité de mentionner ces célébrités sans en former une liste trop nombreuse, nous n'en nommerons qu'une seule, Latreille qui eut le mérite et la gloire d'introduire la méthode naturelle dans la classification des Insectes. (2) Cette nombreuse phalange a

(1) Dans les autres ordres, outre les genres les plus connus, je cultive les Sophora, Virgilia, Cephalanthus, Benthamia, Poinsiana, Plumbago, Lyndleya, Forsithia, Deerhingia, Clianthus, Budleia, Abelia, Bousingaultia, Kadsura, Azara, Pernettia, Maclura, Garria, Escallonia, Weigelia, Arundinaria, Bridgesia, Callicarpa, Calophacera, Adamia, Coriaria, Ardesia, Cleyera, Colletia, Corynocarpus, Photinia, Celastrum, etc., etc.

(2) Nous nommons ici les principales notabilités, en commençant par celles que la mort a moissonnées, Panzer, Gyllenhal, Illiger, Paykul, Schœnherr, Erichson, Hübner, Ochsenheimer, Treitschke, Gené, Kirby, Leach, Fallen, Meigen, Wiedemann, Jurine, Huber, Olivier, Godard, Audouin, Dejean, Lepelletier-de-St-Fargeau, Duponchel; et parmi les

porté au plus haut degré l'art de décrire les organes extérieurs des insectes, de reconnaître les plus légères différences qui les distinguent entr'eux, de les classer en groupes fondés sur des caractères organiques. Ils ont approfondi cette partie de la science, surtout en dernier lieu, au point qu'on peut à peine supposer qu'ils puissent encore pénétrer plus avant et qu'on pourrait les accuser quelquefois de dépasser les bornes de la science, au moins dans la longueur des descriptions spécifiques et dans la multiplicité des genres.

C'est par la faveur dont jouit cette partie de la science, par l'ardeur des explorations dans toutes les régions du globe que le nombre des espèces connues est devenu immense, que celui des Coléoptères seuls s'élève à plus de 80,000.

Les deux autres branches de l'entomologie, l'anatomie et l'observation des mœurs dans les différentes phases de la vie, qui avaient été peu cultivées, en comparaison de la première, depuis Swammerdam et Réaumur, reprirent la faveur qu'elles avaient acquise par les travaux de ces hommes célèbres, et qu'elles n'auraient pas dû perdre.

L'anatomie trouva en M. Léon Dufour un émule de l'illustre fondateur de cette science. Il s'éleva jusqu'à l'anatomie comparée des insectes, comme Cuvier avait fait celle des grands animaux. En même temps M. Straus décrivit celle du Hanneton avec une perfection comparable à celle que Lyonnet avait mise

---

notabilités vivantes : MM. Dumeril, Walckenaer, Audinet Serville, Milne Edwards, Bois Duval, Amyot, Chevrolat, Rambur, Aubé, Lacordaire, Guenée, Mulsant, Al. Lefebvre, Laferté Senectère, Robineau Desvoidy, Lucas, Signoret, Donzel, Bellier de la Chavignerie, Brisout, Graells, Spinola, de Breme, Pictet, Perty, Klug, Gravenhorst, Germar, Fischer, Mannerheim, Muller, Zeller, Freyer, Suffrian, Hering, Schmidt, Nickerl, Mann, Siebold, Wahlberg, Zetterstedt, Staeger, Keferstein, Rosenhauer, Dohrn, Kiesenwetter, Redtenbach, O. Heer, Schneider, Schaum, Hagen, Kaltenbach, Loew, Schiodte, Forster, Friedwaldski, Wesmael, de Selys Longchamp, Morren, Putzeys, Westwood, Hope, Spence, Gray, Walker, Eversman.

dans celle de la Chenille du Cossus; d'autres encore, Chabrier, Dutrochet, Serres, Hérold, Sprengel, Mac-Leay, Carus, Treviranus, Dugès, ont porté leur scalpel dans les viscères souvent microscopiques des insectes, et consacré leurs veilles à cette étude si importante.

L'observation des mœurs et de l'instinct des insectes, qui avait illustré Réaumur, offrit à M. L. Dufour une double gloire à acquérir. Au coup d'œil exercé de l'anatomiste, il joignit la patience qui épie le moment où une larve sort de son œuf, qui la nourrit, l'élève à travers mille causes de mort, assiste à son passage à l'état de nymphe et ensuite à l'état parfait, qui lui procure quelquefois la vive jouissance de voir naître un insecte entièrement inattendu et dont le développement était encore inconnu. M. Dufour a été suivi dans cette partie intéressante mais difficile de l'entomologie par MM. Bouché, Ratzeburg, Bremi, Audouin, Guérin-Méneville, Fons-Colombe, Goureau, Perris et quelques autres.

Le résultat de tous ces travaux pendant les soixante ans qui se sont écoulés depuis la publication de l'ouvrage de J. Brez, a été de faire faire de très grands progrès à l'entomologie et de la porter à un degré aussi élevé que les autres branches des sciences naturelles.

Si on se demandait maintenant ce que fera l'entomologie pendant les 60 ans qui commencent, je serais porté à croire que les travaux de spécification et de classement se ralentiront à raison de l'extrême faveur dont ils ont été l'objet; que l'anatomie et l'étude des mœurs iront en progressant; que les œuvres de généralisation prendront plus de place dans le domaine de la science; que les grandes questions que soulève l'entomologie géographique et philosophique seront d'autant plus approfondies qu'elles ont plus de matériaux fournis par les travaux de l'entomologie systématique: telle est la considération de la variabilité des espèces sous l'influence des climats et des circonstances extérieures, considération qui appartient à la fois à la géographie et à la philosophie de la science, et qui entraînerait des travaux de réduction dans le nombre des espèces. Telle est aussi la considération de l'harmonie individuelle, loi d'après laquelle la conformation de chaque organe satisfait aux nombreuses conditions voulues par les nécessités de la vie et des fonctions qui sont dévolues à l'individu; telle est encore celle de l'harmonie générale indispensable à l'existence de l'espèce et de l'ordre entomologique tout entier. Ces hautes questions, qui seront traitées par les Linnées, les Buffons, les Cuviers à venir feront éclater plus que jamais les grandes vérités religieuses, les attributs ineffables de la Divinité.

PHANÉROGAMES.

Ces plantes sont pourvues d'organes sexuels visibles. Notre ouvrage n'ayant pour objet que les arbres d'Europe, nous n'avons pas à nous occuper des Cryptogames qui n'ont pas de sexes distincts et parmi lesquels il ne se trouve qu'un très-petit nombre de végétaux ligneux tous exotiques, tels que le *Cicas revoluta*. Les Phanérogames sont les plantes les plus élevées en organisation dans l'échelle végétale; ils suivent les Cryptogames dans l'ordre ascendant que nous adoptons, et ils forment une longue série progressive qui a été considérée diversement suivant le plus ou moins d'importance relative donnée aux différentes parties de l'organisation. Il règne à cet égard une grande divergence d'opinions chez les botanistes : les uns considèrent comme les plantes les plus parfaites, les Composées(1), d'autres les Papilionacées, d'autres les Conifères. Parmi les considérations auxquelles on pourrait avoir égard dans l'examen de cette question, il en est une qui, si je ne me trompe, n'a pas été mise en avant : je veux parler des motifs

(1) Voici l'opinion de Fries en faveur de cette opinion : 1.° Plus est grand le nombre des degrés de métamorphoses, par lesquelles une plante doit passer avant que son fruit se développe, plus aussi elle est parfaite; 2.° plus la métamorphose est grande, plus le végétal est parfait; 3.° les végétaux les plus parfaits ont donc la forme de fleur la plus régulière et la plus harmonieuse; 4.° ceux-là sont par conséquent plus parfaits, qui non-seulement possèdent tous les organes, mais encore chez qui ceux-ci sont combinés le plus heureusement et le plus régulièrement possible; 5.° plus la nature a semblé mettre de sollicitude et faire d'efforts dans la formation et le développement de la graine, plus la plante est parfaite; 6.° les végétaux les plus parfaits sont ceux qui représentent de la manière la plus pure, par la structure, la forme, les rapports numériques et les manifestations vitales, le type de leur section; 7.° enfin si la forme typique est le résultat des rapports les plus généraux, il s'en suit que les groupes les plus parfaits doivent être les plus nombreux et les plus étendus. D'après ces considérations fondamentales, Fries décide que les Composées sont les plantes les plus complètement développées.

que l'on peut trouver, pour classer les Phanerogames suivant leur degré d'organisation, dans l'analogie que le règne végétal présente, sous le rapport sexuel, avec le regne animal. Dans l'un et dans l'autre, nous voyons se produire des modifications de même nature, nous voyons l'absence des sexes, leur réunion diversement combinée dans les mêmes sujets, leur separation plus ou moins intense. Or, dans l'échelle animale, ces différentes modifications sexuelles marquent les degres d'abaissement ou d'élévation organique. Des Infusoires, des Polypes denues de sexes, on monte aux Mollusques qui offrent les deux diversement reunis, et puis aux classes où ils sont séparés. La loi de l'analogie ne nous porte-t-elle pas à suivre le même ordre pour l'echelle végétale, c'est-à-dire à monter des plantes Cryptogames aux Phanérogames hermaphrodites et ensuite aux diclines, c'est-à-dire aux Monoïques et aux Dioïques ? Cet ordre me paraît d'autant plus naturel qu'aux caractères sexuels se joignent la plupart de ceux qui indiquent comme eux une organisation avancée, et particulièrement l'ensemble de toutes les parties des arbres forestiers qui présentent le terme le plus élevé, le plus parfait de la vie végétative.

Cette analogie sexuelle entre les plantes et les animaux est aussi étonnante qu'elle est incontestable. La nature si différente des unes et des autres, et surtout l'absence de la locomotion chez les premières, paraît rendre incompatible l'inertie du végétal et l'acte qu'il doit accomplir quelquefois loin de lui. Cependant c'est un fait qui a été connu dès l'antiquité : Théophraste disciple d'Aristote l'a signalé à l'égard du Dattier, en indiquant même le moyen d'en féconder les germes. A la verite le nombre des plantes Dioïques est peu considérable en comparaison des hermaphrodites ; la nature semble avoir eu égard à la difficulté à vaincre, et ne s'en est pas trop rapportée à l'intervention du zéphyr et des vents, chargés de transporter au loin le pollen des fleurs ; mais elle nous montre ainsi tous les êtres vivants des classes supérieures, chacun dans leur ordre, soumis à la même loi pour la transmission de la vie.

Une considération que nous regardons comme secondaire

dans l'ordre naturel des plantes, c'est leur distinction en deux embranchements, d'après le nombre des feuilles séminales ou cotylédons, c'est-à-dire en Monocotylédones et Dicotylédones. Les premières sont évidemment d'un rang inférieur aux secondes, et les fleurs en sont généralement hermaphrodites. Elles doivent suivre immédiatement les Cryptogames.

Les Dicotylédones qui sont en nombre beaucoup plus considérable se divisent très-bien en trois grandes classes d'après leurs fleurs polypétales, monopétales et apétales ; mais les botanistes sont fort divisés d'opinion sur le rang respectif qu'elles doivent occuper dans l'ordre naturel. Nous nous permettons d'émettre humblement la nôtre. Nous pensons que les Polypétales sont moins avancées en organisation que les Monopétales, parce que la corolle, divisée en plusieurs pièces dans les premières, présente les mêmes parties dans les secondes, plus la soudure qui les réunit plus ou moins; quant aux Apétales, comme elles sont le plus souvent monoïques ou dioïques, et qu'elles ne comprennent que des végétaux ligneux, nous les considérons comme supérieures aux deux autres ordres, malgré l'infériorité des fleurs privées de corolles dans les deux sexes.

L'on objectera peut-être à l'importance que nous attachons à la réunion ou à la séparation des sexes, dans la classification naturelle, qu'il se trouve des arbres Diclines dans les différents ordres de plantes Phanerogames, quel que soit d'ailleurs leur degré d'élévation dans l'échelle végétale : les Monocotylédones présentent les Palmiers, les Dicotylédones Polypétales les Noyers, les Monopétales les Frênes, tandis que les Apétales, ordinairement Diclines, comptent quelques plantes à fleurs hermaphrodites. Nous répondons qu'à l'exception des Apétales, ce n'est que rarement que des plantes diclines se rencontrent dans les autres ordres, et voici la raison par laquelle il s'en trouve : chacun de ces ordres forme, comme l'échelle végétale tout entière, une série qui comprend plus ou moins de degrés, suivant son étendue. Ainsi les Monocotylédones s'étendent des plus humbles Gramens jusqu'aux Palmiers qui, sur leur tige grêle mais élancée, balancent dans les airs leurs couronnes altières. Ainsi, dans les Apétales, les Aristoloches hermaphrodites, ces faibles Lianes qui rampent autour du tronc des arbres, sont suivies de toute la phalange Dicline des Amentacées et des Conifères, qui, des Saules et des Peupliers, s'élève aux Platanes, aux Hêtres pour atteindre les robustes Chênes et les Cèdres incorruptibles, qui dominent le règne végétal comme ils règnent sur les sommets du Liban et de l'Himalaya.

Nous croyons donc que la présence de Végétaux Diclines dans les ordres inférieurs et intermédiaires, n'affaiblit pas l'importance que nous attachons à la considération sexuelle dans la classification, mais qu'elle la confirme au contraire en nous offrant les sexes séparés dans les sommités de chaque ordre.

ORDRE.

MONOCOTYLÉDONES.

Dans cet ordre l'embryon ne présente qu'un seul cotylédon, ou feuille primaire, roulé en spirale sur lui-même.

Ce caractère essentiel est toujours accompagné des suivants : la fleur, généralement sans calice, présente six pétales, trois intérieurs alternant avec trois extérieurs ; les feuilles ont leurs nervures parallèles, non ramifiées. Dans les espèces ligneuses, le tronc est simple, grêle, cylindrique ; le bois est homogène, fibreux, sans couches concentriques et sans liber ; les feuilles sont grandes, groupées au sommet en forme de parasol.

Cet ordre de végétaux, supérieur en organisation aux Cryptogames, inférieur aux Dicotylédones, offre une série qui s'élève progressivement des Graminées (Glumacées), aux Palmiers, en formant plusieurs classes plus ou moins nombreuses.

Ces plantes nous intéressent particulièrement par leur beauté, ou par leur singularité, ou par leur utilité, quelquefois par ces qualités réunies. Sous le rapport de la beauté, il suffit de nommer les Liliacées, pour évoquer à la fois toutes les magnificences, toutes les grâces du Lis, de la Tulipe, de la Jacinthe, de la Tubéreuse, de l'Aloës, du Yucca, et à côté d'eux, ce qui charme nos yeux dans l'Amaryllis, le Narcisse, la Jonquille, l'Iris, le Glayeul, la Tigridie, le Crinium, le Pancratium. Les beautés les plus éclatantes se réunissent ici en un groupe merveilleux, tandis qu'elles se disséminent çà et là dans les autres parties du règne végétal.

La singularité organique se concentre de la même manière dans les fleurs des Orchidées qui par les formes les plus fantastiques, les couleurs les plus bizarres, les imitations les plus inattendues des figures animales, nous jètent dans la stupéfaction et nous chercherions vainement ailleurs des végétaux plus extraordinaires.

Quant à l'utilité, les Monocotylédones ont l'honneur insigne de compter parmi elles les Céréales, la base de la subsistance de l'homme civilisé, le Bananier qui remplit la même destination près du sauvage, dans toute la zone équatoriale (1), le Cocotier, le Dattier, l'Ananas, et tant d'autres qui y prodiguent également leurs pulpes savoureuses ou leurs sucs délicieux.

Les Monocotylédones, dont la nature semble essentiellement herbacée, s'élèvent dans une seule famille au rang des Arbres, et ce sont les Palmiers, les princes du règne végétal, comme les appelle Linnée, qui font la principale beauté de toutes les régions intertropicales, et dont deux seulement étendent leur domaine jusques sur les rives européennes de la Méditerranée.

---

(1) Le Bananier, figuier d'Adam, est extrêmement productif. La grappe donne jusqu'à 2 à 300 fruits, et pèse assez pour qu'un homme ait de la peine à la porter. D'après l'évaluation faite par M. de Humboldt, un terrain de 100 mètres carrés dans lequel on a planté 40 bananiers rapporte dans un an 4000 livres en poids de substance alimentaire. Ce même terrain semé en blé, ne donnerait que 50 livres de grains; d'où M. de Humboldt conclut que le produit des bananes est à celui du froment (sous le rapport de la substance nutritive et du terrain cultivé), comme 133 est à 1, et à celui de la pomme de terre comme 44 est à 1.

CLASSE

PALMIERS, PALMÆ. *Linn.*

Les Palmiers, seuls entre les Monocotylédones, sont des arbres. La fleur est regulière, a trois ovaires qui ne contiennent chacun qu'un seul ovule; les graines sont renfermees dans une enveloppe pulpeuse ; les feuilles sont flabelliformes.

Peu de noms s'emparent de nos souvenirs et de notre imagination au même degré que celui de ces beaux arbres. Notre pensée nous représente les Palmiers de Jéricho, de l'Idumée, celui qui avoisine la source dans l'oasis du désert, ceux des sages de l'Inde, c'est-à-dire des Gymnosophistes qui se promenaient sous leur ombrage, comme Aristote sous les Platanes du Lycée; celui de l'île de Délos, qui datait de l'époque où Apollon y régnait et qui existait encore au temps de Pline, celui que le Calife Abderame avait planté à Cordoue en souvenir de Damas, sa patrie; celui du Jardin des Plantes, dont la vue produisit une impression si profonde sur un Nègre qui retrouvait l'*arbre de son pays*. Nous ne pouvons pas même oublier les deux Palmiers plantés à la naissance de Paul et de Virginie et qui croissaient comme eux en grâce et en beauté. Nous voyons en eux la végetation qui domine en beauté comme en elévation toute la végétation si admirable des Tropiques et de l'Equateur.

Répandus avec profusion sur cette zone dans toute l'etendue du globe, les Palmiers se modifient en une vaste famille appropriée à tous les sites, aux vallées comme aux montagnes, aux bords du Gange comme aux hauteurs des Andes, comme aux rivages des îles de l'Océanie.

Dans la multitude des espèces, nous nommerons l'Euterpe comestible des sages, le Calamus sang dragon, l'Oréadore palmiste, le Doumier de la Thébaïde, le Corypha à parasols, l'Attaléa gigantesque, le Jubéa magnifique.

Les palmiers sont destinés à satisfaire a tous les besoins des hommes dans les régions tropicales.

Sous le rapport comestible, les Palmiers donnent le Sagou, cette fécule substantielle, produite par le tissu moelleux qui remplit l'intérieur du tronc. Les fruits savoureux du Dattier sont une des grandes ressources alimentaires des Arabes ; ceux du Cocotier présentent de précieuses ressources surtout aux Hindoux qui en font usage dans les différents degrés de maturité : les bourgeons des Choux palmistes sont au nombre des mets les plus recherchés au Brésil et aux Antilles ; le sucre de l'Aranga remplace celui de Cannes dans les Iles de la mer des Indes ; le beurre de Galam est goûté en Europe comme en Guinée ; l'huile de Palmier est comestible en Amérique ; enfin le vin de Palme, qui est la sève extraite par incision, est d'un usage très-répandu dans les Indes, et pétille quelquefois comme le Champagne.

Les Palmiers fournissent encore l'Arec que mâchent les Indiens combiné avec le Bétel ; la cire pour l'éclairage, que produisent les Palmiers gigantesques des Andes ; les fibres sont utilisées pour la vannerie ; les feuilles remplacent le papier à écrire, et le bois est d'une dureté qui le fait employer pour la charpente.

Enfin les Palmiers servent encore les beaux arts comme modèles d'élégance et de grâce ; par la hauteur du tronc et la beauté incomparable du feuillage, ils élèvent la pensée comme les yeux, au-dessus des choses de la terre ; ils inspirent les grandes actions ; ils exaltent l'âme, ils lui montrent le ciel. Enfin, nous rêvons les palmes de la gloire et même celles du martyre pour le triomphe de nos convictions.

Les deux Palmiers qui étendent leur empire jusqu'en Europe, sont le Dattier, la providence de l'Arabe, et le Chamaerops palmiste.

Un seul insecte a été observé sur le Dattier : Ce Coléoptère Xylophage, *Bostrichus dactyliperda, Fab.*, se trouve souvent dans le fruit tel que nous le recevons, particulièrement de la régence de Tunis. C'est le noyau que ronge l'insecte.

Le Chamaerops palmiste nourrit le même insecte de ses noyaux, suivant l'observation de M. Lucas.

C'est dans le tronc du Cocotier à amande amère, de Cayenne et des Antilles, que se développent les larves du grand Charençon, *Calandra palmarum*, Ver du Palmiste, que les Créoles mangent comme un mets très-délicat. Pour le multiplier, les habitants de la Martinique ont coutume de faire des incisions dans l'écorce des jeunes Palmiers pour déterminer ces insectes à y déposer leurs œufs.

ORDRE.

DICOTYLÉDONES.

Cet ordre se distingue du précédent par deux cotylédons opposés.

Au Palmier, dont nous n'avons eu qu'un mot à dire, comparons le Chêne et nous verrons deux natures végétales, infiniment différentes, dérivées de la seule différence des cotylédons, et nous admirerons comme toujours l'unité de composition unie à l'extrême diversité de modification.

Au tronc simple, grêle et cylindrique, aux grandes feuilles groupées au sommet en forme de parasol, aux racines semblables à des cables et égales entre elles, du premier, s'opposent le tronc conique qui se termine en cîme rameuse, la multitude infinie de feuilles attachées aux branches, la racine pivotante et ramifiée du second. Les Dicotylédones diffèrent encore des précédentes par la composition du tronc formé d'une moelle centrale, de couches ligneuses concentriques, d'une écorce complexe; par les feuilles à nervures rameuses; par les fleurs munies généralement d'une corolle et d'un calice, et organisées d'après le type quinaire et ses multiples.

Tandis que les Monocotylédones ne contiennent qu'un seul groupe d'arbres, les Palmiers, les Dicotylédones comprennent tous les autres. C'est sans doute la conséquence de l'organisation plus composée de ces dernières. D'ailleurs, le type en est beaucoup plus multiplié; elles comprennent les quatre cinquièmes des plantes phanérogames

Les insectes qui vivent sur ces végétaux sont en nombre proportionné au leur, et surtout à la multiplicité relative des arbres qu'ils présentent, ceux-ci nourrissant infiniment plus d'insectes que les plantes herbacées en raison des moyens d'existence qu'ils leur procurent dans l'épaisseur de leur écorce et de leurs racines, dans leurs fruits, et surtout dans les myriades de feuilles qui leur présentent un fonds inépuisable de subsistance.

Les Dicotyledones se divisent en trois grands ordres : les Polypetales, les Monopétales et les Apétales.

DIVISION.

DICOTYLÉDONES POLYPÉTALES.

Dans cette division la corolle est formée de pétales libres.

Cette phalange immense qui se divise en classes nombreuses, (1) présente un grand nombre d'arbres et d'arbrisseaux indigènes ou naturalisés ; cependant il s'y trouve peu de nos arbres forestiers qui appartiennent généralement à la division des Apétales, mais la plupart de nos arbres fruitiers, cette partie aussi utile qu'agréable de nos richesses végétales. C'est à la classe des Calophytes que nous devons nos fruits à noyaux et à pépins ; c'est à celle des Ampélides qu'appartient la Vigne; aux Térébinthinées qu'appartiennent le Noyer, l'Oranger, tous ces sucs, ces jus, ces pulpes qui se diversifient à l'infini pour rafraîchir ou réchauffer notre sang, pour calmer notre soif ou notre faim, et dont les saveurs flattent notre palais plus qu'aucune autre substance.

Les Polypetales ne sont pas moins prodigues de belles fleurs que de bons fruits ; c'est dans leurs familles comme dans nos jar-

---

(1) Ces classes sont : les Loranthées, les Cocculinées, les Trisépales, les Polycarpiques, les Rhéadées, les Hydropeltidées, les Péponifères, les Cistiflores, les Guttifères, les Caryophyllées, les Succulentes, les Caliciflores. les Calycanthinées, les Myrtinées, les Lamprophyllées, les Colomnifères. les Gruinales, les Ampélidées, les Malpighinées, les Tricoques, les Térébinthinées les Calophytes.

dins que se réunissent pour nous plaire la charmante tribu des Papilionacées, les Renoncules, les Anémones, les Roses, les Myrtes, les Spirea, les Marronniers, les Tulipiers, les Magnolia, et tant d'autres de ces délicieuses productions dont les formes gracieuses, les tissus délicats, les couleurs brillantes, les parfums suaves enivrent nos sens, qui se groupent en bouquets, en thyrses, en girandoles, en guirlandes, en couronnes pour embellir nos solennités, joncher nos temples, ceindre le front de la gloire et de la vertu, et parer jusqu'à nos tombeaux.

Ce sont particulièrement ces fleurs et ces fruits qui, conjointement avec le feuillage, donnent la vie aux essaims d'Insectes qui pullulent, qui bourdonnent autour de ces arbres, qui les animent de leur présence et trop souvent les dévastent de leurs déprédations.

CLASSE.

LORANTHÉES, Loranthez. *Bartl.*

G. GUI, Viscum, *Linn.*

L'ovaire ne présente qu'une seule loge contenant un seul ovule renversé; la corolle est épigyne; les étamines sont anté-positives.

Cette classe, peu considérable, composée d'arbrisseaux parasites, n'en comprend qu'un seul indigène, le Gui, *Viscum*, qui présente un phénomène singulier : c'est un arbrisseau qui vit en parasite sur les arbres, dont la graine apportée par les oiseaux, et restant accrochée contre l'écorce, y insinue ses racines, et se développe aux dépens de la séve du végétal contraint de subir cet hôte nuisible. C'est le plus souvent le Pommier qui le nourrit de sa substance; ce sont aussi plus ou moins les autres arbres, à l'exception de ceux dont les sucs sont laiteux, tels que le Figuier.

C'est sans doute l'etrangeté de sa nature qui a donné lieu au culte superstitieux dont le Gui était l'objet chez les Gaulois. Ils lui attribuaient toutes les vertus et lui rendaient tous les honneurs. C'etait celui du Chêne, comme le plus rare, que leurs prêtres recherchaient, qu'ils coupaient en grande solennité avec une serpe d'or, qu'ils regardaient comme sacre, qu'ils suspendaient dans les temples; et, telle est la force des traditions, la tenacite des coutumes, qu'apres quinze siecles, et au sein du christianisme, il en reste des vestiges, et qu'indestructible comme la pierre druidique, le *Gui l'an neuf* se répète encore comme un écho lointain de la voix patriotique de nos ancêtres, de Velléda, de Vercingétorix.

Dépossédé de ses honneurs, de toutes ses vertus, le Gui intéresse encore par les singularités de sa nature, par ses feuilles sans nervures apparentes, par sa sève restant entièrement étrangère à celle de l'arbre nourricier, par sa disposition à s'étaler qui ne connaît pas la loi commune à tous les végétaux ligneux de se diriger vers le ciel.

Le seul insecte qui ait été observé sur le Gui est le Longicorne *Pogonocherus pilosus*, Fab., qui dépose ses œufs sur les tiges desséchées dans lesquelles la larve se nourrit et se développe.

CLASSE.

OMBELLIFLORES, OMBELLIFLORÆ. *Bartl.*

L'ovaire présente deux loges, dans chacune desquelles il n'y a qu'un ovule suspendu.

Cette classe si considérable ne contient qu'un très-petit nombre de végetaux ligneux. La famille entière des Ombellifères, qui ne présente pas moins de mille espèces, n'en compte pas un seul. Nous n'avons à nous occuper que du Lierre et du Cornouiller.

FAMILLE.

ARALIACÉES, ARALIACEÆ. *Juss.*

Les pétales sont au nombre de cinq à seize.

Cette famille ne presente qu'un seul arbrisseau indigène, le Lierre; un autre, l'Angélique épineuse, originaire d'Amérique, qui est naturalisé en Europe. C'est à elle qu'appartient le célèbre Panax Ginseng des Chinois, dont le nom, dérivé de Panacée, fait allusion à toutes les vertus qui lui ont été attribuées.

G. LIERRE, HEDERA. *Linn.* (1).

Les petales sont au nombre de seize.

Le Lierre, qui semble chargé par la nature du soin de cacher sous son feuillage toujours vert les troncs rugueux des vieux arbres, les ruines crevassees des monuments, est doué de toute la longévité nécessaire à sa destination. Nous pourrions citer un grand nombre de Lierres remarquables sous ce rapport : la dalle de sept pouces de diamètre provenant d'un Lierre du Titelberg, montagne du Canton de Lucerne (2); ceux que M. Laterrade mentionne à Lormont et à Gradignan dans le vieux chateau d'Ornan; celui qu'a vu M. Bory de Saint Vincent dans les environs de Bayeux, ceux qui ornent la promenade del Prato, à Florence, dont le tronc a près d'un pied de diamètre. Les plus anciens que j'aie observes sont ceux qui recouvrent, comme une vaste draperie, les ruines du chateau d'Heidelberg. Ils remontent sans doute à l'époque de la dévastation du Palatinat, qui date à peu près de deux siècles. Ils ont substitué la beauté mélancolique de leurs vastes tentures aux beautés de l'art que Frédéric V y avait accumulées.

Le Lierre qui sert, en quelque sorte, de linceul aux monuments, ne devrait pas être l'emblème de l'immortalité. Quand il embrasse l'Ormeau, il représente beaucoup mieux l'amour conjugal. Nous rappellerons ce beau passage de Bernardin de Saint-Pierre : « Le Lierre, ami des monuments et des tombeaux, le Lierre, dont » on couronnait jadis les grands poètes, qui donnait l'immorta- » lité, couvre quelquefois de son feuillage les troncs des plus » grands arbres. Il est une des plus fortes preuves des compensa- » tions végétales de la nature; car je ne me rappelle pas en avoir » jamais vu sur les troncs des Pins, des Sapins, ou des arbres dont » le feuillage dure toute l'année. Il ne revêt que ceux que l'hyver » dépouille. Symbole d'une amitié généreuse, il ne s'attache » qu'aux malheureux; et lorsque la mort même a frappé son pro-

(1) En vieux français L'hierre, dérivé d'hedera

(2) Le tronc a environ un pied de diamètre dans le bas.

» tecteur, il le rend encore l'honneur des forêts où il ne vit plus,
» il le fait renaître en le décorant de guirlandes de fleurs et de
» festons d'une verdure éternelle. »

Les Insectes observés sur le Lierre sont :

COLÉOPTÈRES.

Malachius suturalis. Dej. — Ce Malacoderme se trouve en grand nombre sur les fleurs au printemps. Comme ses congénères, il fait sortir du thorax et de l'abdomen, lorsqu'il est effrayé, deux vésicules d'un rouge écarlate.

Ochina hederæ. Germ.— Ce Térédile vit également sur les fleurs.

Anobium Latreillei. L. Duf.— La larve de ce Serricorne vit dans les branches mortes ; elle se nourrit de la moelle.

Xyletinus hederæ. L. Duf. — Ce Térédile se développe dans les branches sèches. La larve habite une galerie simple, ovalaire, creusée dans le liber et n'atteignant jamais le canal médullaire; elle s'y tient courbée. Aux approches de la transformation, elle se rapporche de l'écorce.

Dorcatoma hederæ. Blondel.— La larve de ce Térédile vit également dans les branches mortes.

Hylesinus hederæ. Smidt. — Ce Xylophage vit sous l'écorce.

Pogonocherus pilosus. Fab. — Voyez l'article Gui.

Grammoptera ruficornis. Fab. — Ce Longicorne se développe dans le bois sec.

LÉPIDOPTÈRES.

Tortrix dumicolana. Zell.— Ce Platyomide, ainsi que ses congénères, a sa chenille couverte de points tuberculeux, surmontés chacun d'un poil. Elle roule en cornet, ou réunit en paquet, par des fils, les feuilles dont elle se nourrit, et s'y change en chrysalide sans former de coque, mais après avoir tapissé de soie l'intérieur de sa demeure. (1)

---

(1) Ce que je dis des chenilles est généralement extrait des ouvrages de Duponchel, mon ami si regretté.

FAMILLE.

CORNACÉES, Cornaceæ. *Lindl.*

Les pétales sont au nombre de quatre.

Des Arbrisseaux de cette famille nous ne cultivons et nous n'avons observé que l'Aucuba du Japon, le Benthamia du Népaul et les Cornouillers. Ces derniers seuls nous ont paru nourrir des Insectes.

G. CORNOUILLER. cornus. *Linn.*

Les quatre pétales sont inonguiculés ; le stigmate est tronqué.

Pline signale le Cornouiller cultivé comme nuisible aux abeilles, les fleurs en étant laxatives pour elles. Il recommande de le tenir à l'écart des ruches, et il indique le remède propre à les guérir(1). Plus tard, cet arbre était en faveur, ainsi que le Buis et l'If, pour la facilité avec laquelle il prenait, sous le ciseau, les formes que la fantaisie du jardinier lui imposait. Maintenant il n'est plus cultivé que comme arbre fruitier, et il l'est peu ; son fruit est joli, mais il n'est un peu agreable que pendant un instant fugitif, quand il n'est ni acerbe ni douceâtre.

Nous attribuons au Cornouiller sanguin, comme à l'espèce cultivée, le peu d'Insectes qui ont été observés sur l'un et sur l'autre.

COLÉOPTÈRES.

Leptura rufipes. Linn. — Voyez Hêtre.

Cryptocephalus 12 punctatus. Fab. — Cette Chrysoméline se nourrit de feuilles. Elle nuit même aux bourgeons en les rongeant a mesure qu'ils se développent.

HÉMIPTÈRES.

Aphis (Vacuna, Amyot) Dryophila. Schr. — Ces petits Insectes

---

(1) Le remède consiste à leur donner des cormes pilées avec du miel.

si vulgaires, dont l'histoire présente l'étrange phénomène d'un accouplement suffisant à la fécondation d'un grand nombre de générations (1), ont été longtemps considérés comme formant un genre homogène. Des observations récentes ont fait connaître des modifications dans la plupart des organes. La trompe plus ou moins longue, atteint dans quelques uns, trois fois la longueur du corps; les antennes varient également dans leurs dimensions et même dans le nombre de leurs articles ; les ailes se modifient dans la disposition de leurs nervures, de manière à présenter une méthode de classification pleine de clarté ; à l'extrémité du corps, on remarque, tantôt la présence, tantôt l'absence d'un appendice caudal de forme noduleuse, conique, ou allongée en sabre ; enfin, vers l'extrémité de l'abdomen, paraissent les deux tuyaux (cornicules) plus ou moins longs, quelquefois réduits à de simples tubercules, d'où sort cette liqueur sucrée, principale nourriture des Fourmis, dont les Pucerons sont les Vaches laitières, suivant l'expression de Linnée.

LÉPIDOPTÈRES.

Argyresthia cornella. Fab. Zell. — Cette Ténéide, dans l'état de chenille, vit dans l'intérieur des feuilles qu'elle roule en cornet, et elle sort de cette demeure lorsqu'elle est parvenue à toute sa grandeur, pour aller se transformer dans la mousse, où elle se file une coque composée de deux tissus, dont l'extérieur, en forme de treillis, laisse apercevoir l'intérieur d'un tissu plus serré (2).

Micropteryx aglaella. Dup. Zell. — Ce genre de Ténéides, voisin du genre *Adela*, présente probablement les mêmes habitudes. Les chenilles, dans ce dernier, vivent et se métamorphosent dans des fourreaux portatifs qu'elles se fabriquent avec des parcelles de feuilles.

---

(1) Bonnet a observé neuf générations dans l'espace de trois mois. Depuis, M. Kaltenbach en a compté jusqu'à seize.

(2) Nous supposons que cette espèce a le même instinct que l'*A. pruniella*, à laquelle se rapporte cette observation.

CLASSE.

COCCULINÉES, COCCULINEÆ. Bartl

Les étamines sont hypogynes, en même nombre que les pétales, un ovaire solitaire, ou des ovaires en nombre défini.

Cette classe ne comprend que les familles des Berbéridées et des Ménispermées.

FAMILLE.

BERBÉRIDÉES, BERBÉRIDEÆ. *Juss.*

Les bourses des anthères s'ouvrent par une valvule; l'embryon est rectiligne.

De cette classe et de cette famille nous n'avons à nous occuper que d'une seule espèce, le Berberis commun.

G. BERBERIS, BERBERIS. Linn.

Le calice est ordinairement composé de neuf folioles articulées en trois séries.

Le Berberis commun, qui est l'Epine vinette, ou le Vinettier, joint à ses qualités connues une réputation équivoque. Il est accusé par les cultivateurs, lorsqu'il est planté près des Céréales, d'y déterminer l'invasion de la rouille et de la carie. Après avoir rapporté la cause de ce phénomène au pollen de l'arbuste, on l'a attribué à la propagation d'un Cryptogame, l'Accidium berberidis, dont les feuilles du Berberis sont souvent infestées. De nombreuses expériences n'ont pu encore lever tous les doutes.

L'Epine vinette présente une propriété remarquable. Les étamines montrent une excitabilité qui rappelle celle de la Sensitive. Quand on touche avec une pointe les filets staminaires, on les voit s'agiter et se jeter sur le pistil avec d'autant plus de vivacité que la température est plus élevée.

Les Insectes qui attaquent le Berberis sont :

HYMÉNOPTÈRES.

Hylotoma berberidis. Fab. — Cette Tenthrédine fait avec la scie dont elle est pourvue, une incision dans une branche, et y depose un œuf. La fausse chenille qui en provient dévore le feuillage; elle tient souvent le corps replié en S.

LÉPIDOPTÈRES.

Geometra certata. Zell. — Cette espèce, dans l'état de chenille, est nue et arpenteuse, comme toutes les Phalénides.

Cidaria berberadia. B. — La chenille est assez courte et caractérisée par des lignes longitudinales aux deux extrémités.

DIPTÈRES

Criochina berberina. Meig. Pflug. — Cette Syrphide se trouve fréquemment sur les fleurs de cet arbrisseau.

Tephritis (Trypeta, Meg.) Meigenii. Loew. — La larve se développe dans le fruit.

CLASSE.

POLYCARPIQUES, Polycarpicæ. *Bartl.*

Les étamines sont hypogynes, en nombre indéfini; les ovaires distincts, le plus souvent en nombre également indéfini; autant de styles que d'ovaires; les pistils sont en nombre indéfini.

Cette classe est au nombre des plus remarquables par la beauté des fleurs. Elle comprend plusieurs des végétaux les plus admirables du globe : le *Dillenia speciosa*, l'arbre le plus magnifique de la zone équinoxiale, qui joint a la rare beaute du feuillage et des fleurs, la suavité du parfum et la saveur délicieuse des fruits; les Magnolia qui montrent la même supériorité parmi les arbres de la zone temperée, ce qui nous permet d'en faire le plus bel ornement de nos jardins. Le Tulipier fait aussi partie de ce beau groupe, et il en est digne, tant par la grandeur de ses fleurs, que par la forme unique de ses larges feuilles. Les seules plantes ligneuses indigènes de cette famille sont les Clématites, dont plusieurs espèces sont aussi au nombre de nos arbrisseaux les plus agréables.

FAMILLE.

RENONCULACÉES, Ranunculaceæ *Juss.*

Les pétales et folioles du calice sont caducs ; les anthères dirigées en dehors ; les feuilles sont munies de stipules.

Cette famille présente un grand nombre de plantes remarquables par la beauté de leurs fleurs. Nous nous bornerons à citer les Adonis, les Thalictrum, les Anémones, les Hépatiques, les Renoncules, les Clématites. Ces dernières seules sont ligneuses, et a ce titre, doivent nous occuper.

G. CLÉMATITE. Clematis. *Linn.*

Les folioles du calice sont étalées pendant l'épanouissement ; les pétales nuls ; les étamines nombreuses.

Les Clématites, qui ont été récemment divisées en plusieurs genres(1), présentent en effet un assez grand nombre de modifications importantes qui toutes nous plaisent, les unes par les graines en plumes blanches et soyeuses qui les décorent, les autres par leurs fleurs, douées, tantôt d'une odeur suave, tantôt d'une beauté remarquable, comme celles que Siebold a rapportées récemment du Japon, et formant par la multitude de leurs longs sarments entortillés, un lacis impénétrable qui couvre en les ornant les ton nelles de nos jardins

Clématite commune. C. *Vitalba*, Linn.

Les folioles du calice, au nombre de quatre, oblongs, obtus.

Cette Clématite des bois, déjà mentionnée par Pline, a reçu des noms populaires qui la signalent sous des rapports bien différents. Elle est la *Barbe à Dieu* et le *Plaisir du Voyageur*, par

---

(1) Les genres Cheiropsis Viticella, Viorna, Meclatis, Clematis.

allusion aux touffes blanches, argentées, ondoyantes que forment jusque dans l'hiver la multitude des graines entrelacées. Elle est l'*Herbe aux Gueux*, la *Viorne des Pauvres*, dont la sève donne aux mendiants le moyen d'exciter la pitié en déterminant sur les jambes des rougeurs qui simulent les ulcères.

Je ne connais que quatre Insectes qui vivent sur cette Clématite.

COLÉOPTÈRES.

Bostrichus chalcographus. Linn. — La larve de ce Xylophage vit sous les écorces et y creuse des galeries.

Læmophlæa clematis. Fab. — Autre Xilophage dont la larve vit dans l'aubier.

HÉMIPTÈRES.

Coccus clematidis. Linn. — V. Tamarisc.

LÉPIDOPTÈRES.

Larentia vitalbaria. Dup. — V. Tamarisc.

Tinea clematella. Fab. — La chenille est glabre, vermiforme; ses huit pattes membraneuses intermédiaires sont très-courtes; le premier segment du corps est couvert d'une plaque cornée. Cette chenille vit et se métamorphose dans un fourreau fusiforme.

FAMILLE

MAGNOLIACÉES, Magnoliaceæ, *Juss.*

Le calice est caduc; les anthères sont immobiles, linéaires; les feuilles ont des stipules.

Cette famille est peu nombreuse, mais elle occupe par sa beauté un rang considérable dans le règne végétal. Parmi les arbres qui embellissent nos jardins de leur luxe étranger, il n'en est pas qui réunissent tant de magnificence. Au feuillage splendide par son ampleur, son lustre, ses nuances, son élégance, se joignent des fleurs d'une grandeur admirable, d'une blancheur pure et argentée, relevée de pourpre, d'azur et d'or, qui se dessinent en coupe charmante, et qui joignent à tous ces enchantements le parfum le plus suave, où se retrouve par un mélange délicieux celui de la rose, de la jonquille et de l'oranger.

Outre le type Magnolia, admirablement diversifié en nombreuses modifications, cette famille comprend les Tulipiers, dont le nom signale la fleur, comme celui des Magnolia est un hommage rendu par Linnée à l'éminent botaniste (1) qui le premier classa les plantes par familles naturelles.

Les Tulipiers, seuls de cette famille, nourrissent des Insectes en Europe.

G. TULIPIER Liriodendrum. *Linn.*

Les étamines sont plus longues que le pistil ; les anthères sont arquées, dirigées en dehors.

Le Tulipier est non seulement remarquable par la beauté de ses fleurs, à laquelle il manque seulement un coloris plus vif, mais encore par la forme presque carrée et très-inusitée de ses feuilles ; il l'est surtout par les grandes dimensions qu'il acquiert dans sa patrie, l'Amérique septentrionale, où son tronc atteint jusqu'à six mètres de circonférence.

Les Insectes observés sur le Tulipier sont

HÉMIPTÈRES.

Coccus liriodendri. Linn. — V. Tamarisc.

LÉPIDOPTÈRES.

Boarmia hortaria. Fab., Smidt, Abbot.. — La chenille de cette petite Phalénide, prend, dans l'état de repos, une attitude qui lui donne l'apparence d'un pédoncule de fruit, ou d'une petite branche sèche. Elle se trouve en Europe et en Amérique.

Anthitesia salicana. Dup. — Nous avons observé cette Platyomide sur le feuillage, paraissant vouloir y déposer ses œufs,

---

(1) Pierre Magnol, professeur à l'université de Montpellier.

comme sur le Saule. Elle a le deuxième article des palpes très-long et très-velu. Sa chenille est épaisse et parsemée de points verruqueux. Elle vit au milieu de plusieurs feuilles qu'elle réunit ensemble par des fils, et s'y transforme.

Tinea. — Le 16 juillet, j'ai trouvé sur le feuillage une chenille de Teigne dans son fourreau; mais je n'ai pu l'amener jusqu'à l'état ailé.

CLASSE.

PÉPONIFÈRES, Peponiferæ. *Bertl.*

Les pétales son insérés a la gorge du calice; l'ovaire est symétrique, uniloculaire.

Des nombreuses familles qui composent cette classe, celle des Grossulariées est la seule qui contienne des arbrisseaux indigènes; trois autres de ce groupe d'origine exotique nous intéressent en nous procurant par la culture d'excellents fruits ou des fleurs d'une rare beauté, tels que les Melons, les Passiflores et les Cactus.

Sous le rapport entomologique ces derniers se recommandent en nourrissant la Cochenille, l'un des insectes devenus le plus utiles à l'industrie par la substance précieuse qu'il fournit à notre luxe.

FAMILLE.

GROSSULARIÉES, Grossulariæ. *De Cand.*

La corolle à cinq pétales libres; cinq étamines; l'ovaire est adherent.

Cette famille a été formée du genre *Ribes*, Linn. dont les modifications importantes ont donné lieu à de nombreuses coupes generiques. Outre les trois espèces les plus connues, les Groseillers rouge, cassis et épineux qui ont été élevées au rang de genres (1), la même division a été opérce pour le Groseiller de

(1) Ce sont les genres Ribes, Bothryorarpium et Grossularia

Douglas (1), ce bel arbuste des Montagnes Rocheuses ; le G. à fleurs pourpres (2) qui par sa charmante floraison printanière est devenu en peu d'années le premier ornement de nos jardins ; le G. élégant (3) de la Californie, dont les fleurs ont l'apparence et la grâce de celles des Fuchsies.

G. GROSEILLER, RIBES. *Linn.*

Les fleurs ont cinq pétales très-petits, distants ; les étamines sont insérées à la gorge du calice.

Ce genre, tel qu'il est maintenant circonscrit, comprend avec le Groseiller commun un assez grand nombre d'espèces, les unes indigènes, comme les Gr. de Roche, à longues grappes, alpestre ; d'autres exotiques, tels que les Gr. bicolore, decumbant, du Liban dont les feuilles ont l'odeur de la Reinette.

GROSEILLER COMMUN. *R. Rubrum*. Linn.

Les pétales sont cunéiformes ; l'ovaire et glabre ; les anthères sont réniformes.

Le groseiller, si vulgaire et en même temps si agréable par ses grappes purpurines, et ensuite par les mille formes sous lesquelles nous savourons son suc, le Groseiller était inconnu aux anciens et n'a commencé à se faire connaître qu'au moyen-âge. Son nom, dérivé de *Grossularius*, a une étymologie assez incertaine ; suivant Charles Étienne dans son ouvrage *De re Hortense*, le Groseiller est ainsi nommé par les botanistes, parce que les grains de son fruit sont semblables à ceux des figues qui ne sont pas mûres, et qui sont appelées *Grossi* ou *Grossuli*. Selon Ménage, les Groseilles doivent leur nom à leur grosseur par comparaison aux petites Groseilles rouges que les Normands appellent Grades

(1) Cerophyllum Douglassii.
(2) Coreosma sanguineum.
(3) Robsonia speciosa

ou Gardes (1), opinion qui indique que le nom de Groseiller a été donné primitivement à l'espèce épineuse.

C'est à cette espèce que nous rapportons les Insectes du Groseiller, quoiqu'ils puissent avoir été également observés sur les autres :

COLÉOPTÈRES.

Phitobius 4 tuberculatus. Fab. — Ce Curculionite ronge le feuillage dans l'état adulte comme dans celui de larve.

HYMÉNOPTÈRES.

Tenthredo (sous-genre Emphytus) Grossulariæ. — Cette Tenthredine pratique des incisions dans la tige au moyen de la scie dont elle est munie et y dépose ses œufs ; les fausses chenilles qui en proviennent dévorent le feuillage.

Tenthredo (sous-genre Macrophya) ribis. Sch. — Ibid.

Nematus ribis. Leduc. — La fausse chenille de cette Tenthredine dévore quelquefois tout le feuillage.

Coryna ribis. Leduc. — Cette Tenthrédine est rare en France.

HÉMIPTÈRES.

Aphis ribis. Schr. — Ce puceron pullule tellement qu'il fait souvent recoquiller toutes les feuilles ; et il attire les fourmis au point qu'elles y établissent quelquefois de petites fourmilières avec de la terre qu'elles apportent au sommet de l'arbuste.

LÉPIDOPTÈRES.

Vanessa C. album. Linn. — V. Cerisier

Sesia tipuliformis. L. — La chenille de cette Sphyngide ne se nourrit pas des feuilles ; elle est munie de fortes machoires et de deux plaques écailleuses, l'une sur le premier segment du corps,

(1) Au mot Gardes, Ménage soupçonne que ce mot a été fait de rubius, (d'où ribes) à cause de la couleur rouge de ce fruit. Rubius, rubicus, rubicardus, rubicarda, carda, gardes

l'autre sur le dernier; elle vit et se transforme dans l'intérieur des tiges du Groseiller où elle pénètre peu à peu.

Atychia grossulariæ. Fab. — La chenille de cette Bombycide n'a pas encore été observée ; mais il est probable qu'elle vit comme celle de la Stygia australis qui en est voisine, et qui vit dans les tiges et les racines.

Halia wavaria. Linn. — La chenille de cette Phalenide porte de petites verrues pilifères; elle ronge les feuilles et se métamorphose dans un tissu mince à la surface du sol.

Acidalia hastata. Fab. — Cette Phalénide, dans l'état de chenille, est effilée, sans tubercules ; elle vit dans les feuilles cousues ensemble avec de la soie.

Zerene grossularia. B. — La chenille de cette Phalenide vit sur le feuillage. Avant de se transformer elle s'entoure seulement de quelques fils entre des feuilles.

Cidaria ribesiaria. B. — V. Berberis.

Tortrix ribeana. H. — V. Lierre.

Phycis grossulariella. Tr. — La chenille de cette Crambide n'est pas connue.

Incurvaria capitella. Zeller. — Cette Tinéïde, dans l'état de chenille, vit et se métamorphose dans un tuyau uni, ovale, qu'elle transporte avec elle.

DIPTÈRES.

Cecidomyia ribesii. Megerle. — Cet auteur a décrit cette espèce sous ce nom sans mentionner sa manière de vivre; mais les larves des Cécidomyies se développent ordinairement dans des espèces de galles.

CLASSE.

CISTIFLORES, Cistiflores. *Bartl.*

Les pétales et les étamines sont hypogynes ; le pistil est symétrique.

Cette classe composée de plusieurs familles ne comprend que deux genres d'arbrisseaux indigènes : les Tamariscs et les Cistes

FAMILLE

CISTACÉES, CISTACEÆ. *Lyndl.*

Les étamines sont en nombre indéfini; les graines sont nues.

De cette famille, le genre Ciste est le seul dont nous ayons à nous occuper.

G. CISTE, CISTUS. *Linn.*

Les arbustes de ce genre, remarquables par la beauté de leurs fleurs, sont communs dans toutes les régions voisines de la Méditerranée. Ils étaient connus dès le temps d'Hérodote par la gomme résineuse nommée *Ladanum*, répandue sur les sommités et sur les jeunes feuilles, et qui est encore recueillie maintenant, surtout dans la Grèce.

Les Insectes observés sur les Cistes sont :

COLÉOPTÈRES.

Bruchus cisti. Lat., Laporte. — La larve de ce Curculionite vit dans la graine.

ORTHOPTÈRES.

Gryllus cisti. Linn. — Ce Grillon ronge le feuillage.

LÉPIDOPTÈRES.

Solenoptera meticulosa. L.— La chenille de cette Noctuelite est glabre, à petite tête globuleuse. Son cocon est peu solide, à peine enfoncé dans la terre.

Boarmia rhomboidaria, W. W. — V. Tulipier.

Ephyra pupillaria, Hübn. — La chenille de cette Phalénide est lisse, à tête plate et triangulaire; elle se singularise par sa transformation qui s'opère comme chez les Papillons diurnes, c'est-à-dire que sa chrysalide est attachée par la queue et par le milieu du corps, comme celle des Pieris.

Nemophora cericinella. Zell. — Les premiers états de cette Tinéide ne sont pas encore connus

FAMILLE.

TAMARISCINÉES, Tamariscineæ.

Les étamines sont presque toujours en nombre défini ; les styles sont distincts.

Le genre Tamarisc est le seul de cette famille sur lequel des Insectes ont été observés.

Les Tamariscs auxquels nous joignons les Myricaria (*Tamarix germanica*) embellissent le bord des eaux par l'élégance et la légèreté de leur feuillage.

Ils sont en proie à un assez grand nombre d'Insectes.

COLÉOPTÈRES.

Apion tamarisci. Dej.— Ce Curculionite ronge le feuillage dans l'état de larve et d'adulte.

Coniatus chrysochlora. Lucas. — Ce Curculionite se file une coque globuleuse en réseau qu'il colle aux branches. Cet instinct paraît déterminé par la difficulté de se maintenir sur les branches très flexibles du Tamarisc et sur son feuillage filiforme.

Coniatus repandus. Dorh. — Ibid.

——— tamarisci. Fab. — Ibid.

Nanodes (Cionus) tamarisci. Dej. — Ce Curculionite dépose ses œufs sur l'ovaire des fleurs; les larves s'y développent et les Insectes parfaits en sortent.

Nanophyes pallidulus. Grav.— Ce Curculionite est commun sur le Tamarisc, à Perpignan.

——— stigmaticus. Kiesenw. -- Ibid.

——— tamarisci. Sch. — Ibid.

Pachybrachys tamarisci. Dej. — V. Saule.

Stylosomus tamarisci. Suff. — M. Kiesenwetter a trouvé cette Chrysoméline en grand nombre à Perpignan.

HÉMIPTÈRES.

Coccus manniparus. Suivant Forskael et Ehrenberg, cet Insecte détermine l'écoulement d'une substance gommeuse d'un goût agréable, que les Arabes recueillent soigneusement.

LÉPIDOPTÈRES.

Opiusa illunaris. Hubn. — La chenille de cette Noctuélite est lisse. Elle se tient collée contre les branches pendant le jour et se renferme dans une coque composée de soie et de terre.

Pyralis fovealis. Zell. — La chenille n'a pas été observée.

——— fimbrialis. Zell. — Ibid.

Nymphula undalis. Zell. — La chenille de cette Pyralide n'est pas connue.

Pionea forficalis. Linn. — La chenille de cette Pyralide, qui vit habituellement sur les Crucifères, se trouve aussi sur le Tamarisc. Elle s'enferme, avant de se transformer, dans une coque en forme de barillet, d'un tissu lisse à l'intérieur et revêtue extérieurement de molécules de terre.

Botys ochrealis. H. — La chenille de cette Pyralyde vit et se métamorphose dans l'intérieur des feuilles, qu'elle roule en cornet.

Philobia œstimaria. Hubn. — La chenille de cette Phalénide se renferme entre les feuilles et s'enterre avant de se transformer.

Boarmia Selenaria. W. W. Zell. — V. Tulipier.

——— rhomboidaria. W. W. Zell. — Ibid.

Larentia polygrammaria. B., Zell. — La chenille de cette Phalénide est lisse, peu allongée, plissée sur les côtés. Elle se transforme dans la terre ou entre des feuilles, suivant la saison.

Eupithecia ultimaria. Rambur, Zell. — Cette Phalénide, dans l'état de chenille, est lisse; elle a la tête petite. Elle se transforme dans un tissu léger sous la mousse.

Eupithecia tamarisciaria. B. — Ibid.

Geometra flaviata. Zell. — V. Berberis.

——— permutataria. Zell. — Ibid.

——— coronata. Zell. — Ibid.

Godonela vestimaria. Hubn. — La chenille de cette Phalénide est menue, à petite tête. Elle s'enfonce en terre pour se transformer.

Crambus superbellus. Zell. — La chenille de cette Crambide a été observée sur le Tamarisc. Elle vit sur les racines

CLASSE.

SUCCULENTES, Succulentæ. *Bartl.*

Les étamines sont périgynes : les ovaires sont libres, en nombre défini ; les styles en même nombre que les ovaires.

Cette classe est composée de plusieurs familles (1) connues généralement sous le nom de plantes grasses. Elle comprend très peu d'arbrisseaux.

FAMILLE.

CUNONIACÉES, Cunoniaceæ. *Brow.*

Les ovaires sont au nombre de deux, opposés et soudés.

Les arbrisseaux de pleine terre de cette famille sont les Seringats, les Deutzia, les Hydrangea, les Escallonia et les Itea. Nous les cultivons et nous ne les voyons jamais attaqués par les insectes.

CLASSE.

CALYCANTHINÉES, Calycanthineæ. *Bartl.*

Le disque est aréolé ; les ovaires sont en nombre indéfini, insérés au disque.

Cette classe comprend la famille des Granatées.

FAMILLE.

GRANATÉES, Granateæ. *Don.*

Les lobes calicinaux sont valvaires ; les carpelles connés.

G. GRENADIER, punica. *Linn.*

Le calice est coriace, coloré.

Le nom latin de ce genre dérive, soit de *puniceus* qui fait allusion à la couleur écarlate des fleurs de l'arbre, soit de *Malus*

---

(1) Les Cunoniacées, les Saxifragées, les Crassulacées, et les Ficoïdées.

punica, terme employé par les Romains pour désigner la Grenade, parce que ce fruit leur parvint de Carthage. L'étymologie du nom français se trouve dans *Granatum*, autre nom latin de la Grenade, dû à la quantite de grains qui en remplit l'interieur.

Nous ne connaissons que deux insectes qui aient été observés sur cet arbre.

COLÉOPTÈRE.

Nyphona saperdoides. Ziegl. — Ce Longicorne se développe dans le bois.

LÉPIDOPTÈRES.

Erebia medusa. Fab. — La chenille des Erebies, satyres des contrées alpines, n'est pas encore connue.

CLASSE.

MYRTINÉES, Myrtineæ. *Bartl.*

Le tube calicinal est adhérent à l'ovaire. Les pétales sont périgynes, ainsi que les étamines. Les ovaires sont opposés et soudés; le style est unique.

Cette classe, composee de plusieurs familles, est presqu'entièrement composée de vegétaux exotiques. Nous lui devons plusieurs productions utiles, comme le Piment, les clous de Girofle, l'huile Cajéput.

FAMILLE.

MYRTACÉES, Myrtaceæ. *Juss.*

Les étamines sont le plus souvent nombreuses; les anthères courtes.

Cette famille contient un grand nombre d'arbres et d'arbrisseaux exotiques, connus sous plusieurs rapports. Tels sont les Eucalyptus de la Nouvelle-Hollande, si remarquables par leur élevation et par l'elégance de leur port et de leur feuillage; les Goyaviers de l'Amérique, si précieux par leurs fruits; les Jambosiers de l'Inde, si admirables par leurs fleurs; un seul arbre de l'Europe méridionale, le Myrte, se joint à ces beaux végétaux et donne son nom à la famille.

G. MYRTE, Myrtus. *Linn.*

Le tube calicinal est globuleux; les pétales sont ordinairement au nombre de cinq; les étamines très-nombreuses.

Des nombreuses espèces de ce genre, le Myrte commun appartient seul à l'Europe; il est l'un des arbres les plus poétiques de l'antiquité. Le Myrte s'associe à tout ce qui est religieux, solennel ou gracieux. Son nom, synonyme des parfums qu'il exhale (1), indique l'origine de la faveur dont il était l'objet. Les Hebreux, dans la fête des Tabernacles, portaient des rameaux où le Myrte se mariait au Palmier et à l'Olivier. Pour les Grecs, il était l'emblème de la gloire et des plaisirs; il couronnait le front des vainqueurs à Olympie, comme des Grâces, comme de la muse Erato; il décorait les statues des héros; il paraissait aux funérailles ainsi qu'aux festins. Consacré à la déesse de la beauté, il se liait aux fictions les plus gracieuses; Vénus s'était couronnée de Myrte lors du jugement de Pâris; elle s'était cachée au sortir d'un bain sous le feuillage d'un Myrte pour se dérober aux regards indiscrets des Satyres.

Littora siccabat rorantes nuda capillos;
Viderunt Satyri turba proterva Deam.
Sensit et apposita texit sua corpora Myrto.

Ovide.

Chez les Romains, le Myrte n'était pas moins honoré. Il était, selon Pline, le premier de tous les arbres qui avaient été plantés sur la place publique de Rome. On avait été le chercher solennellement sur le sommet du mont Circé. Deux Myrtes fleurissaient devant le temple de Romulus, l'un patricien, l'autre plébéien, et dans le plus ou moins de vigueur de ces arbres symboliques, on lisait le plus ou moins de prospérité des deux ordres. Lors de l'en-

(1) En grec myrrine.

lèvement des Sabines, les ravisseurs se purifièrent avec des rameaux de Myrte, symbole de l'union des époux. Enfin, le Myrte se tressait en couronne pour le front des triomphateurs.

Cet arbre prend quelquefois des dimensions considérables. On en voit un à Sassaye, en Sardaigne, qui a près de cinq pieds de circonférence.

Cet arbre est peu en proie aux insectes ; les espèces observées sont :

HÉMIPTÈRES.

Coccus rusci. Linn. — V. Tamarisc.

LÉPIDOPTÈRES.

Liparis dispar. Linn. — La chenille est légèrement aplatie, munie de tubercules surmontés de poils raides et rayonnants. Elle se métamorphose dans un tissu lâche. La chrysalide est velue.

Geometra efflorata. Zeller. — V. Berberis.

Tortrix succedanea. Id. — V. Lierre.

Micropteryx myrtella. Id. — V. Cornouiller.

———— eximiella. Koll. — Ibid.

CLASSE.

COLUMNIFÈRES, Columniferæ. *Bartl.*

Les pétales sont hypogynes; plusieurs ovaires.

Cette classe est composée de plusieurs familles dont l'une, les Malvacées est très considérable, mais ne comprend pas d'arbres indigènes. Le végétal le plus connu par ses grandes dimensions et sa longévité appartient à cette famille, c'est le Baobab. Celle des Tiliacées est la seule dont nous ayons à nous occuper.

FAMILLE.

TILIACÉES, Tiliaceæ. *Juss.*

Le calice n'est pas persistant ; les anthères ont deux bourses ; les filets sont libres.

Cette famille, qui contient un grand nombre de genres et d'espèces ne présente d'arbres indigènes que les Tilleuls.

G. TILLEUL, TILIA. *Linn.* (1)

Les pétales sont au nombre de cinq, concaves, arqués en avant.

Ce genre comprend trois espèces indigènes ; les Tilleuls sylvestres, intermédiaires et à feuilles molles, et plusieurs de l'Amérique, telles que les T. noir, argenté, hétérophylle. Ces arbres ont tant de ressemblance entr'eux, que nous avons lieu de croire que les insectes observés sur l'espèce sylvestre vivent également sur les autres.

Ce Tilleul n'est pas un arbre de grande utilité. Son bois est médiocre, ses fleurs sont sans éclat ; il ne produit pas de fruits, et cependant il jouit d'une grande faveur, il plaît à tout le monde. C'est l'arbre qui décore la place publique du village et qui a vu de nombreuses générations danser sous son ombrage ; c'est l'arbre des promenades publiques des cités, des avenues et des quinconces des châteaux. Il semble garder l'entrée hospitalière du presbytère et du cimetière. Planté en souvenir de grands événements, il devient monumental, inspire la vénération et entretient le patriotisme. C'est ainsi qu'à Fribourg, je me suis incliné à la vue du Tilleul planté en 1475, en mémoire de la victoire libératrice de Morat ; qu'à Grenay, en Artois, j'ai vu avec respect celui sous lequel le grand Condé vint se reposer après la bataille de Lens, en 1648.

Le Tilleul doit cet honneur et sa grande popularité à son épais ombrage, à l'ampleur de sa cime et surtout à sa longévité qui se manifeste souvent par les dimensions colossales du tronc. Nous mentionnerons celui dont parle Ray, qui avait 48 pieds de circonférence, celui de Millers qui en avait trente, celui de la ville de Neustadt qui en avait vingt-sept ; enfin, celui qui existe à Challié près de Melle, département des Deux-Sèvres, et dont le tronc a, dit-on, quinze mètres et demi de circonférence. (2)

---

(1) En grec Philyra, en allemand Linde, en anglais Lime ou Lindentree.

(2) L'un des plus beaux Tilleuls que je connaisse est celui qui est situé

Parmi les honneurs dont jouit le Tilleul, nous citerons celui d'avoir donné son nom suédois à l'immortel Linnée (1).

Les insectes qui vivent sur le Tilleul sont nombreux.

COLÉOPTÈRES.

Cistela fusca. Fab. — Cet Hétéromère vit sur les fleurs.

Fulvipes. Fab. — Ibid.

Bostrichus tiliæ. Rosenhauer. — V. Palmier. Cette espèce forme des galeries horizontales dans l'écorce.

Apate (Cryphalus) tiliæ. Fab. — Ce Xylophage vit également sous l'écorce.

Pogonocherus hispidus. Linn. — V. Gui.

Pachyta octomaculata. Fab. — Ce longicorne se développe dans l'aubier.

HYMÉNOPTÈRES.

Tenthredo tiliæ. Lepell. — V. Groseiller.

HÉMIPTÈRES.

Miris tiliæ. Linn. — Cette Cimicide vit sur le tronc.

---

dans le verger de la ferme de M. Joye, cultivateur à Lestrem. Agé de 200 ans, il est admirable par l'épaisseur de son tronc, l'ampleur et l'élévation de son immense pyramide, l'épaisseur de son ombrage, la vigueur de sa végétation. Comme il est en vue de la route de Béthune à Estaires, il procura en 1815 à son heureux possesseur, la faveur de donner l'hospitalité au comte d'Artois et au duc de Berry qui, avec la maison du roi, allaient rejoindre Louis XVIII à Gand, en traversant la population dévouée et consternée du pays de Lalleu. Peu d'années après, Charles X s'étant arrêté à Béthune, j'eus l'honneur, en qualité de maire de Lestrem, de lui présenter M. Joye, et il lui dit : Je me rappelle qu'il faisait bien froid, mais que vous aviez fait un bien bon feu, à réchauffer la garde royale tout entière ; il m'a fait sentir toute la chaleur de vos sentiments pour votre roi. Le bon villageois répondit en surmontant le plus grand trouble : Sire, c'était un feu de joie. Le roi reprit en riant et lui prenant la main : Je suis très-persuadé que ce n'était pas un feu d'artifice.

(1) Le nom de famille de Linnée lui vient d'un énorme individu de cette espèce, planté au village de Stégarye, en Smolande. M. Lyndley, l'un des meilleurs botanistes vivants, et notre ancien du Tillet doivent aussi leur nom à cet arbre.

Cimex nassatus. Linn. — Même observation.

Aphis tiliæ. Fab. — V. Cornouiller. Dans cette espèce, les cornicules sont nulles.

Coccus tiliæ. Linn. — V. Tamarisc.

LÉPIDOPTÈRES.

Smerinthus tiliæ. Linn. — La chenille de ce Sphyngide est glabre, rugueuse; la tête est triangulaire; le corps est rayé obliquement. Avant de se transformer, elle s'enfonce dans la terre sans former de coque.

Lithosia quadra. L. — La chenille de cette Nocturne est munie de tubercules garnies d'aigrettes. Elle se métamorphose dans des coques légères de soie entremêlée de ses poils.

Liparis dispar. Linn. — V. Myrte.

Orgya antiqua. Linn. — V. Rosier.

Leucoma. V. Nigrum. F. — La chenille de cette Liparide se fait remarquer par la longueur de ses pattes membraneuses qui s'allongent encore quand elle marche.

Eriogaster lanestris. Linn. — Les chenilles de ce Bombycide vivent en société, et se filent en commun des toiles pour s'abriter. Leur cocon est ovoïde, d'un tissu très-solide.

Platypteryx sicula. H. Freyer. — La chenille de ce Bombycide n'a que quatorze pattes, les anales étant remplacées par une queue relevée en pointe tronquée et immobile; elle se file une coque à claire voie entre des feuilles à demi roulées.

Pygæra bucephala. Linn.— Les chenilles sont fort longues, demi velues et rayées longitudinalement; la tête est forte et globuleuse; elles se réunissent par petits groupes dans leur jeune âge. Avant de se transformer, elles entrent dans la terre sans former de coque.

Ptilodontis palpina. —La chenille de cette Notodontide est lisse, atténuée aux deux bouts. Elle ne forme pas de coque et se retire dans la terre.

Lophopteryx camelina. Linn — V Poirier.

Acronycta Psi. Linn. — La chenille de ce Bombycide porte une pyramide charnue sur le quatrième segment. Elle se transforme dans une coque.

Xanthia citrago. Linn. — V. Saule.

Ennomos tiliaria. H. — La chenille de cette Phalénide a le corps garni d'excroissances semblables à des bourgeons, et a l'apparence d'une petite branche d'arbre. Elle forme son cocon d'un léger tissu de soie.

Ennomos angularia. W. W. — Ibid.

Amphidasis prodromaria. Fab. — V. Pommier.

Eurymene dolabraria. Linn. — La chenille de cette Phalénide a des tubercules sur le deuxième et le huitieme segment. La tête est échancrée en avant. Elle se transforme dans un léger tissu entre des feuilles.

Hybernia defoliaria. Linn. — V. Erable.

Phasile psittacaria. B. — La chenille de cette Phalénide n'a pas été décrite.

Fidonia piniaria. Linn. — V. Marronier.

—— atomaria. Linn. — Ibid.

Lyonnetia (Ceroctastis, Zell.) Hippocastanella. Dup. — Dans cette Tinéide, le premier article des antennes recouvre les yeux dans l'état de repos, et la tête est surmontée d'une touffe de poils. La chenille vit en mineuse en rongeant le parenchyme entre les deux surfaces de la feuille.

Coleophora tiliella. Sch. Zell. — Cette Tinéide a le premier article des antennes garni d'un pinceau de poils. Les ailes inférieures sont presque linéaires, frangées, semblables à des plumes. La chenille vit et se métamorphose dans un fourreau portatif.

DIPTÈRES.

Cecidomyia tiliaria. Brémi. — Ce Némocère en déposant un œuf sur une feuille, détermine la production d'une galle semiorbiculaire orangée, munie d'un couvercle, et dans laquelle la larve se développe. Quand elle en sort, le couvercle tombe, et forme une ouverture dans la feuille. Il se trouve quelquefois dix à douze galles sur une feuille.

Cecidomyia clavaria. Réaum. — Je donne ce nom à l'espèce qui produit l'excroissance nommée galle en clous, dont les feuilles de Tilleul sont souvent hérissées. Réaumur n'a vu qu'une seule larve jaunâtre dans chacune.

Cecidomyia limbi volvens. Nob. — Je donne ce nom à l'espèce observée par Réaumur sur des feuilles de Tilleul dont les bords se sont épaissis en quelques endroits et roulés vers le dessus. En déroulant ces bords, on découvre les larves qui sont d'un rouge orangé

Cecidomyia excavans. Nob. — Je donne ce nom à l'espèce observée aussi par Réaumur sur des feuilles de Tilleul, qui se creusent en cuiller. Le bord de ces feuilles est contourné et épaissi, et forme un rebord cotonneux, blanchâtre. Les larves qui s'y trouvent sont blanches.

ARACHNIDES.

Tetranychus tiliæ. — M. Turpin a fait connaître cet Acarien dont les larves n'ont que deux paires de pattes.

CLASSE.

AMPÉLIDÉES, AMPELIDEÆ. *Bartl.*

La corolle est hypogyne ; les pétales sont élargis à la base ; les étamines en nombre défini.

Cette classe, composée de plusieurs familles, ne comprend que deux arbres très connus à titres fort différents : l'un indigène; l'autre exotique : le premier est la vigne, l'un des plus grands bienfaits que la Providence ait accordés à l'homme, mais dont il abuse au point de perdre la raison, et de se ravaler jusqu'au niveau des brutes ; le deuxième est l'Acajou, Swietenia Mahogoni, Linn., cet objet de luxe, devenu si vulgaire, ce superflu, chose si nécessaire; cet arbre majestueux, l'un des colosses du règne végétal a la cime, vastement étendue, au troncénorme, inaltérable, dont les sauvages se creusent de longues pirogues.

FAMILLE.

SARMENTACÉES, SARMENTACEÆ. *Vent.*

Les étamines sont en même nombre que les pétales. L'ovaire est biloculaire.

Cette famille qui n'est représentée en Europe que par la vigne cultivée, comprend un assez grand nombre d'arbrisseaux exotiques, tels que les *Cissus*, les *Pterisanchus*, les *Ampelopsis*. Ils sont généralement au nombre des Lianes si pittoresques par leur feuillage ou leurs fruits, dont les tiges se cramponnent aux arbres qui les avoisinent, et opposent tant d'obstacles aux pas des voyageurs dans les forêts vierges des regions intertropicales. (Spach).

G. VIGNE. VITIS. *Linn.*

Le calice est petit, à cinq dents; cinq petales; cinq étamines.

Outre la vigne cultivée, dont les variétés sont innombrables, plusieurs espèces distinctes ont été decouvertes dans l'Inde et l'Amérique, telles sont : la vigne flexueuse, du Japon, l'Hétérophylle, de Java, la ferrugineuse des États-Unis.

VIGNE CULTIVÉE. V. *Vinifera*. Linn. (1).

Les feuilles sont orbiculaires à trois ou cinq lobes.

De tous les arbres, la Vigne est celui qui occupe la plus grande place dans l'histoire; il est celui dont le produit a le plus d'importance, et dont la culture a été l'objet de plus d'études et de travaux.

L'histoire de la Vigne remonte aux premiers âges du monde, vers la sortie de l'arche; nous la suivons chez les Hébreux avant leur entrée dans la terre de Chanaan; dans les mythologies egyptienne, grecque, latine qui célèbrent sous les noms d'Osyris, de Dionysius, de Bacchus, le divin voyageur qui répandit la culture et les bien-

---

(1) En grec Ampelos, Oine

faits de la Vigne sur l'ancien monde. Nous la retrouvons dans Hésiode, dans Homère et dans toutes les littératures suivantes. Nous voyons surtout dans Pline le long enfantement de l'industrie vinicole en Italie, la rareté du vin à l'origine de Rome, Romulus faisant ses libations avec du lait, Numa défendant (1) d'arroser de vin le bucher des morts; les femmes mises à mort quand elles en faisaient usage (2); Lucius Papyrius, le général romain, pendant la guerre des Samnites, se contentant de vouer une petite coupe de vin à Jupiter, s'il remportait la victoire; ensuite cette parcimonie se changeant en extrême prodigalité; Lucullus revenu de la Grèce, faisant distribuer plus de cent mille conges (3) de vin au peuple; César célébrant son troisième consulat par un festin où coulaient à grands flots les vins de Salerne, de Scio, de Metelin, de Mamertin, ce qui ne faisait que préluder aux grandes profusions des orgies de l'empire.

La culture de la Vigne avait été excitée en Italie par un grand nombre d'hommes d'élite et d'auteurs, tels que Caton et Varron (4), et elle avait reçu un développement immense; des variétés aussi nombreuses que les sites diversifiaient à l'infini les vins qu'elles produisaient. Les raisins Amminéens convenaient aux coteaux de la Calabre; les Eugeniens à ceux de Longa-Alba; les Spioniens au territoire de Ravenne; les Murgentins à celui de Pompéi, et c'est ainsi qu'avaient pris naissance les vins de Salerne, de Linterne, de Siezza, que l'empereur Auguste préférait à tous les autres;

---

(1) Par la loi postumia.

(2) Egnatius Mecenius tua la sienne pour l'avoir trouvée buvant du vin au tonneau, et Romulus ne punit pas le mari sévère de cet abus d'autorité. La permission dont jouissaient les Romains de baiser leurs parentes sur la bouche ne tenait, à ce qu'affirme Caton, qu'à un espionnage légal; c'était, dit-il, pour s'assurer de leur tempérance. Fabius Pictor fait mention d'une matrone que ses parents firent mourir de faim pour avoir crocheté un coffre où étaient renfermées les clefs de la cave au vin.

(3) Le conge était le pied cube des Romains.

(4) Nous nommerons encore Valerius Cornelianus, Cornelius, Celsus, Gracinus, Mutianus, Virgile, Pline.

du mont Cécube, de Sarazana, de Tarente, de Sorrente ou devait naître le Tasse.

La Vigne ne s'était pas moins propagée dans les autres parties de l'empire. Les Gaules, où l'avaient apportée depuis longtemps les Phocéens à Marseille, la reçurent ensuite des Romains, et ces deux origines paraissent se distinguer encore à la manière de la cultiver à hautes ou basses tiges (1).

Les Croisés nous rapportèrent plus tard les Vignes de la Palestine, de Chypre, d'Alexandrie auxquelles nous devons les vins de Frontignan, de Lunel, de Rivesaltes.

C'est ainsi que la France, grâce à son heureux sol et à son excellente culture, est parvenue à produire ses vins si renommés.

Aucun arbre n'a autant d'importance que la Vigne dans tous les pays où sa culture est possible. Elle donne une valeur infinie aux coteaux privilégiés, Sauterne, Clos Vougeot, Richebourg, Aï, Johannisberg, Tockai et tant d'autres lieux chers aux Apicius modernes. Les flancs des montagnes se couvrent de nombreuses terrasses où la terre végétale est péniblement apportée pour obtenir cette précieuse production.

Parmi les transplantations modernes de la Vigne, nous citerons celle qui a été faite au cap de Bonne-Espérance et à laquelle nous devons le vin de Constance; au Thibet la Vigne a été plantée à la hauteur énorme de 3,600 mètres au-dessus du niveau de la mer (c'est plus haut que le grand Saint-Bernard), et elle y donne d'excellent raisin; en Australie, la nouvelle Galle du Sud est déjà en possession de vignobles d'origine française, qui produisent des vins de Bourgogne et de Bordeaux sur les côteaux de Hunter-River.

Parmi les particularités que présente cet arbre, nous mentionnerons encore les grandes dimensions que le tronc prend quelquefois. Selon Strabon, il y avait dans la Margiane des Vignes

---

(1) Les hautes tiges provenaient des peuples de l'Italie; les basses des Phocéens.

que deux hommes ne pouvaient embrasser. Pline dit que l'on montait sur le toit du temple de Diane à Ephèse par un escalier fait avec une seule Vigne de Chypre; il parle aussi d'un temple de Junon, soutenu sur des colonnes de Vignes. Les grandes portes de la cathédrale de Ravenne, sont dit-on, de bois de Vigne (1), l'abbé Rosier rapporte qu'il existait autrefois aux environs de Besançon une Vigne dont le tronc avait plus de trois pieds d'épaisseur (2).

Aux travaux qu'exige la culture de la Vigne, se joignent les soins que nous devons prendre contre les Insectes dont plusieurs especes exercent de grands ravages. Ces Insectes étaient déjà pour la plupart connus des anciens qui les avaient observés et s'étaient occupes des moyens de se préserver de leurs dévastations. Nous devons un excellent travail sur ce sujet à M. le baron Walckenaer qui a démontré avec sa grande érudition, à travers mille difficultés et particulièrement malgré la différence des noms, l'identité des espèces observées par les anciens et par les modernes. C'est par lui que nous savons que les anciens donnaient le nom d'*Ips* à l'*Eumolpus vitis* dans l'état de larve, de *Volucra* au même Coléoptère dans l'état adulte, de *Volvox* au *Rhynchites Bacchus*, larve, de *Kantharis* au même, adulte, de *Melolontha* au *Lethrus cephalotes*, de *Gaza* au *Locusta ephippiger*, de *Thola*, hebreu, (Phtéïre) grec, au *Coccus vitis*, d'Involvulus, latin (Kampe) grec, au *Pyralis fasciana*, de *Convolvulus* au *Procris ampelophaga*, d'*Involvulus* au *Cochylis roserana* et au *Tortrix heparana*.

COLÉOPTÈRES.

Agriotes pilosus. Fab. — La larve de ce Sternoxe se développe sous les écorces cariées.

Agrilus deraso-fasciatus. Ziegl. — La larve de ce Sternoxe, sans doute comme l'Agrilus *viridis*, vit en société entre l'écorce et le

---

(1) Les planches ont dix pieds de long sur un pied d'épaisseur.
(2) M. Spach.

bois, et se creuse des sillons tortueux, dirigés dans tous les sens. Lorsqu'elle a acquis tout son developpement, elle se forme dans le bois une petite cavité où elle passe à l'état de nymphe. Enfin lorsqu'elle prend la forme adulte, elle fait à l'écorce une petite ouverture par laquelle elle s'echappe

Agrilus viridis. Fab. - Ibid.

Tillus tricolor. Fab. — Ce Térédile vit dans les vieux sarments morts.

Tillus unifasciatus. Fab. — Ibib.

—— elongatus. Fab. — Ibid.

Anobium morio. Fab. — La larve de ce Térédile se développe sous l'ecorce.

Lethrus cephalotes. Fab. — Ce Lamellicorne est fort nuisible aux Vignes de la Hongrie en coupant les bourgeons, qu'il porte ensuite dans son terrier.

Anomala vitis. Fab. — La larve de ce Lamellicorne se nourrit des racines.

Anomala julii. Fab. — Ibid.

Anaspis maculata. Foure. — La larve de cet *Hétéromère* se développe dans les sarments morts.

Rhynchites betuleti. Linn.—Ce Curculionite contourne les feuilles en cylindre, et pour exécuter cette manœuvre, il les assouplit en rongeant et affaiblissant le pedicule ; ensuite il dépose un œuf dans l'intérieur de ce cylindre. La larve qui en sort se nourrit de la substance de la feuille demi desséchée et y trouve un aliment qui n'est ni trop sec ni trop humide. Lorsque son développement est terminé comme larve, il quitte sa retraite. Cependant les feuilles desséchées pendent de tous côtés, donnent à la vigne un triste aspect, et sa vegétation en est quelquefois très-affectée. Un moyen à employer contre les ravages de cet Insecte consiste à cueillir les feuilles contournées de la vigne et a les brûler pour détruire la larve dans son berceau ; on prévient ainsi une ponte nouvelle. Un autre moyen, c'est de recueillir l'Insecte parfait, et on le peut avec facilité, tant il frappe les yeux par ses couleurs brillantes.

Rhynchites Bacchus. Linn.—Il est moins nombreux et fait moins de tort.

Rhynchites viridis. Fab. — Même observation.

Magdalis violacea. Germar.—Le developpement de ce Charençonite ne m'est pas connu.

Apate sex dentata. Fab. — V. Tilleul.

—— sinuata. Fab.— Ibid.

Phytæcia vitigera. Mulsant. — La larve de ce Longicorne se développe dans l'aubier.

Alticoleracea. Linn. — Cette Chrysoméline à l'état d'adulte fait quelquefois de grands ravages. Elle dépose ses œufs sur les jeunes feuilles. Les larves vivent du parenchyme, se développent et arrivent au terme de leur croissance au mois de juillet ; à cette époque, les Vignes attaquées semblent avoir subi l'action du feu ; leurs feuilles sont rouges et desséchées; les grappes n'ont plus un seul grain intact; la récolte est anéantie. Les Vignes des environs de Montpellier en ont grandement souffert en 1837; mais le remède est à côté du mal. Lorsque ces Insectes envahissent une vigne en grand nombre, dit M. Cazalis-Allut, et que l'on ne s'oppose pas à leurs ravages, ils n'y reparaissent même plus l'année suivante. On voit au contraire qu'ils prolongent leur séjour dans le vignoble où la chasse leur a eté faite regulièrement. Il parait qu'en diminuant leur nombre, on réduit en plus grand nombre celui des parasites qui leur font la guerre.

Altica vitis. Chevr. — Même observation.

Chrysomela lurida. Fab — V. Saule.

Eumolpus vitis. Linn. — La larve de cette Chrysoméline est très-nuisible ; elle coupe les bourgeons et même les grappes lorsqu'elles commencent à paraître. Elle ronge les feuilles nouvellement développées et les crible de trous. Il est utile de les recueillir et de les détruire dans l'état adulte.

Cryptocephalus corylé. Fab. — V. Cornouiller.

Bromius vitis. Fab. — La larve de cette Chrysomeline ne m'est pas connue.

Graptodera vitis Chevr — Même observation.

ORTHOPTÈRES.

Locusta ephippiger. Fab. — Cette Sauterelle cause quelquefois de grands dégâts dans les Vignes.

HÉMIPTÈRES.

Cicada hœmatodes. Scop. — Ces Hemipteres, si connus par leur chant monotone, se trouvent souvent dans les Vignes du midi de la France.

Aphis vitis. Linn. — V. Cornouiller.

Coccus vitis. Fab. — Ce Gallinsecte est remarquable dans l'état adulte de la femelle, par le nid contonneux plus large que son corps sur lequel elle repose et qui est remplie de ses œufs. Ce coton vient d'un suc sécrété par l'insecte, qui se forme en filaments. Les treilles qui sont infestées de ces insectes languissent; les sarments dépérissent, meurent, et le raisin se dessèche sans mûrir. La taille est le meilleur moyen de s'en préserver.

Thrips urticæ. Linn. — Cet Hémiptère habite la surface inférieure des feuilles.

LEPIDOPTÈRES.

Deilephila elpenor. L. — La chenille de ce Sphingide a les trois premiers segments du corps rétractiles; elle se métamorphose à la surface du sol dans une coque informe composée de débris de végétaux réunis par des fils.

Deilephila celerio. Linn. — Ibid.

Procris ampelophaga. Hubn. — Cette Zygénide, dans l'état de chenille, est épaisse, ramassée, garnie de petites aigrettes, lente dans sa marche. Pour se transformer, elle se renferme dans une coque soyeuse d'un tissu léger. Elle a fait quelquefois de grands dégâts dans les vignobles du Piémont.

Teras reliquana. Zell. — La chenille de cette Platyomide roule les feuilles en cornet et s'en nourrit.

Œnophthira (Pyralis) pilleriana. W.W. — C'est cette funeste Pyrale de la Vigne qui commet quelquefois d'immenses dégâts dans les vignobles, et qui a été l'objet d'un grand nombre de travaux pour y porter remède. La femelle, vers le mois d'août, dépose ses œufs, par tas d'environ soixante sur la surface supérieure des feuilles. Les chenilles, de suite après leur éclosion au mois de septembre, cherchent un abri pour y passer l'hiver, sous l'écorce du tronc et de préférence dans les fissures et les fentes des vieux échalas, surtout à la partie inférieure. Au retour du printemps, lorsque la nouvelle végétation se développe, les chenilles sortent de leur retraite, se repandent sur le feuillage, enlacent de leurs innombrables fils les bourgeons, les jeunes feuilles et les fleurs à mesure qu'ils se succèdent, de manière à s'en former un réduit inextricable où elles trouvent à la fois un abri et la nourriture, tandis qu'elles portent ainsi la dévastation dans les vignobles. Elles se transforment ensuite et elles parviennent à l'état adulte pour déposer le germe d'une nouvelle génération.

Les principaux moyens qui ont été employés contre ces ravages, consistent à détruire les chenilles et les chrysalides en recherchant leurs nids; les papillons, en allumant des feux la nuit dans les vignes (1); les œufs, en cueillant les feuilles qui en contiennent. C'est ce dernier moyen, proposé surtout par Andouin, qui présente le plus d'avantages. (2) Il a été observé aussi que les Vignes munies d'échalas neufs, c'est-à-dire sans fissures sont toujours beaucoup moins attaquées que les vieux.

Du reste, les chenilles s'éloignent peu du lieu de leur naissance, et les dégâts qu'elles commettent individuellement sont fort circonscrits.

L'un des moyens les plus efficaces pour détruire les jeunes chenilles est de verser sur chaque cep de l'eau bouillante qui, péné-

---

(1) 200 feux produits par autant de plats munis d'huile et de mèche allumée, placés dans une vigne d'un hectare et demi, ont causé la mort à 30,000 pyrales qui en auraient produit 900,000.

(2) 12 journées de 20 à 30 travailleurs ont suffi pour recueillir 40,183,000 œufs.

trant dans toutes les fissures de l'écorce, va brûler ces chenilles jusques dans leurs retraites les plus profondes. Ce procédé, imaginé par M. Raclet, de Lyon, a été employé en grand par M. Gasparin avec un grand succès et à peu de frais.

Tortrix heparana. W. W. — V. Lierre.

Tinea vitis H. — V. Clématite. La chenille est connue sous le nom de ver rouge, et produit la maladie nommée pourriture; elle se nourrit de la substance du grain.

Tinea vitisella. Bechst. — V. Clématite.

Cochylis roserana. Frohl. — La chenille de cette Tinéïde, dans certains cantons, est presque aussi nuisible que celle de la Pyrale.

CLASSE.

MALPIGHINÉES, Malpighineæ. *Bartl.*

Les pétales sont insérés sur un disque hypogyne; les étamines en nombre indefini.

Cette classe, abondante en végétaux de la zone équatoriale, se divise en plusieurs familles, parmi lesquelles nous n'avons à nous occuper que des Acérinées et des Hippocastanées.

FAMILLE.

ACÉRINÉES, Acerineæ. *De Cand.*

Le calice est caduc; le péricarpe contient deux fruits ailés.

Cette famille n'est formée que des genres Erable et Negundo.

G. ERABLE, ACER. *Linn.*

Les petales sont au nombre de cinq; les étamines, ordinairement de huit; l'ovaire est en deux lobes; le style est court.

Les nombreuses espèces d'Erables, soit indigènes, soit d'origine exotique, diffèrent entr'elles par leur grandeur, leur feuillage, leurs fleurs, leurs fruits, leurs propriétés. Tandis que le Sycomore s'élève au rang des grands arbres forestiers, l'Erable jaspe, remarquable par son écorce rayée de vert et de blanc, atteint à peine la hauteur de trois mètres. Les feuilles prennent une multitude de formes qui donnent souvent leurs noms aux espèces ; il y a l'Erable à feuilles oblongues, lobées, flabelliformes, déchiquetées, crispées, marbrées, veloutées, d'Obier, de Platane, de Frêne. Les fleurs sont disposées en grappes, ou en thyrse, ou en corymbes, ou en ombelles. Les ailes membraneuses qui accompagnent leurs fruits et destinées à les disséminer sont tour à tour redressées, convergentes, conniventes, cultriformes, oblongues, rétrécies, horizontales, dévariquées, élargies, arquées. Parmi leurs propriétés, nous mentionnerons celle de l'Erable à sucre, du nord de l'Amérique. La sève de cet arbre est si riche de cette substance, que l'extraction en est l'objet d'une industrie importante, surtout au Canada. La perforation de chaque arbre donne un produit de quatre livres du sucre; trois personnes peuvent exploiter 250 arbres qui en donnent mille livres, et une partie de la population s'y emploie. Ce sucre étant raffiné égale celui de Canne. Ce qu'il y a de plus remarquable dans cette industrie, c'est qu'elle existe dans ces régions depuis plus de deux mille ans, suivant les anciennes chroniques des Scandinaves qui avaient des relations avec leurs habitants.

Erable champêtre, *A. campestris*. Linn.

Les pétales sont linéaires, spatulées, presqu'aussi longs que les étamines.

Cet Erable est connu surtout par ses racines dont les nœuds bizarrement contournés représentent mille figures fantastiques qui font rechercher les objets pour lesquels on les emploie. Cette sorte de beauté était déjà connue des Romains qui en faisaient un objet de luxe.

C'est à cette espèce, comme à la plus vulgaire, que nous attribuons les insectes de l'Erable sans autre désignation, quoique nous soyons convaincu que la plupart d'entr'eux vivent sur le plus grand nombre.

COLÉOPTÈRES.

Melolontha acris. Ziegler. — Ce Hanneton n'est pas signalé comme aussi nuisible que le commun.

Bradybatus creutzeri. — Ce Curculionite vit sur les fleurs.

HYMENOPTÈRES.

Cynips acerina. Bremi. — La larve de cette espèce produit les galles de l'Erable.

HEMIPTÈRES.

Capsus roseus. Fab. — Cette Cimicide suce avec sa trompe la sève des feuilles.

LEPIDOPTÈRES.

Limenitis aceris. Fab. — Ce Papillon fréquente les allées sombres des grands bois. Il plane avec une grande légèreté ; la chenille a le corps garni d'épines rameuses ; la chrysalide est auriculée en avant ; elle s'attache par l'extrémité de l'abdomen et se suspend la tête en bas.

Ptilodontis plumigera. Fab. — V. Tilleul.

Cosmia trapezina. Linn., P. P. — V. Prunier

Acronycta aceris. Linn. — V. Tilleul.

Pyralis barbalis. Zell. — V. Tamarisc

——— cicatricalis. Zell. — Id.

Geometra tersata. Zell. — V. Berberis.

——— maculata. id. — Ibid.

——— procellata. Id. — Ibid.

——— omicronaria. id. — Ibid.

——— aversata. Id. — Ibid.

——— reversata. Id. — Ibid.

Hibernia aceraria. W. W. — Cette Phalénide a les ailes grandes dans le mâle, très-courtes dans la femelle. La chenille n'a pas de tubercules ; elle s'enterre pour se transformer.

Penthina aceriana. Parr. — La chenille de cette Platyomide vit entre des feuilles qu'elle réunit en paquet par des fils, et elle s'y métamorphose.

Tortrix lævigana. W. W. — V. Lierre.

——— cerasana. Zell. — Ibid.

——— hybridana. Id. — Ibid.

——— virgaureanea. id. — Ibid.

——— trauniana. Id. — Ibid.

——— minutuna. Id. — Ibid.

Argyresthia nitidella. Id. — V. Cornouiller.

Coléophora badiipennilla. F. R. Zell. — V. Tilleul.

Gracillaria hemidactylella. Zell.—Cette Tinéide a les ailes supérieures très-longues et très-etroites, et garnies d'une longue frange à l'extrémité du bord interne. La chenille vit en mineuse, se creusant des galeries entre les deux epidermes des feuilles, et se nourrissant du parenchyme. Lorsqu'elle est parvenue à une certaine grandeur, elle quitte ses galeries pour habiter l'extrémité de ces mêmes feuilles qu'elle roule sur elles-mêmes, et où elle se change en chrysalide.

Gracillaria rufipennella. Hubn. Zell. — Ibid.

Lyonetia sericopeza. Zell. — V. Tilleul.

Lithocolletis acerifoliella. Fab. — La chenille de cette Tinéide n'a que quatorze pattes; elle vit en mineuse comme les *Lyonetia.*

Lithocolletis delitella. Zell. — Ibid.

DIPTÈRES.

Cecidomyia pictipennis. Meig. — M. Brémi a obtenu cette espèce de galles de l'Erable produites par le *Cinips acerina.* Il présume que la Cécidomyie provient de larves qui s'étaient développées sur les feuilles.

Cecidomyia irregularis. — M. Brémi a observé la larve dans le lobe intermédiaire de la feuille qui était irrégulièrement roulé.

Teremyia laticornis. Macq. — V. Robinia.

ERABLE SYCOMORE, *A. Pseudo-platanus.* Linn.

Les pétales sont oblongs, obtus.

C'est par une singulière usurpation que cet Erable porte le nom de Sycomore, que les anciens donnaient au figuier d'Égypte ou de Pharaon. Cet arbre forestier, si recommandable pour les qualités de son bois, présente plusieurs variétés telles que celle à feuilles panachées, altération tellement invétérée qu'elle se reproduit de graines.

Indépendamment des insectes qui, mentionnés à l'article de l'Erable champêtre, peuvent vivre également sur le Sycomore, nous citons les suivants qui ont été observés spécialement sur ce dernier.

COLÉOPTÈRES.

Bostrichus dispar. Hellwig. — Observé par M. Nordlingen sur des parties malades du tronc.

Clytus arietis. Fab. — Sous l'écorce de branches mortes.

HYMÉNOPTÈRES.

Blastophaga sycomori. Gravenh. — Il détruit les bourgeons.

DIPTÈRES.

Cecidomyia irregularis. — M. Brémi a observé la larve dans des mamelons situés sur le lobe intermédiaire de la feuille, qui était irrégulièrement roulé.

ERABLE PLANE, *A. platanoïdes*, Linn.

Les pétales sont ovales, de la longueur des sépales du calice.

Cet Erable à feuilles de Platane nourrit le Longicorne.

Saperda scalaris. Fab. — Au sortir de l'œuf, la larve entre dans l'écorce et séjourne ensuite entre l'écorce et le bois jusqu'au moment où elle doit se transformer ; elle creuse une galerie dans la face interne de l'écorce. Arrivée au moment de passer à l'état de nymphe, elle s'enfonce dans l'aubier, y pratique une cellule et s'y retire en fermant l'entrée avec des fibres et des rognures de bois.

HÉMIPTÈRES.

Aphis aceris. Linn. — V. Cornouiller.
Chermes aceris. Id. — V. Coccus, Tamarisc

FAMILLE.

HIPPOCASTANÉES, Hippocastaneæ. *De Cand.*

Le calice est caduc; l'ovaire a trois loges; le style indivise.

Cette famille qui ne contient que les genres Marronier, Pavia, Macrothyrse et Calothyrse, appartient entièrement, à l'exception du Marronier d'Inde, à l'Amérique septentrionale.

G. MARRONIER, Æsculus. *Linn.*

Le calice est campanulé, renflé, divisé en cinq lobes; les pétales sont au nombre de cinq; les étamines de sept; capsule hérissée.

MARRONIER D'INDE. *Æ. hippocastanum.* Linn.

Les pétales sont ondulés, pubescents; les filets sont plus longs que les pétales, très-inégaux.

La plus belle conquête végétale que l'Europe ait faite sur l'Asie, cet arbre joint à la grandeur du tronc, à l'étendue de la cime, la magnificence du feuillage et de la floraison. Il est admirable surtout lorsqu'isolé, planté au bord d'un ruisseau qui humecte ses racines, s'élevant en ample pyramide, inclinant ses vastes branches jusqu'à terre, et formant une large enceinte, impénétrable au vent, à la pluie, aux rayons du soleil, il étale à nos yeux ses élégantes feuilles digitées, et ses gracieuses girandoles blanches et roses (1), l'on se croit transporté dans l'Inde, au milieu de tout l'éclat de son ciel et de sa nature splendide; cependant, tel est le

(1) Cette description est particulièrement celle d'un Marronier d'Inde, âgé de 50 ans, situé dans mon jardin, à Lestrem. Son tronc a 2 mètres et demi de circonférence

matérialisme qui soumet tout au calcul du produit, qui n'ouvre les yeux qu'à l'utilité la plus positive, que le Marronier d'Inde provoque, comme la tragédie de Corneille ou de Racine, la question dédaigneuse : A quoi bon? Parce que son bois spongieux n'est bon qu'à faire des voliges et des sabots, et que ses marrons ne sont pas de Lyon, et ne conviennent qu'aux chèvres, il faut l'extirper, le proscrire, le renvoyer sur les flancs de l'Himalaya. C'est tout au plus si l'on daigne jeter un regard préoccupé sur celui du jardin des Tuileries, qui inaugure si admirablement chaque printemps. On invoque, pour le réhabiliter, tous les prodiges de la chimie; on veut que par la vertu du carbonate de soude, chaque Marronnier d'Inde présente l'équivalent d'un champ de Pommes de terre (1).

Les Insectes du Marronier sont peu nombreux :

COLÉOPTÈRES.

Anobium striatum. Fab. — V. Vigne. La larve forme dans le bois des galeries larges et tortueuses.

Melolontha hippocastani. Fab. — V. Erable.

Bruchus scabrosus. Fab. — V Ciste.

LÉPIDOPTÈRES.

Thecla æsculi. Hubn. — La chenille de cette Lycénide est en forme de Cloporte, pubescente, aplatie aux deux bouts, à tête rétractile, à pattes très-courtes. La chrysalide est courte, rugueuse, à segments immobiles, attachée par la queue.

Zeuzera æsculi Linn. — La chenille de cette Hépialide vit dans l'intérieur du tronc; elle est cylindrique, avec un large écusson corné sur le premier segment. La chrysalide est longue, cylin-

---

(1) J'ai fait avec un plein succès l'expérience indiquée par M. Flandin ; la substance des marrons étant rapée et réduite en pâte est entièrement dégagée de son amertume, au moyen d'un kilogramme de carbonate de soude sur 100 kilogrammes d'eau après plusieurs lavages.

drique, à deux rangées d'épines, elle se transforme dans le bois où elle a vécu.

Bryophila algæ. Fab.—La chenille de ce Bombycite est garnie de tubercules. Quoique vivant ordinairement de lichens, elle a été trouvée par M. Aubé dans l'intérieur d'une branche de Marronnier qu'elle creusait de plus en plus, se nourrissant de la substance médullaire.

Acronicta aceris. Linn. — V. Tilleul.

Geometra hippocastanata. Zell. — V. Berberis.

Anysopteryx æscularia. W.W.—La chenille de cette Phalénide douze pattes au lieu de dix, comme les autres arpenteuses. Elle se renferme dans un léger tissu à la superficie de la terre avant de se transformer.

Stanella hippocastanaria. H. — La chenille de cette Phalenide n'est pas connue.

Fidonia æscularia. Zeller. — La chenille de cette Phalenide est également inconnue.

FAMILLE.

SAPINDACÉES, SAPINDACEÆ. *Juss.*

Le péricarpe a trois coques; les graines sont dressées.

Cette famille, composée d'un grand nombre de genres et d'espèces, est entièrement exotique. Elle comprend quelques arbres connus par leurs propriétés utiles : tels sont les Savoniers, qui en Amérique servent à blanchir le linge; le Cupania, bois de fer, que les habitants de l'île de France emploient dans leurs constructions; le Litchi ponceau, que les Chinois proclament le meilleur de leurs fruits; la seule espèce acclimatée en France est le Koelreuteria panicule, arbre originaire de la Chine, remarquable par son port pittoresque, son feuillage élégant, ses larges panicules de jolies fleurs jaunes et ses légères capsules semblables à celles du Baguenaudier. J'en possède un individu âgé de cinquante ans, qui forme avec un Catalpa le groupe le plus harmonieux. Quoiqu'il attire toujours mes regards, je n'ai jamais observé un insecte qui s'y développe.

CLASSE.

TRICOQUES, TRICOCCÆ. *Bartl.*

Les ovaires sont ordinairement au nombre de trois ; les graines ont une enveloppe ; l'embryon est rectiligne.

Cette classe considérable, composée de nombreuses familles, ne contient que peu d'arbres européens, tels que les Fusains, les Houx, les Nerpruns et les Buis. Ils ne nourrissent qu'un petit nombre d'Insectes.

FAMILLE.

CÉLASTRINÉES, CELASTRINEÆ *Brown.*

Le calice n'est pas adhérent ; ses lobes sont imbriqués ; les etamines sont en même nombre que les pétales et alternes avec eux, les ovules solitaires dressés ; les graines à expansion caronculaire

Le genre Fusain est le seul de cette famille qui contienne des espèces indigènes, et qui soit attaqué par des insectes.

G. FUSAIN. EVONYMUS. *Linn*

Le calice est petit, de quatre à six lobes ; les petales et etamines sont de quatre à six ; les styles sont nuls ou soudés en un ; la capsule est à trois et cinq loges.

Le Fusain d'Europe, seule espèce dont nous ayons à parler se recommande à des titres bien differents : il plaît par ses jolies graines en bonnet carré ; il sert l'art terrible de la guerre qui fait de son charbon la meilleure poudre a canon ; il fournit au peintre inspiré le *fusain* qui traduit sur la toile la première pensée du génie. Plus humble chez les Grecs et les Romains, ainsi que l'indique son nom (1), son bois se façonnait en fuseaux pour les femmes.

Le Fusain ne nourrit qu'un petit nombre d'insectes.

---

(1) Le nom grec de Fusain était *atractos* qui se traduit en latin par *fusum*, d'où le nom français est dérivé (Dict. étymolog de Ménage.)

COLÉOPTÈRES.

Cistela murina. Fab. — V. Tilleul

HÉMIPTÈRES.

Aphis evonymi. Fab. — V. Cornouiller
Chermes evonymi. Linn. — V. Vigne.

LÉPIDOPTÈRES.

Geometra ocellata. Zell. — V. Berberis
Phycis (Nephropteryx. Zell) angustella. H. — V. Groseiller. La chenille vit dans la graine

Yponomeuta evonymella. H. — Les chenilles sont glabres, atténuées aux deux extrémités. Elles vivent en sociétés nombreuses, sous une toile commune, et s'y changent en chrysalide, chacune dans une coque séparée.

FAMILLE.

RHAMNÉES, Rhamneæ *Brown*.

Le calice n'est pas adhérent ; les étamines sont antépositives, en même nombre que les pétales.

Cette famille se compose des genres Jujubier, Paliure, Nerprun, Céanothe, Phylica et plusieurs autres. Le premier présente une antique célébrité végétale, le Lotos des Lotophages, Jujubier lotus, dont ce peuple africain se nourrissait.

Ce n'est que sur les Nerpruns que des Insectes ont été observés.

G. NERPRUN. Rhamnus. *Linn.*

Les étamines sont courtes ; l'ovaire est inadhérent, à trois ou quatre loges ; les trois ou quatre styles soudés.

Ce genre contient un assez grand nombre d'espèces européennes dont les plus connues sont le Nerprun purgatif, la Bourdaine, et l'Alaterne.

NERPRUN BOURGÈNE. R. *Frangula*. Linn.

Les pédicelles des fleurs sont de la longueur des calices.

Ce Nerprun qui est la Bourdaine si commune dans nos bois, partage avec le Fusain la propriété de fournir le meilleur charbon pour la fabrication de la poudre à canon.

C'est à cette espèce, comme à la plus vulgaire, que nous attribuons la plupart des Insectes qui attaquent les Nerpruns, quoique nous soyons persuadé qu'ils vivent également sur les autres.

COLÉOPTÈRES.

Otiorhynchus rhamni. Sturm. — La larve de ce Curculionite vit à couvert sous l'écorce.

Erirhinus Scirpi. Fab. — V. Peuplier

HEMIPTÈRES.

Aphis rhamni. Fons col. — V. Cornouiller.

LÉPIDOPTÈRES.

Rhodocera rhamni. Linn. — La chenille de ce papillon est ridée transversalement, convexe en dessus, plate en dessous. Les chrysalides sont pointues aux deux bouts, et attachées à l'extrémité.

Lycæna argus. Linn. — V. Baguenaudier.

- —— argiolus. Id. — Ibid.

Acidalia vetulata. Zell. — V. Groseiller.

- —— certata. Id. — Ibid.

Gracillaria quadrupleta. Zell. — V. Erable

NERPRUN PURGATIF. *R. Catharticus*. Linn.

Les pédicelles des fleurs sont plus longs que les calices.

Cette espèce est remarquable par ses vertus médicinales. Ses fruits, son écorce, toute sa substance en sont tellement imprégnés, que lorsque l'on y greffe des Pruniers et des Cerisiers, leurs fruits contractent les mêmes propriétés

Nous connaissons peu d'insectes qui vivent sur ce Nerprun.

COLEOPTÈRES

Leptura rufipes. Linn. — V. Hêtre.

LEPIDOPTÈRES.

Acidalia dubitella. Zell. — V. Groseiller.
Lyonetia (ceroclastis. Zell.) Frangultella Goeze. — V. Tilleul.

FAMILLE.

AQUIFOLIACÉES, AQUIFOLIACEÆ. *Bartl.*

Le calice n'est pas adherent; ses lobes sont imbriqués; les etamines hypogynes; les ovules solitaires, suspendus; les graines sans expansion caronculaire.

Les arbres de cette famille sont les Houx, les Prinos et les Nemopanthes. A l'exception du Houx commun, toutes les espèces sont de l'Amérique.

G. HOUX, ILEX. *Linn.*

Le calice a quatre ou cinq dents; la corolle est de quatre ou cinq parties; les ovaires à quatre ou cinq loges.

Ce genre ne comprend qu'une espèce européenne, mais un assez grand nombre d'Américaines parmi lesquelles nous citerons le Houx, Thé du Paraguay, dont les Créoles font un si grand usage, en lui attribuant des vertus innombrables.

Le Houx commun de nos forêts est remarquable par la beaute de son feuillage persistant, de ses baies écarlates; il décore nos bosquets d'hiver de ses nombreuses variétés. Ses feuilles brillantes attirent notre main, mais les épines qui les hérissent la repoussent. Aussi le Houx est il l'emblème de l'esprit caustique qui brille et blesse également.

Les insectes qui vivent sur le Houx sont

COLÉOPTÈRES.

Brachyderes ilicis. Dahl. — La larve de ce Curculionite vit à couvert sous l'écorce.

Sitona regensteinensis. Sch. — Même observation.

—— tibialis. Herbst. — Ibid.

—— retusus. Marsh. — Ibid.

Orchestes ilicis. Fab. — Ibid.

Cossonus ilicis. Mac. Leay. — Ibid.

Cryptocephalus ilicis. Oliv. — V. Cornouiller.

Stylosomus ilicicola. Suffrian. — Ses mœurs ne sont pas connues.

LÉPIDOPTÈRES.

Trichiura ilicis. Rambur. — La chenille de cette Bombycite est marquée de bandes veloutées, entremêlées de longs poils, elle vit en société dans son jeune âge, et s'isole en grandissant ; elle se file une coque très-dure avant de se tranformer.

Orthosia ilicis. Guenée. — La chenille de cette Noctuelide est veloutée ; elle se tient cachée pendant le jour, et, avant de se métamorphoser, elle se renferme dans une coque peu consistante, et enfoncée dans la terre.

Orthosia ruticilla. Esp. — Ibid.

Boarmia ilicicola. Zell. — V. Tulipier.

Elachista ilicifoliella. Zell. — Cette Tinéïde et ses congenères sont les plus petits des Lépidopteres, et ils sont en même temps parés des couleurs les plus brillantes et de l'éclat des metaux les plus précieux. Ce sont les colibris et les oiseaux-mouches des Lepidoptères. Leurs chenilles sont mineuses ; elles se creusent des galeries en rongeant le parenchyme sans toucher aux deux épidermes entre lesquels elles se transforment.

DIPTÈRES.

Phytomyza aquifolia. Gouraut. — La larve de cette petite Muscide mine également les feuilles dans lesquelles elle creuse une galerie assez vaste, irregulière, sous l'epiderme superieur.

Parvenue a toute sa grandeur, elle a la precaution de percer cet epiderme dur et épais d'un petit trou rond, et se change en nymphe la tête placee à l'entrée du trou

FAMILLE.

EUPHORBIACÉES, Euphorbiaceæ. *Juss.*

Les fleurs sont unisexuelles; les étamines subhypogynes; la capsule a trois coques.

Cette nombreuse famille, qui se divise en plusieurs tribus et en une multitude de genres, ne contient qu'un seul arbre indigène, le Buis. La plupart de ces végétaux appartiennent à la zone équatoriale. Nous leur devons quelques substances utiles, telles que le Caout-Chouc, le Ricin, le Tapioca, le Manioc

G. BUIS, Buxus. *Linn.*

Le calice présente quatre folioles inegales; les etamines ont quatre filets saillants; l'ovaire est glabre à trois styles.

Le Buis commun, dont le bois est le plus dur, le plus dense et le plus pesant des bois de l'Europe, est en même temps très-lent à croître et il jouit d'une grande longévité. On a compté 240 couches annuelles sur une tranche d'environ 45 centimètres de circonférence. Quel devait être l'âge du Buis que Haller a vu près de Geneve et dont le tronc avait près de deux mètres de circonférence? (1) Cette lente végétation et la persistance du feuillage a longtemps fait adopter le Buis, comme l'If, pour la décoration des jardins. Docile à prendre toutes les formes, on en faisait de fines bordures pour dessiner les boulingrins; on le torturait pour lui donner toutes les formes que la fantaisie suggérait; on poussait ce genre de luxe horticole jusqu'à étaler cet arbre en vastes lambris verts sur lesquels le ciseau taillait en relief de grands sujets

(1) En admettant que les couches annuelles de ce tronc eussent la même largeur que celles de la tranche il devait y en avoir environ mille

de peinture dont il fallait chaque printemps reproduire la savante exécution Nos ancêtres avaient emprunté ce mauvais goût des Romains qui, suivant Pline, se servaient du Buis pour *historier en verdure*. Heureux les arbres d'aujourd'hui. Nous ne leur demandons d'autre beauté que celle qu'ils acquièrent naturellement en croissant dans toute leur force et leur liberté, chacun paré de sa grâce native, comme de ses fleurs et de ses fruits

Les anciens employaient le bois de cet arbre comme font les modernes, pour tous les usages qui exigent la dureté, la solidité. Chez les Grecs, on en faisait des cassettes, des boîtes, *Pyxis*, qui portaient son nom ; les bergers de Théocrite façonnaient leurs flûtes mélodieuses du buis que leur fournissaient le Parnasse et l'Olympe

Nous ne connaissons que peu d'insectes qui vivent sur le Buis.

COLEOPTERES.

Malthinus chelifer. Kies. — M. Kiesenwetter a pris ce Malacoderme en battant les Buis sur le Mont-Serrat en Catalogne.

Peritelus adusticornis. Kies. — Ce Curculionite a été trouvé en grand nombre par M Kiesenwetter sur les Buis au Mont-Serrat.

HEMIPTÈRES.

Psylla buxi Linn. — La larve de ce Gallinsecte a l'instinct de sucer les jeunes feuilles opposées et de les déterminer ainsi à s'arrondir en deux demi-globes creux qui se réunissent et se ferment hermétiquement, servant de berceau à une nombreuse génération.

Aphis buxi. Fab. — V Cornouiller.

Coccus buxi, Fons Col. — V. Tamarisc.

LEPIDOPTÈRES

Cerastis buxi. B. — La chenille de cette Noctuelite est épaisse, veloutée et marbrée, elle se tient cachée sous les feuilles et s'enferme dans une coque avant de passer à l'état de chrysalide.

DIPTÈRES

Scatopse buxi. Linn. — Cette Tipulaire vit dans l'épaisseur des buissons.

CLASSE.

TÉRÉBINTHINÉES, Terebinthineæ. *Bartling.*

Les pétales et étamines sont en nombre defini ; l'embryon est rectiligne ou curviligne.

Cette classe considérable se divise en familles nombreuses, la plupart composées de végétaux exotiques dont plusieurs sont acclimatés en Europe. Tels sont le Noyer, l'Ailante, le Ptelea, l'Oranger. Le premier et le dernier nourrissent seuls des Insectes qui ont été observés.

FAMILLE.

AURANTIACÉES, Aurantiaceæ. *Juss*

Les pétales sont hypogynes, sans onglets ; les ovaires, styles et stigmates réunis.

Cette famille est composée non-seulement des Orangers et des Citronniers, mais encore de quelques autres genres d'Arbres de l'Inde tels que les *Atalantia*, les *Triphasia*, les *Feronia*, les *Egle*, dont plusieurs produisent également des fruits excellents.

G. CITRONNIER. Citrus. *Linn.*

Le calice est cupuliforme, a cinq divisions; les anthères sont oblongs ; le style cylindrique.

Ce genre comprend non-seulement les Citronniers, mais encore les Orangers, les Limoniers, les Cédratiers, les Bigaradiers. C'est-à-dire les Arbres qui réunissent le plus de qualités pour charmer nos sens. La beauté de leurs fruits, la délicieuse suavité de leurs parfums, la saveur exquise de leurs sucs les mettent au premier rang des végétaux qui nous procurent des jouissances. Aussi ont-ils été cultivés depuis une haute antiquité dans toute la zone méridionale de l'ancien monde. Originaires de l'Asie orientale, suivant l'opinion la plus accréditée, de l'Afrique et de l'Atlantique selon quelques auteurs qui voient dans les oranges les célèbres pommes du jardin des Hespérides, ils se sont acclimatés peu à peu sur tout le littoral de la Méditerranée. Dans les vallées de la Palestine, les Cédratiers (1) étaient connus dès le temps de Moïse qui, selon l'historien Josephe, avait prescrit l'usage d'en entrelacer des branches aux feuilles du Palmiste et du Saule, pour former les thyrses de la fête des tabernacles. Les Grecs du temps de Théophraste, et les Romains ne connaissaient que les Citronniers, qui provenaient de la Médie, et dont les propriétés salutaires sont exprimées dans ces vers de Virgile :

. . . . Animos et olentia Medi
Ora fovent illo, et senibus medicantur anhilis.

Les Arabes paraissent avoir introduit avec eux en Europe les Limoniers si répandus aujourd'hui en Italie, et les Bigaradiers dont le premier individu connu en France date de 1420, et existe encore dans l'orangerie de Versailles sous le nom de Grand-Connétable. Un autre, que l'on prétend avoir été planté par saint Dominique, vers l'an 1200, ombrage la cour du couvent de sainte Sabine, à Rome. Enfin, les Orangers ont été apportés de l'Inde par les Portugais comme trophées de leurs glorieuses conquêtes ; nous devons à Vasco de Gama, à Juan de Castro, à saint François Xavier les premiers plants des admirables forêts des Canaries, de l'Andalousie, d'Hières, de Gênes, de Gaëte, dans lesquelles tous nos sens sont à la fois enivrés de délices. Au feuillage toujours vert et lustré, se joignent simultanément les fleurs et les fruits avec tous leurs enchantements et une abondance prodigieuse (2), suffisante pour faire participer le reste de l'Europe aux jouissances qu'ils procurent.

---

(1) Sous le nom de *hadar*.

(2) Un pari ayant été fait au sujet d'un Oranger très-renommé des environs de Massa, en Italie, on en compta les fruits dont le nombre s'éleva à près de 20,000. (Revue britannique, septembre 1849, p. 65.)

La zone septentrionale est réduite à ne cultiver les Orangers que dans les serres, à quelques exceptions près qui donnent peu d'espoir de les acclimater. Dans le midi du Devonshire, l'une des localités les moins froides de l'Angleterre, on voit, dans quelques jardins, des Orangers qui ont résisté en plein air depuis plus d'un siècle aux hivers les plus rudes de ce pays (1); à Lille, département du Nord, dans les jardins de l'ancienne Intendance, des Orangers en espalier ont existé depuis 1720 jusqu'en 1772, garantis seulement par des paillassons en hiver.

Si nous ne possédons ces beaux arbres que sous l'abri des orangeries, s'ils ne nous donnent que des fruits trop acides, amplement suppléés par ceux de Malte et de Portugal, nous jouissons complétement de leurs charmantes fleurs qui par leur pure blancheur et leur parfum exquis sont l'emblème de l'innocence et de la vertu, et, à ce titre, ont le privilége de former la couronne et le bouquet des jeunes fiancées qui vont à l'autel.

Ces beaux arbres ne sont attaqués que par un petit nombre d'insectes.

COLEOPTÈRES

Otiorhynchus niger. Germ. — Ce Curculionite ronge le feuillage pendant la nuit et passe le jour au pied de l'arbre.

HEMIPTÈRES.

Aphis aurantii. Fons Col. — V. Cornouiller.

Coccus adonidum. Linn. — V. Tamarisc. Cette Cochenille est fort nuisible à l'Oranger, elle attire sur ces arbres les Fourmies avides de la liqueur sucrée qu'il élabore, et dont elles savent provoquer l'émission par le mouvement rapide de leurs antennes.

Kermes hesperidum. Linn. — V. Vigne.

LÉPIDOPTÈRES.

Argynnis euphrosyne. Linn. — Ce papillon diurne qui ne vit que

(1) M. Spach, suites à Buffon, tom 2

dans les bois et dont le vol est très-rapide et soutenu, provient d'une chenille garnie d'epines velues dont deux seulement sur le premier segment plus longues et toujours inclinées vers la tête. La chrysalide anguleuse est garnie sur le dos de deux rangées de tubercules, et attachée par la queue.

Hesperia actæon. Linn.— Ce papillon a les jambes postérieures armées de deux paires d'ergots et les ailes supérieures sont à demi relevees dans le repos. La chenille a la tête un peu fendue; elle se transforme dans une feuille roulée ou repliée sur elle-même; la chrysalide est enveloppée dans un réseau très-clair.

Attacus carpini. Bork — Les chenilles decette Bombycide sont glabres et garnies de tubercules pilifères; elles vivent en société dans leur jeune âge et se separent en grandissant, elles se transforment dans des coques d'un tissu très-solide, feutré, en forme de poire.

FAMILLE.

CASSUVIÉES, CASSUVIEÆ, *Rob Br*

Les pétales et etamines sont perigynes; les styles au nombre d'un à cinq.

Cette famille, composee de plusieurs sections et d'un assez grand nombre de genres (1) ne comprend que très-peu d'espèces européennes. Cependant elle présente de l'interêt surtout par les substances qu'elle produit. Ses proprietés offrent de singuliers disparates entre les differentes espèces : leurs sucs propres sont tantôt laiteux et caustiques, comme dans le Sumac dont les Chinois retirent l'un de leur vernis, tantôt résineux comme dans les Lentisques qui fournissent le mastic et la térebenthine, de Chio, que les dames grecques et musulmanes ont presque toujours dans la bouche pour entretenir les dents dans leur blan-

---

(1) Les sections sont les Anacardiées, les Spondiacées et les sumachinées; les principaux genres sont les *Anacardium*, *Mangifera*, *Pistacia*, *Spondias*, *Rhus*, *Mauria*.

cheur, pour rendre l'haleine agreable et pour exciter l'appetit. D'autres ont des écorces astringentes et fébrifuges. Les Manguiers et les Mombins, offrent des pulpes à chair succulente d'une saveur délicieuse et célèbres par leurs qualités bienfaisantes. Enfin plusieurs Anacardiers présentent un aliment rafraîchissant très-recherché dans les contrées équatoriales.

G. SUMAC, RHUS. *Linn.*

Les fleurs sont le plus souvent polygames par avortement; les petales au nombre de cinq.

Des nombreuses espèces de ce genre, nous n'avons à parler que du Sumac des corroyeurs, qui est indigène dans le midi de la France. Dès le temps de Dioscoride, il servait a tanner les cuirs, il est employé dans la fabrication des maroquins. Les fruits en sont mangés par les Orientaux, comme les Capres.

Le seul Insecte observé sur ce Sumac est.

COLÉOPTÈRE.

Clythra guerinii. Bassi. — Cette Chrysoméline se plaît sur cet arbrisseau en Sicile; la larve porte avec elle un fourreau de matière coriace, en forme de cône.

G. PISTACHIER, PISTACIA. *Linn*

Les fleurs sont dioïques apétales.

Ce genre comprend le Lentisque, le Térébinthe et le Pistachier proprement dit, tous trois appartenant au bassin de la Méditerranée.

PISTACHIER LENTISQUE, *P. lentiscus*. Linn.

Les pétioles sont ailés, carénés; les drupes lisses, globuleux.

C'est de cette espèce que l'on retire le mastic de Chio, en faisant des incisions au tronc et aux principales branches.

Les Insectes observés sur le Lentisque sont·

COLÉOPTÈRES.

Nyphona saperdoïdes. Ziegl. — V. Grenadier.

Lachnaia lentisci. Fab. — V. Coudrier.

LÉPIDOPTÈRES

Eurhipia adulatrix. Hubn.—La chenille de cette Noctuélite est glabre, atténuée postérieurement. Elle fait son cocon de terre, peu solide, et s'enfonce sous la terre. Cependant, à l'époque des mues, elle tapisse de soie la surface inférieure des feuilles pour s'y retenir.

——— blandiatrix. B. D. — Ibid.

Ophiodes thyrrhæa. L. — V. Chêne

DIPTÈRES

Laphria maroccana. Meig.—M Lucas a obtenu cet Asilique de larves qui s'étaient développées dans l'intérieur d'une bûche de Lentisque, en Algérie.

Pistachier térébinthe, *P terebinthus*. Linn.

Les pétioles sont marginées, les drupes globuleux, rugueux

La térébenthine de Chio qui provient de cet arbre était en usage, et ses propriétés excitantes étaient reconnues dès le temps d'Hippocrate.

Insectes observés sur le Térébinthe

HEMIPTÈRES

Aphis terebinthi. Reaum.—V.Cornouiller. Ce Puceron produit les galles en croissant signalées par Réaumur.

LÉPIDOPTÈRES.

Eurhipia adulatrix. Hubn. —V Lentisque.

——— blandiatrix. B. D. — Ibid.

Pistachier cultivé. *P vera*. Linn.

Les feuilles ont trois ou cinq folioles, les drupes sont ovoïdes. Cet arbre est originaire de Syrie. Ses fruits, maintenant si connus en Europe, ont été apportés pour la première fois à Rome par Vitellius.

Les seuls Insectes observés sur le Pistachier sont :

HÉMIPTÈRE.

Aphis pistaciæ. Fab. — V. Cornouiller.

LÉPIDOPTÈRES.

Eurhipia adulatrix. Hubn. — V. Lentisque
——— blandiatrix. B. D. — V. Ibid.

FAMILLE.

JUGLANDÉES, Juglandiæ. *De Cand.*

Les fleurs sont unisexuelles, apétales; les mâles en chatons; les femelles subsolitaires; l'ovaire est adhérent au calice.

Cette famille, outre le genre Noyer qui en est le type, en comprend plusieurs autres, composés de grands arbres de l'Amerique septentrionale d'Asie et de Java. Le Noyer, commun est seul indigène.

G. NOYER, juglans. *Linn.*

Fleurs mâles : Le chaton est imbriqué; le calice squamiforme : les étamines sont en nombre indéterminé.

Femelles : la corolle a quatre ou cinq divisions; les stigmates sont subsessiles, arquées.

Ce genre, depuis que Nuttal en a distrait deux autres, les *Carya* et les *Pterocarya*, ne comprend plus que le Noyer commun, avec ses nombreuses variétes et deux espèces d'Amérique. Nous n'avons à nous occuper que du premier.

Noyer commun, *J. regia.* Linn.

Les chatons sont denses; les fleurs femelles sont solitaires, ou géminées, ou ternees.

Peu de végétaux sont aussi dignes d'intérêt que le Noyer. Il réunit les proprietes que nous recherchons dans les arbres forestiers et dans les arbres fruitiers. Par les dimensions qu'il atteint et par les qualités de son bois, il est au rang des plus utiles à la menuiserie, au charronnage Il etait, avant la découverte de l'Amerique, le plus recherché pour l'ébenisterie. Sous le rapport de ses fruits, la noix nous intéresse dès notre enfance, en excitant notre friandise, en servant à nos jeux. Ovide y a trouve le sujet d'un petit poème charmant, dans lequel il l'a célébrée avec toute l'ardeur d'une verve juvénile. Dans la jeunesse, ce fruit jouit d'une grande popularite; les Romains l'employaient dans les cérémonies nuptiales. Le jeune époux semait des noix en signe d'abondance quand sa femme lui était amenée. Récemment encore, elles figuraient dans la collation qui devait être donnée à la rosière de Salency; c'était un emblême, dit M. de Berneaud, de la simplicité de mœurs qu'elle devait garder toute sa vie. C'est l'attrait pour les noix qui a determiné la prise d'Amiens en 1597, lorsque des sacs delies et répandus excitèrent l'avidité et détournerent la vigilance des gardiens de la ville. Enfin, en tous temps, nous aimons les cerneaux, les noix fraîches, les noix sèches, sans compter l'huile de noix, à défaut d'huile d'olive.

Aussi, le Noyer, originaire de l'Asie, a-t-il été une des plus belles conquêtes de la Grèce, peut-être un des trophées des victoires d'Alexandre-le-Grand (1); les Grecs s'en émerveillaient, et en en comparant le fruit à celui du Chêne, ils le nommèrent *Dios Balanos*, Gland des Dieux, ce qui fut traduit chez les Romains par *Jovis glans, Juglans.*

Nous aimons à voir le Noyer bordant les grands chemins, ou occupant une large place dans les vergers près des autres arbres fruitiers qu'il domine par sa grandeur comme par la valeur de son produit (2).

Le Noyer n'est attaquée que par un petit nombre d'Insectes.

---

(1) L'introduction du Noyer paraît remonter au temps où Théophraste, disciple d'Aristote, écrivait son histoire des plantes, 314 ans avant l'ère vulgaire.

(2) Nous avons connaissance d'un Noyer qui, sans être très-grand, produit quelques fois 40,000 noix.

COLEOPTÈRES.

Mycetochara barbata. Fab. — V. Saule.

Pyrochroa coccinea. Fab. — Les larves de cet Hétéromère se développent sous l'écorce. Au printemps, on en trouve qui sont parvenues au terme de leur croissance et d'autres qui n'en ont encore atteint que la moitié, d'où l'on peut conclure qu'elles ne se métamorphosent qu'au bout de trois ans. Elles sont aplaties, la tête est munie de fortes mandibules, les deuxième, troisième et quatrième segments portent les pattes; le treizième, ou dernier, est terminé par deux épines, recourbées en dessus. La nymphe, placée dans la vermoulure, s'y tient la tête en haut, et ne reste que quinze jours dans cet état; elle est à découvert sous l'écorce et laisse apercevoir les organes de l'Insecte parfait.

Balaninus nucum. Linn. — La larve de ce Curculionite se nourrit de la noix.

Bostrichus bicolor. Hubn. — V. Clematite.

Synchita juglandis. Hellw. — La larve de ce Xylophage se développe sous l'écorce.

HEMIPTERES.

Aphis juglandis. Frisch. — V. Cornouiller. Les cornicules sont nulles.

LÉPIDOPTÈRES.

Attacus pyri. Linn. — V. Oranger.

Dasychira pudibunda. Linn. — Cette Liparide dont les pattes antérieures sont etendues en avant dans le repos, a sa chenille garnie de brosses et munie de deux vésicules rétractiles vers l'extrémité du dos; elle se transforme dans une coque d'un tissu lâche, entremêlé de poils.

Acronycta aceris. Linn. — V. Tilleul.

Amphypyra pyramidea. Linn. — V. Chèvrefeuille.

DIPTÈRES.

Ctenophora pectinicornis. Linn. — La larve de cette Tipulaire se développe dans le bois en partie décomposé du Noyer. Elle ronge ce bois de manière à y former des tuyaux dans lesquels elle passe à l'état de nymphe.

Siphonella nucis. Perris. — Cette petite Oscinide, suivant l'observation de M. Perris, s'introduit dans une noix par un trou d'où est sorti un autre insecte (probablement le *Balaninus nucum*); elle y dépose ses œufs; les larves vivent du fruit et s'y développent. Leur organisation présente une particularité : Sur le bord antérieur du deuxième segment se trouvent deux appendices latéraux et assez singuliers ; ils sont aplatis, blancs et charnus comme le reste du corps ; ils présentent la forme d'une ellipse un peu arrondie et divisée en six lobes étroits, profonds et spatulés ; il y en a trois du côté intérieur, un au sommet et deux extérieurement. Dans l'intérieur de l'ellipse, on aperçoit cinq points diaphanes. En plongeant les larves dans l'eau, pour les rendre translucides, M. Perris a reconnu que des trachées venaient aboutir à ces organes et qu'ils étaient des stygmates d'une forme toute particulière ; peut-être même les cinq points diaphanes ne sont-ils que les ouvertures par où l'air s'introduit.

CLASSE.

CALOPHYTES, CALOPHYTÆ.

Les pétales et étamines sont ordinairement périgynes ; les ovaires le plus souvent solitaires ; les styles libres, en même nombre que les ovaires.

Cette belle classe, ainsi que l'exprime son nom, présente plus qu'aucune autre le charme des fleurs, de leurs formes les plus gracieuses, de leurs couleurs les plus brillantes, de leurs parfums les plus suaves ; elle comprend les Rosacées qui tiennent le sceptre de la beauté. A cette qualité supérieure, les Calophytes joignent la bonté de leurs produits ; les Amygdalées nous donnent les fruits à noyaux, les Pomacées les fruits à pépins, ces deux sources de jouissances alimentaires ; de plus, c'est aux Papilonacées que nous devons nos meilleures productions légumineuses. Enfin, les Mimosées, les Cisalpinees nous fournissent des substances utiles.

telles que le cachou, la gomme arabique, la casse, le sené, le bois de Campêche. Mais c'est toujours au charme de la floraison que les Calophytes doivent leur principal caractere. Ils pénètrent jusques dans les sombres forêts de Pins, de Chênes, de Hètres, privées de fleurs ; le Mérisier, le Sorbier, l'Alisier les égaient par les leurs, et le simple buisson le plus fleuri est l'aimable Aubépine.

Toutes ces fleurs offrent leur miel aux insectes armés de trompe. Les essaims de Papillons, de Mouches, d'Abeilles, viennent y butiner en bourdonnant. C'est un aliment préparé pour tous indistinctement. Il n'en est pas de même des autres parties de la végétation de chaque espèce, qui servent de berceau et de subsistance à d'autres insectes distincts. Nous en aurons un grand nombre à signaler, parmi lesquels il y en a de très-nuisibles, particulièrement à nos fruits, et auxquels nous devons faire une guerre incessante.

FAMILLE.

SPIRÉACÉES, Spireaceæ. *Loisel.*

Les ovaires sont en nombre défini, inadhérents, à une seule serie et à peu d'ovules.

Presque tous les membres de cette famille ont mérité les honneurs de la culture. Le genre nombreux des Spirées, les Corchorus. (Kerria), les Gilleonia (1), les Lyndleja et quelques autres decorent nos jardins de leurs jolies fleurs, et quelques espèces se recommandent par des propriétés utiles (2)

---

(1) *Spirea trifoliata*, Linn.

(2) Le Spirea salicifolia tient lieu de thé dans quelques contrées ; on mange en Russie les feuilles et les bourgeons du S *kamtschatica* ; on fait du pain avec les tubercules du *S Filipendula ;* on emploie comme vulnéraires les fleurs du *S ulmaria*, les feuilles du *tomentosa*, comme émétique, les racines du *trifoliata* ; pour tanner les cuirs on se sert de l'*americana*, on teint en jaune avec les branches de l'*opulifolia*, en noir avec les feuilles de l'*ulmaria*.

G. SPIRÉE. SPIRÆA. *Linn.*

Le tube calicinal est campanulé ; le limbe est à lobes étalés.

Ce genre est très-remarquable par l'uniformité avec laquelle il présente ses caractères essentiels, malgré la grande diversité qui règne dans toutes les parties de la végétation. Tantôt herbacés, tantôt ligneux, les Spirées modifient la disposition de leurs fleurs dans les formes les plus capricieuses et souvent les plus élégantes. Ce sont d'amples bouquets, de légères corymbes, de larges ombelles, d'épaisses panicules, de longues guirlandes, de gracieuses girandoles ; ici, la Barbe de Chèvre s'étale en touffes floconneuses ; là, la Reine des prés domine majestueusement les plantes d'alentour.

Le feuillage n'est pas moins varié, et il affecte particulièrement la ressemblance avec celui d'autres végétaux ; ainsi nous cultivons les Spirées à feuilles d'Orme, de Bouleau, de Saule, d'Obier, de Sorbier, de Charme, de Prunier, d'Airelle, de Germandrée, de Filipendule, de Pigamon, de Millepertuis, et quelques autres.

Parmi les Spirées ligneuses, celle à feuilles de Saule est la seule sur laquelle nous ayons obssrvé des insectes.

SPIRÉE A FEUILLES DE SAULE. S. *Salicifolia.* Linn.

Les folioles du calice sont ovales, pointues ; les fleurs disposées en panicule.

Cette espèce, originaire de l'Europe orientale, et commune dans tous les jardins, est la seule sur laquelle des insectes aient été observés.

COLÉOPTÈRES

Asclera cærulea. Linn. — V. Aubépine.

Anoncodes ustulata. Fab.— Cette Œdémérite vit sur les fleurs.

HÉMIPTÈRES.

Capsus spinolæ. Meyer — V. Erable.

FAMILLE

ROSACÉES, ROSACEÆ. *Bartl.*

Le tube calicinal est urceolé ; le limbe foliacé ; le disque charnu, les ovaires sont très-nombreux ; les etamines en nombre indéterminé, plurisériees.

Cette famille n'est composee que des genres Rosier et Lowea dont le dernier ne contient qu'une espèce qui est asiatique.

G. ROSIER. ROSA. *Linn.*

Les feuilles ont de trois à sept folioles.

La Rose, type et emblème de la beauté, règne sur toutes les fleurs par la forme, la couleur, le parfum ; tout en elle est gracieux, brillant, suave. Tout ce que la délicatesse la plus raffinée peut concevoir de plus exquis, se trouve dans cette production charmante. Aussi, dans tous les temps, dans tous les lieux(1), la Rose est exaltée au-dessus de toutes les autres fleurs. La poésie surtout la célèbre, la glorifie, sans qu'elle perde jamais rien de son prestige. C'est toujours la Rose de Jéricho, chère aux filles de Juda ; la Rose des fables persanes, dont les amours avec le rossignol unissent dans la plus haute perfection les enchantements des sons, des couleurs, des parfums. C'est toujours la Rose de la Mythologie grecque ; sa corolle est teinte du sang d'Adonis, ou de Vénus elle-même, dont le pied divin, piqué par une epine, laissa couler quelques gouttes. Ce sont encore les Roses de Pæstum qui se tressaient en guirlandes, en couronnes pour les soupers d'Horace ou de Lucullus ; celles qui honorent chaque année la rosière de Salency ; celles que nous effeuillons pieusement sur le passage du saint Sacrement.

Emblème de la beauté materielle et morale, la Rose l'est aussi du plaisir ; elle le représente dans tout ce qu'il offre, non seule-

---

(1) La Rose appartient à tout l'hémisphère septentrional.

ment de plus enivrant, mais encore de plus délicat, de plus pur; elle en est l'image surtout, hélas, par son éclat éphémère; elle personnifie le temps dans sa rapidité, et fleurit mélancoliquement sur la tombe d'Anna qui comme elle a brillé un instant.

Et rose, elle a vécu ce que vivent les roses,
L'espace d'un matin.

Enfin, elle exprime une pensée sévèrement salutaire, lorsque recélant dans son sein une Cantharide brillante mais corrosive, elle représente le plaisir criminel en proie au ver rongeur du remords.

Un grand nombre d'autres insectes ont été observés, vivant soit sur l'Eglantier, soit sur le Rosier à cent feuilles et sans doute indifféremment sur toutes les espèces et variétés.

COLÉOPTÈRES.

Anomala Julii. Fab. —V. Vigne.

Anisoplia horticola. Fab. — Ce Lamellicorne se nourrit de feuilles. Sa larve se développe dans la terre comme celle du Hanneton.

Anisoplia campestris. Lat. — Ibid.

Gnorimus nobilis. Fab. — Ce Lamellicorne vit sur les fleurs.

Trichius fasciatus. Fab. — Même observation.

—— gallicus. Dej. — Ibid.

Cetonia aurata. Fab. — Ibid.

Clitus arietis. Linn. — V. Sycomore.

Cryptocephalus labiatus. Linn.

HYMÉNOPTÈRES.

Pamphilius cynosbati. Fab. — V. Poirier

Athalia centifoliæ. Panz. — La fausse chenille de cette Tenthrédine dévore les feuilles.

Athalia rosæ. Linn. — Ibid.

Cladius difformis. Lat. — Même observation.

Tenthredo cincta Bouché —V Groseiller La fausse chenille de

cette espèce, bien différente des autres, vit de la moelle des rameaux et elle s'y transforme.

Tenthredo pavida. Linn. — V. Groseiller.

Hylotoma rosarum. Fab.—V. Berberis. Cette espèce fait ses incisions et dépose ses œufs sur la branche la plus voisine de la tige principale.

Hylotoma ustulata. Fab. — V. Berberis.

Dolerus eglanteriæ. Fab.— La fausse chenille de cette Tenthrédine ronge le feuillage.

Cynips rosæ. Linn. —Cette espèce produit les galles connues sous le nom de Bedeguar. Ce sont des excroissances chevelues qui entourent les tiges et qui paraissent composées d'un nombre immense de filaments très-serrés dont plusieurs ont leurs extrémités libres et ramifiées. Elles sont habitées par plusieurs larves de Cynips.

Cynips Réaumurii. Nob. — Je rapporte à une espèce que je ne connais pas, les galles chauves observées par Réaumur sur le Cynorhodon.

Megachile centuncularis. Linn. Cette Hyménoptère coupe des portions de feuilles en rond et en ovale pour en tapisser sa cellule en forme de dé à coudre, les rondes pour le fond, les ovales pour les parois. Plusieurs cellules sont rangées ensemble *bout à bout* sous une pierre; chaque cellule est percée dans le fond. La première qui est construite et le premier œuf pondu sont placés le plus en avant. La Megachile lorsqu'elle éclot, perce sa loge par le bout et s'envole sans obstacle. La cellule qui vient après renferme l'œuf pondu le second et qui n'éclora qu'après l'autre. L'Insecte n'a autre chose à faire qu'à percer la cloison qui le séparait de la première cellule, passe à travers cette cellule devenue vide, et ainsi des autres.

HÉMIPTÈRES.

Lygæus nassatus. Bouche. — Cette Cimicide, dans l'état de larve, pique les jeunes tiges, en tire la sève, les fait recoquiller et fait quelquefois manquer la floraison.

Tettigonia rosæ. Fab. — Cette petite Cicadelle vit également de la sève.

Aphrophora spumaria. — V. Weigelia.

Aphis rosæ. Fab. —V. Cornouiller.

Aspidiotus rosæ. Bouché. — Ce Gallinsecte diffère des Cochenilles par le corps recouvert d'une matière blanche et laineuse, et par les antennes de 9 articles dans les mâles, de 6 dans les femelles. Il vit sur les vieux troncs qui en paraissent couverts de moisissure, et qui en meurent quelquefois si on n'y porte remède.

LÉPIDOPTÈRES.

Liparis dispar. Linn. — V. Myrte.

Attacus pyri. Linn. — V. Oranger.

Orgya antiqua. Linn. — La chenille de cette Bombycide est garnie de poils. Elle se renferme, pour se transformer, dans une coque d'un tissu lâche entremêlé de poils.

Lasiocampa quercifolia. Linn. — V. Poirier.

Pygæra bucephala. Linn. — V. Tilleul.

Gonoptera libatrix Linn. —V. Saule.

Himera pennaria. Linn. — La chenille de cette Phalenide est lisse, sans tubercules ; elle a deux pointes charnues, inclinées en arrière, sur l'avant dernier segment. Elle se transforme dans la terre.

Amphidasis betularia. Linn. — V. Pommier.

Geometra rusticata. Zell. — V. Berberis.

——— fulvata. Zell. — Ibid. sur l'Églantier.

Argyrotoza bergmanniana. Linn. — V. Poirier.

Fidonia plumaria. W. N. — V. Marronier.

——— forskaeleana. Linn. — Ibid.

——— rosetana H. — Ibid.

Tortrix variegana. Zell. — V. Lierre.

——— roborana. Linn. — Ibid.

Teras pauperana. Zell. — V. Vigne. Sur l'Églantier.

Aspidia Udmanniana Linn —Les chenilles de cette Platyomide

sont courtes, munies de points verruqueux surmontés chacun d'un poil. Elles vivent en société et réunissent les jeunes feuilles en paquet où elles trouvent l'abri et la nourriture. Leur métamorphose a lieu également en société, dans un tissu commun mélangé de mousse et de feuilles sèches.

Aspidia cynosbana. Fab. —Ibid. sur les Eglantiers.

——— suffusana. Parr. — Ibid.

Penthina ocellana. H. — V. Erable.

Lyonetia centifoliella. Vonheyd. — V. Tilleul

——— angusticollella. Id. — Ibid.

Incurvaria maculella. Hubn. Zell. — V. Groseiller

Coleophora lusciniæpennella. Tr. Zell. — V. Tilleul

Pterophorus rhododactylus. Linn. — La chenille se suspend comme les Papillons diurnes pour se transformer.

DIPTERES.

Cecidomyia rosæ. Brem. — V. Tilleul. Les deux feuilles supérieures et la terminale se plient, se ferment et ne restent un peu ouvertes que près du pétiole, et les bords se courbent irrégulièrement. Dans chacune de ces feuilles, se trouvent 3 à 5 larves de couleur verte.

Psilomyia rosæ. Meig. — Cette Muscide vit sur la fleur.

FAMILLE.

DRYADÉES, Dryadeæ. *Vent.*

Les ovaires ne sont pas adhérents; ils sont en nombre ordinairement indéfini, à une seule loge et un seul ovaire.

Cette famille, composée en grande partie de végétaux herbacés, tels que les Fraisiers, les Dryades, les Aigremoines, les Sanguisorbes, les Pimprenelles, ne présente qu'un seul genre de plantes ligneuses, les Ronces et une espèce de Potentille.

Les Ronces offrent quelque intérêt sous le rapport entomologique.

G. RONCE, RUBUS. *Linn.*

Le calice n'a pas de bractées ; les styles sont continus.

Des nombreuses espèces de Ronces qui croissent en Europe, il n'y en a que deux sur lesquelles des observations entomologiques aient été faites : la Ronce commune et le Framboisier; mais il est très-probable que les Insectes qui y trouvent leur subsistance et particulièrement sur la première, la cherchent également sur quelques autres, telles que la Glanduleuse, la Bleuâtre, qui en different peu

RONCE FRAMBOISIER. *R. Idæus.* Linn.

Les pétales sont cunéiformes, plus courts que le calice.

Le Framboisier, descendu, selon Pline du mont Ida en Italie, et de la dans le reste de l'Europe, semble une Ronce perfectionnée par le climat de la Grèce ou par la culture. Cependant on le trouve indigène sur d'autres montagnes, telles que les Alpes, le Jura, avec la saveur et le parfum qui la placent parmi nos meilleurs fruits rouges.

Cet arbuste a donne lieu, il y a quelques années, à une observation qui est une nouvelle preuve de la longue durée de la puissance germinatrice de la graine des végétaux. Dans un tumulus celtique decouvert dans le Dorsetshire, on trouva dans un cercueil un squelette avec des pièces de monnaie à l'effigie d'Adrien. Au milieu du squelette, à la place qu'avait occupée l'estomac, se trouvaient des petits grains que l'on sema et qui produisirent des Framboisiers.

Nous ne connaissons que peu d'Insectes qui attaquent le Framboisier.

HYMENOPTÈRES.

Cryptus furcatus. Jur. — La fausse chenille de cette Tenthrédine dévore le feuillage.

LEPIDOPTERES.

Argynnis Daphne Fab. — V. Oranger.

Thecla rubi. Linn. — V. Marronier.

Aspidia cynosbana. Fab. — V. Rosier.
—— udmanniana. Dohr. — V. Rosier.

RONCE COMMUNE. *R. Fruticosus.* Linn.

Les pétales sont ovales, étalés, plus longs que le calice.

La Ronce qui représente si fidèlement la vie humaine avec ses épines, ses aspérités, ses broussailles, qui nous accrochent et nous meurtrissent à chaque pas de notre carrière, la ronce pénètre et s'insinue au loin, et ses racines tracent dans tous les sens. Elle résiste à tous les moyens employés pour l'extirper. Cependant de nombreux Insectes l'attaquent sans cesse ; ses fleurs, ses feuilles, ses tiges servent de nourriture et de berceau à des espèces très-diverses.

COLÉOPTÈRES.

Agrilus rubi. Linn. — V. Vigne.
Trichius gallicus. Fab. — V. Aubépine.
—— abdominalis. Fab. — Ibid.
Anthonomus rubi. Herbst. — V. Sorbier.
Metallites rubi. Gyll. — Ce Curculionite ronge les bourgeons.
Aphthona rubi. Fab. — V. Vigne.
—— rubivora. Chevr. — Ibid.
Cryptocephalus informis. Suffrian. — V. Cornouiller.
—— rubi. Menetries. — Ibid.

HYMÉNOPTÈRES.

Osmia tridentata. L. Duf. et Perris. — Cet Hyménoptère rubicole choisit pour berceau de ses petits les plus grosses tiges sèches de la Ronce ; il creuse dans la moelle un large canal, profond de 4 pouces à un pied ; il y établit des cellules séparées par des débris de moelle, et dans chacune de ces cellules dont le nombre s'élève jusqu'à huit, il dépose une masse mielleuse, sur laquelle il pond un œuf qui ne tarde pas à donner naissance à une larve. Après avoir consommé sa nourriture, la larve file un cocon, et s'y enferme pour passer à l'état de nymphe.

Osmia parvula. L. D. et P. — Ibid.

—— ruborum. Id. — Ibid.

—— acuticornis. Id. — Ibid.

Ceratina cærulea. Leach. — Cette Mellifère creuse également un tuyau long de quelques pouces à plus d'un pied; elle divise de même ce tuyau par des cloisons transversales qui limitent des cellules au nombre de 2 à 25; elle dépose dans chacune un tas de miel et un œuf. De cet œuf, il sort une larve qui consomme le miel et passe à l'état de nymphe sans former de cocon.

Ceratina albilabris. L. Duf. et P. -- Ibid.

Odynerus rubicola. L. Duf. — Cette Guêpiaire dépose ses œufs dans les tiges sèches. A cet effet, elle choisit celles qui sont horizontales ou inclinées vers la terre ; elle enlève la moelle à plusieurs pouces de profondeur, puis elle enduit les parois de terre gachée. Ensuite elle dépose un œuf dans le fond, ainsi qu'une douzaine de petites chenilles vivantes, vertes, roulées en cercle sur elles-mêmes et empilées les unes au-dessus des autres, destinées à la nourriture de la larve. Après cette opération laborieuse, elle ferme cette cellule d'une cloison formée de moelle pétrie, et en recommence une nouvelle et successivement jusqu'au nombre de huit à dix, déposant également un œuf et des chenilles dans chacune d'elles. L'extrémité de la dernière cellule, qui regarde l'orifice de la tige, est prolongée par une cloison formée de deux membranes terreuses séparées par une couche serrée de moelle. Lorsque les larves sont écloses, elles se nourrissent des petites chenilles, et en dix ou douze jours, elles ont terminé leur croissance. Ensuite elles tapissent leurs cellules de soie et tombent dans un engourdissement qui dure dix ou onze mois, après lesquels elles passent à l'état de nymphe qui représente la forme immobile de l'insecte parfait. Pendant vingt jours après leur transformation, les nymphes restent stationnaires ; pendant les dix jours suivants, elles approchent graduellement de l'état adulte ; puis elles changent de peau, restent encore immobiles pendant plusieurs semaines, et enfin au bout d'une année, les Odynères ailées sortent de leurs cellules, à commencer par celle qui occupait la dernière près de l'orifice, et dont l'œuf avait été déposé le dernier, chacune des autres devant détruire la cloison qui la séparait des suivantes et traverser l'espace qu'elles occupaient.

Odynerus industrius. Id. — Ibid.

——— hospes Id. — Ibid.

Solenius rubicola. L. Duf. Perr.—Ce Crabronite creuse, comme les précédents, les tiges sèches de la Ronce et y construit des cellules au nombre d'une à sept. Dans chacune d'elles il dépose un œuf et un certain nombre de Diptères de même espèce (1), qui servent de nourriture à la larve avant de passer à l'état de nymphe ; la larve s'enferme dans un cocon.

Solenius vagus, Lepell. — Ibid.

Trypoxylon figulus. Lat. — Ce Fouisseur se creuse également dans la moelle un conduit au fond duquel il dépose un œuf et trois ou quatre petites araignées, sans distinction de genre et d'espèce Puis, à un intervalle de six à huit lignes, il construit une cloison composée de terre et de débris de moelle ; il dépose un autre œuf et d'autres araignées, et ainsi de suite jusques près de l'orifice de la branche. Les larves qui proviennent de ces œufs, se filent une coque avant de se transformer.

Cynips rubi. Linn. — V. Rosier. Sur le Rubus cæsius.

Pamphilius inanis. Klug. — V. Poirier.

Tenthredo rubi. Jur. — V. Groseiller.

LÉPIDOPTÈRES.

Thecla rubi. L. — V. Marronier.

Attacus pyri, Linn. — V. Oranger.

Bombyx rubi. Linn. — La chenille est garnie de deux sortes de poils : les uns, en plus grand nombre, ras et très-denses ; les autres,

---

(1) Ces Diptères observés par MM. L. Duf. et Perris étaient tous des *Lauxania œnea.*

longs, isolés ou fasciculés. Elle se transforme dans une coque lâche et fusiforme.

Dasychira fascelina. Linn. — V. Noyer.

Thyatira Batis. Linn — La chenille de cette Noctuélite a les cinq segments du milieu relevés en bosse ; elle ne s'appuie que sur les pattes intermédiaires dans le repos ; elle se transforme entre deux ou trois feuilles réunies par quelques fils.

Thyatira derasa. Linn.— La chenille diffère de la précédente en ce qu'elle n'offre pas d'éminence Elle se transforme dans une coque légère, environnée de mousse.

Acronycta auricoma. Linn. — V. Tilleul. Sur le Rubus cæsius.

Phlogophora lucipara. Linn.— La chenille de cette Noctuélite est glabre, à tête aplatie. Elle s'enferme dans un cocon de terre peu solide, et s'enterre assez profondément.

Tortrix arcuana. Zell. — V. Lierre.

Aspidia Udmanniana. Dohr. — V. Rosier.

——— cynosbana. Fab. — Ibid.

Argyresthia argentella. Linn. — V. Cornouiller.

FAMILLE.

POMACÉES, Pomaceæ. *Loisel.*

Le tube calicinal est adhérent aux ovaires ; l'embryon est rectiligne.

Cette famille couronne dignement la classe des Calophytes, e comprenant nos arbres fruitiers les plus utiles en même temps que la plupart de nos arbres forestiers les plus agréables par leurs fleurs. Elle forme une sorte de série qui présente progressivement les genres Néflier, Amélanchier, Sorbier, Cormier, Alisier, Poirier, Pommier, qui contiennent tant d'espèces charmantes, telles que l'Aubépine, le Buisson ardent, le Néflier cotonneux, le Coignassier du Japon, etc. Dans les Poiriers et les Pommiers, l'art seconde admirablement la nature pour nous donner les fruits les plus savoureux.

Ces végétaux sont attaqués par un grand nombre d'insectes qui nous causent de grands dommages et que nous avons intérêt à combattre.

G. NÉFLIER, Mespilus. *Linn.*

Le limbe du calice est à cinq divisions profondes ; la corolle est de cinq pétales ; les étamines sont au nombre de vingt au plus ; l'ovaire est adhérent.

Ce genre, nombreux en espèces, tant de l'Europe que de l'Asie et de l'Amérique septentrionale, telles que les Aubépines, les Azéroliers, les Néfliers proprement dits, est très-varié dans toutes les parties de sa végétation. Ainsi, les fleurs sont tantôt solitaires, tantôt diversement disposées en corymbes ; ses fruits sont rouges, ou jaunes, ou bruns, ou noirs ; ses épines sont très-différentes de position ou de longueur ; son feuillage surtout est multiforme et il affecte souvent de la ressemblance avec celui des autres végétaux ; c'est ainsi que nous connaissons les Néfliers à feuilles de Prunier, de Poirier, d'Érable, de Tanaisie, d'autres les ont linéaires, cunéiformes, larges, flabelliformes, spatulées. Toutes ces espèces sont très-agréables par leurs fleurs et leurs fruits.

Un grand nombre d'insectes, observés sur l'Aubépine, sont sans doute communs aux autres Néfliers.

Néflier commun. *M. Germanica.* Linn.

Les lanières calicinales sont lancéolées, plus longues que la corolle ; les styles laineux à la base.

Le Néflier proprement dit, assez commun dans les bois arides, où les oiseaux seuls sont friants de ses baies, est devenu par la culture un arbre fruitier, admis dans nos jardins, dont le fruit s'est perfectionné, non-seulement par sa grosseur, mais encore par sa précocité et même par l'absence de noyau. Il est avec l'Azérolier le seul Néflier dont les produits figurent sur nos tables et y jouissent de quelque faveur.

Nous ne connaissons qu'un seul insecte qui vive sur le Néflier.

COLÉOPTÈRES

Orsodacna mespili, Lacord — Sa larve est inconnue.

NÉFLIER AUBÉPINE. *M. Oxyacantha.* Gœrtn. (1).

Le calice est velu, à dents triangulaires; les styles sont au nombre de deux.

L'Aubépine nous rappelle le printemps avec tout son charme, son soleil, ses fleurs, ses parfums, les doux chants des oiseaux, les frais ombrages.

Dans tous les temps, comme dans toute l'Europe, ce gracieux arbrisseau jouit de la même faveur. Les Grecs et les Romains en portaient des rameaux fleuris dans leurs fêtes nuptiales. Chez ces derniers, selon Pline, les flambeaux de l'hymen étaient d'Aubépine, en mémoire de ceux qui avaient éclairé l'enlèvement des Sabines.

En France, l'Aubépine a toujours présenté aux populations quelque chose de sacré; partout elle est respectée, protégée contre la cognée, et c'est ainsi que nous la voyons quelquefois centenaire, vénérable par son tronc rugueux, cicatrisé, par ses branches robustes, étendues; et même souvent elle est consacrée par quelque image sainte, à demi cachée dans son feuillage, et devant laquelle s'incline la piété.

Les insectes qui vivent sur l'Aubépine sont nombreux.

COLÉOPTÈRES.

Capnodis tenebrionis. Fab. — La larve de ce Sternoxe se développe sous l'écorce.

Agrilus undatus. Fab. — V. Vigne.

Ochina sanguinicollis. Megerle. — V. Lierre.

Opilo mollis. Fab.— La larve de ce Teredile vit sous l'écorce.

Nothus clavipes. Megerle. — La larve est inconnue.

---

(1) Épine blanche.

Attagenus 20 guttatus. Fab. — Ce Clavicorne vit sur les fleurs; sa larve est inconnue.

Ptinus palliatus. Perris. — La larve de ce Clavicorne vit sous l'écorce.

Trichius fasciatus. Lat. — Ce Lamellicorne vit sur la fleur.

Mordella oxyacanthæ. Linn — V. Chêne.

Anaspis bicolor. Linn. — Cet Hétéromère vit sur le feuillage.

Asclera sanguinicollis. Fab. Smidt. — Cet Hétéromère vit sur la fleur.

Asclera cærulea. Fab. — Même observation.

Salpingus 4 guttatus. Linn. — La larve vit dans le bois mort.

Phyllobius Pyri, Sch. — V. Poirier.

Magdalis violacea. Lat. — La larve ds ce Curculionite vit à couvert sous l'écorce.

Bradybatus Creutzeri. Chevr. — La larve de ce Curculionite n'est pas connue.

Rhagium mordax. Fab. — La larve de ce Longicorne vit dans le bois.

Callidium unifasciatum. Fab. — La larve de ce Longicorne se développe sous l'écorce.

Callidium dilatatum. Payk. — Ibid.

——— alni, Fab — Ibid.

——— rufipes. Fab. — Ibid.

——— humeralis. Fab. — Ibid.

——— thoracicum. Fab. — Ibid.

——— abdominale. Fab. — Ibid.

Leptura rufipes. Linn. — V. Hêtre.

Grammoptera præusta. Fab. — V. Lierre.

Cryptocephalus violaceus. Fab., Rosenhauer. — V. Cornouiller

——— cratægi. Linn. — Ibid.

Choragus Sheppardi. Kirby. — La larve de ce Curculionite vit dans les branches mortes de l'Aubépine. Elle habite isolément une galerie simple, droite, creusée dans le liber. Aux approches de sa transformation en nymphe, son instinct la porte à ronger sa cellule de manière à faire aboutir celle-ci à l'écorce où l'insecte parfait pratique un trou rond pour prendre son essor.

HÉMIPTÈRES.

Coccus oxyacanthæ. Nob. — J'ai observé cette Cochenille sur les Aubépines formant les haies de l'esplanade de Lille ; elle est orbiculaire.

Kermes cratægi. Linn. — V. Vigne.

LÉPIDOPTÈRES.

Leuconea cratægi. Linn. — Ce papillon, le seul de la tribu des Piérides qui vivent sur les arbres, a sa chenille velue sur le dos, la chrysalide est anguleuse et attachée à l'extréminé.

Thecla spini. Fab. — V. Marronnier

Trichiura cratægi. Linn. — V. Alisier.

Attacus spini. Bork. (Pavonia media.) — V. Oranger

Orgya antiqua. Linn. — V. Rosier.

Acronycta alni, Linn. — V. Tilleul.

Diloba cæruleicephala. Linn. — La chenille est courte, paresseuse, garnie de points tuberculeux, surmontés chacun d'un poil court ; elle vit solitaire et se renferme dans une coque d'un tissu membraneux.

Miselia oxyacanthæ. Linn. — La chenille de cette Noctuélite est rase, aplatie en dessous. Dans le repos, elle se tient étroitement attachée aux branches : la chrysalide est renfermée dans une coque de soie.

Asopia flammealis W. W — Cette Pyralide est caractérisee par ses palpes courts, larges, dont le dernier article est en doloire. La chenille n'est pas connue.

Rumia cratægaria. Linn. — Sa chenille est la seule entre celles des Phanélides qui n'ait que quatorze pattes. Elle se métamorphose dans un leger tissu entre des feuilles.

Geometra vetulata. Zell. — V. Berberis.

——— pupillaria, Id. — Ibid

Geometra moniliaria. Id. — Ibid
Fidonia rupicapraria. Id. — V. Marronier
—— - Bajaria. Id. — Ibid.
Tortrix oxyacanthana. H. — V. Lierre.
—— sauciana. Zell. — Ibid.
—— variegana. Id. — Ibid.
—— ochroleucana. Id — Ibid
—— cynosbana Id. — Ibid
—— amænana. Id — Ibid
—— ameriana. Id.— Ibid
—— lævigana. Id. — Ibid
—— grotiana. Id. — Ibid.
—— hybridana. Id. — Ibid.
—— incisana. Id. — Ibid.
—— argyrana. Id. — Ibid.
—— gundiana. Id. — Ibid
—— achatana Id. — Ibid.
—— curvana. Id. — Ibid.
—— abild gaardana. Id.
Tinea cratægella. Linn. — V. Clematite.
—— oxyacanthella. Parr. — Ibid
Teras nebulosa. Dohr. — V. Vigne.
Cochylis pulvillana. Dohr. — V. Vigne
Eudorea dubitalis. Zell. — Dans cette Crambide, les quatre palpes sont visibles ; la chenille n'est pas connue.
Argyresthia nitidella. Zell. — V. Cornouiller.
—— —— fagatella Id — Ibid.
Yponomeuta padella. Linn — V. Fusain
—— cognatella. Tr. — Ibid. Les chenilles dévorent quelquefois les feuilles de haies tout entières.
Coleophora tiliella. Schr. — V. Tilleul.
Gracillaria simploniella. Bois D. — V. Erable.
Lyonetia (Camiostoma. Zell) Scitella. M. Zell. V Tilleul.
Lithocolletis rajella. Linn. — V. Erable.

DIPTÈRES.

Criorhina oxyacanthæ. Meig. — V. Berberis.

Tephritis (Trypeta) antiqua, Meig. Loew. — V. Berberis. M. Vonheyden l'a retirée des baies.

G. SORBIER, Sorbus. *Linn.*

Le calice est semi-adhérent, à cinq divisions. La corolle est de cinq pétales, concaves, réfléchis.

Ce genre n'est composé que d'un petit nombre d'espèces appartenant à l'Europe, à l'Asie et à l'Amérique. Le Sorbier des oiseleurs est le seul qui soit indigène en France.

Sorbier des oiseleurs. *S. Aucuparia. Linn*

Le calice a des dents triangulaires obtuses.

Ce Sorbier est l'un des arbres les plus agréables des bois montagneux, ainsi que de nos jardins, par ses fleurs et ses baies. Il nous procure aussi le plaisir de la chasse aux grives que leur avidité pour ces baies fait prendre facilement aux lacs.

Il y a loin de cette distinction subalterne au rôle important que jouait le Sorbier dans le culte druidique où, réputé sacré, il était employé dans les rites redoutables de cette mystérieuse religion.

Aujourd'hui, dans une partie de la Suisse, il sert au culte de l'amitié; ses baies sont suspendues au-dessus des tombes chéries comme gage de souvenir

Les insectes dont les noms suivent ont été observés sur ce Sorbier.

COLÉOPTÈRES.

Asclera sanguinicollis Fab. — V. Aubépine.

—— cœrulea. Linn — Ibid.

Mycterus curculionides Zell. — La larve vit sous l'écorce.

Apion sorbi. Herbst. — V. Tamarisc.

(1 Corrétier, Cochêne

Anthonomus sorbi. Germ. — Ce Charençonite, ainsi que l'indique son nom, se repait de la fleur.

Scolytus (Eccoptogaster) pruni. R. — V. L'introduction

HYMENOPTERES

Cimbex (Trichosoma) sorbi. Mac. Leay. — La fausse chenille de cette grande Tenthrédine a vingt-deux pattes; elle contourne beaucoup l'extrémité du corps quand elle est occupée à manger; quand on l'inquiète, il arrive souvent qu'elle lance, par des ouvertures particulières des côtés du corps, une liqueur verdâtre, à plus d'un pied de distance; elle se renferme dans une coque de soie pour se transformer et reste deux ans et demi avant de passer à l'état parfait

HEMIPTÈRES.

Kermes sorbi. Linn.

LEPIDOPTÈRES.

Zeuzera Æsculi. Linn. — V. Marronier.

Diphthera ludifica. Richter. — La chenille de cette Noctuelite est demi-velue, et se transforme dans une coque.

Tortrix sorbiana. H. — V. Lierre.

Yponomeuta cognatella. Tr. — V. Fusain.

——— evonymella. Linn. — Ibid;

Micropteryx mansuetella. Zell. — V. Cornouiller.

Argyresthia sorbiella. Tr. Zell. — V. Cornouiller.

——— conjugella. Zell. — V. Ibid.

——— tetrapodella. Linn., Zell. — V. Ibid.

Ornix meleagripennella. Hubn. Zell. — La chenille de cette Tinéide n'a que quatorze pattes; elle se tient toujours à l'extrémité inférieure des feuilles dont elle se nourrit; elle contourne cette extrémité en cornet dont elle ronge les parois; elle y passe oute sa vie et s'y transforme.

G. ALISIER, Cratœgus. *Linn.*

Le calice est urceole; les cinq petales sont cuculliformes.

Ces arbres de moyenne grandeur, non moins agréables que les précedents par leurs fleurs et leurs baies, se distinguent généralement par leur feuillage blanchâtre, qui leur donne un aspect pittoresque. Ils présentent plusieurs espèces, presque toutes d'Europe, tels que l'Allouchier, l'Alisier commun, celui de Fontainebleau, du Nord, de l'Orient, etc.

C'est à l'Alisier commun que nous attribuons les insectes observés sur les arbres de ce genre.

ALISIER COMMUN. *C. Torminalis.* Linn.

Le tube calicinal est cotonneux, à dents triangulaires.

Nous rapportons à cette espèce la plus commune du genre et qui est répandue sur la plus grande partie de la France et même de l'Europe, les insectes qui ont été observés sur les Alisiers sans distinction spécifique. Nous avons lieu de croire que la plupart de ces insectes vivent également sur ces arbres, distincts, mais peu différents les uns des autres. Il y en a même, tels que le Lepidoptère *Rumia cratœgaria*, Linn, qui sont communs à l'Alisier et à l'Aubépine.

COLEOPTÈRES.

Anthonomus incurvus. Panz. — V. Sorbier.

Otiorhynchus cratœgi. Sch. — La larve de ce Curculionite se développe sous l'écorce.

HÉMIPTÈRES.

Coccus cratœgi. Fab.— V. Tamarisc.

LÉPIDOPTERES

Leuconea cratœgi. Linn. — V. Aubépine.

Trichiura cratœgi. Linn. — Les chenilles de ces Bombycides vivent en société dans leur jeune âge et se séparent ensuite. Elles forment des coques très-dures avant de se transformer.

Rumia cratœgaria. Linn. — V. Aubépine

Tortrix cratœgana. H. — V. Lierre.

—— dumetana Tr. — Ibid.

Eudorea mercurella L. Zell. — V. Aubépine.
Tinea cratægella. L. — V. Clématite.
Lyonetia cratægi foliella. Fab — V. Tilleul.

G. POIRIER, Pyrus. *Linn* (1).

Le calice est urcéolé ; les cinq pétales sont étalés, concaves.

Ce genre comprend, outre l'espèce à laquelle nous devons toutes les variétés cultivées, plusieurs autres, la plupart exotiques; tels sont le Poirier du Sinaï, de Chine, de Michaux, à feuilles de Saule. d'Amandier, de Sauge, de Pommier.

La poire, qui est le meilleur des fruits à pépins, comme la pêche l'est des fruits à noyau, jouit d'une célébrité plus grande encore : signalée par Homère dans la description des jardins d'Alcinoüs (2), par Théophraste, Caton, Virgile et Pline, toute l'antiquité en a proclamé l'excellence. A Rome, comme en France aujourd'hui, les nombreuses variétés obtenues par la culture portaient le nom de leurs inventeurs ou celui des personnages auxquels l'adulation les dédiait. C'est ainsi que l'on savourait les poires de Decimus, de Dolabella, de Severus, d'Anitius, de Tibère, de Brutus ; quelquefois elles prenaient le nom de leur patrie, telles que les poires de Syrie, d'Alexandrie, de Barbarie, de Grèce, de Tarente, de Salerne. En un mot, les Romains faisaient ce que nous faisons en appelant nos poires Messire Jean, Martin Sec, Chaptal, Bezi de Chaumontil, St.-Germain, Colmar, etc. Il est présumable que plusieurs de nos varietés proviennent de l'ancienne Rome, comme nous possédons encore les Olives d'origine romaine que nous distinguons des Phoccennes. Au sixième siècle, nous retrouvons la poire dans l'histoire de Sainte-Radegonde, reine de France qui, belle d'âme et de corps, suivant l'expression de Saint-Hildebert, s'était vouée à la vie monastique, et, par esprit de penitence, ne buvait que de l'eau et du poiré. Au treizième,

(1) En grec, Απιος.
(2) Sous le nom d Ochne

St.-Louis mangeait la poire de Chaillau (Caillaux en Bourgogne), alors en réputation.

Le poirier jouit d'une longévite qui peut s'etendre a plusieurs siècles, et qui lui donne quelquefois des dimensions colossales Nous citerons celui d'Erford, en Angleterre, dont parle Evelin, qui avait 18 pieds de circonférence, et qui produisait annuellement sept muids de poiré.

Un assez grand nombre d'insectes attaquent les Poiriers, nous privent d'une partie de leurs fruits, et excitent notre surveillance pour en arrêter les ravages.

COLÉOPTERES.

Capnodis tenebricosa. Fab. — V. Aubépine.

Agrilus viridis. Fab. — V. Vigne.

Hololepta depressa. Fab. — Ce Clavicorne se développe sous l'éçorce.

Osmoderma eremita. Fab. — V. Saule.

Mecinus pyrastri. Herbst. — La larve de ce Curculionite se developpe sous l'écorce.

Anthonomus pyri. Chevr. — V. Sorbier.

Phyllobius calcaratus. Fab. — Ce Curculionite ronge les bourgeons et devient quelquefois nuisible.

Phyllobius pyri. Linn. — Ibid.

Bitoma crenata. Fab. — Ce Xilophage se developpe sous l'écorce.

Scolytus (Eccoptogaster) pyri., Ratzeb. — V. Sorbier.

——— Pyri. Ratz. — Ibid.

Platypus cylindrus. Fab. — Ce Xylophage se développe sous l'écorce.

Sylvanus unidentatus. Fab. — Même observ.

Leiopus nebulosus. Fab. — Ce Longicorne se développe sous l'écorce.

Saperda scalaris. Fab. — Même observ.

HYMENOPTÈRES.

Pamphilius pyri. Fab. — La fausse chenille de ces Tenthredines diffère de celle des autres genres, parce qu'elle n'a pas de pattes membraneuses, et que sa partie postérieure est terminée par deux espèces de cornes pointues. Les trois premiers segments du corps portent chacun deux parties coniques et écailleuses analogues aux parties écailleuses des chenilles, mais qui sont presqu'inutiles dans le mouvement, de manière que ces fausses chenilles peuvent être considérées comme dénuées de pattes. Elles ont une filière à l'extrémité de la lèvre inférieure, et s'en servent à réunir en paquet les feuilles dont elles se nourrissent. Chacune d'elles se file en outre un tuyau de soie proportionné à la grosseur du corps, et tous ces tuyaux sont renfermés dans ce paquet de feuilles. Comme ces larves ne peuvent pas marcher, elles ne parviennent à avancer que par les contractions du corps, elles exécutent ce mouvement en s'appuyant aux parois de leur tuyau. Quand elles veulent aller plus loin, elles sont obligées de filer pour allonger le tuyau, afin de n'en pas sortir et de trouver toujours un point d'appui, et elles ne peuvent glisser en avant ou en arrière qu'en se plaçant sur le dos.

HÉMIPTÈRES

Tingis pyri. Fab. — Ces Cimicides vivent du suc des feuilles. Elles sont quelquefois si nombreuses que tout le parenchyme de ces feuilles est detruit; elles sont connues des jardiniers sous le nom de Tigre.

Capsus pyri. Linn. — V. Erable

Phytocoris magnicornis. Fab. — Cette Cimicide vit également sur les feuilles.

Aphis pyri. Fons Col. — V. Cornouiller.

Kermes pyri. Linn. — V. Vigne.

LEPIDOPTERES.

Vanessa polychloros. Linn. — V. Cerisier.

Papilio podalirius. (V. Festhamelii). Linn — La chenille est lisse, atténuée aux deux extrémités. La chrysalide est attachée d'abord par la queue, et ensuite par un lien transversal au milieu du corps, qui la retient presque parallèlement au plan de position.

Arctia lubricipeda. Fab. — La chenille de cette Chelonite est velue. Elle se transforme dans un cocon spacieux d'un tissu lâche.

Liparis chrysorrhæa. Linn. – V. Myrte.

—— anriflua. id. – Ibid.

Dasychira pudibunda. Linn. —V. Noyer.

Lasiocampa quercifolia. Linn. –La chenille de cette Bombycide se distingue : 1.° par deux entailles qui s'ouvrent et se ferment à la volonté de l'animal; elles sont placées sur les deuxième et troisième segments et garnies entièrement de longs poils ; 2.° par des appendices charnus, bordés de longs poils et placés de chaque côté du corps au-dessus des pattes; 3.° par une caroncule dirigée en arrière, située sur le pénultième segment. Elle se transforme dans une coque ovale, saupoudrée de blanc à l'intérieur.

Bombyx quercûs Linn. — V. Murier.

Pæcilocampa populi. Fab. — V. Peuplier.

Eriogaster everia. Fab. — V. Tilleul.

Clisiocampa neustria. Fab. — V. Pommier.

Attacus pyri. Linn., Bork. — V. Oranger La chenille, quand on l'inquiète, fait entendre un petit bruit, et retire sa tête sous les deux premiers segments comme sous un capuchon.

Zeuzera æsculi. Linn. V. Marronier.

Lophopteryx camelina. Linn. — La chenille de cette Bombycide porte un tubercule bifide sur le pénultième segment; elle entre dans la terre avant de se transformer.

Diloba cæruleocephala. Linn. — V. Prunier.

Mecoptera satellita. Linn. — La chenille de cette Noctuélite est rase ; elle s'enterre peu profondément pour se transformer.

Orthosia munda. Fab. — V. Cerisier.

Cyrrædia ambusta. W. W. — La chenille de cette Noctuélite

vit entre des feuilles qu'elle assujettit par des fils. Sa chrysalide est saupoudrée d'une efflorescence et renfermée dans un cocon léger, filé entre des feuilles.

Himera pennaria. Fab. — V. Rosier.

Ennomos lunaria. Linn. — Tilleul.

——— alniaria. Fab. — Ibid.

Acidalia brumata. Linn. — V. Groseiller

Melanthia fluctuaria. B. — La chenille de cette Phalénide est effilée, à tête aplatie. Elle se renferme dans un léger tissu entre des feuilles.

Eupithecia rectangularia. B. — V. Tamarisc.

Crocallis elinguaria. Linn. — V. Ajonc.

Argyrotosa holmiana. Linn. — La chenille de cette Platyomide nuit aux Poiriers en rongeant les feuilles à mesure qu'elles se développent.

Carpocapsa pomonana. W. W. — Cette Platyomide, très-nuisible aux arbres fruitiers, dépose un œuf dans l'ombilic du fruit à peine noué ; la petite chenille pénètre jusqu'au cœur, en mange les pépins et puis les parties environnantes. Lorsqu'elle est parvenue à sa grandeur, elle perce un trou à travers la pulpe pour sortir ; elle se retire sous les ecorces ou dans la terre, et se fabrique une coque d'un tissu serré, mêlé de parcelles de bois ou de feuilles sèches.

Glyphipteryx bergstræssella. Fab. — Les premiers états de cette Tinéide n'ont pas été décrits.

Lithocolletis pomonella. Zell. — V. Erable.

Yponomeuta cognatella. H. — V. Fusain.

——— evonymella. Tr. — Ibid.

Elachista serratella. Linn. — V. Cerisier. La chenille vit dans une feuille tournée en cornet.

Tinea angustella. Costa. — V. Clématite.

Œcophora cinctella. Fab. — V. Olivier.

Cheimonophila gelatella. Linn. — La chenille de cette Tinéide est aplatie, à plaque écailleuse sur le premier segment. La troisième paire de pattes écailleuses est allongee en forme de palette; la chenille les écarte fort en marchant, et lorsqu'on l'inquiète elle les remue vivement et produit avec elles un bruit qui imite en petit le roulement du tambour, elle se transforme entre les feuilles dans un double tissu de soie.

DIPTÈRES.

Cecidomyia pyri. Bouché. (V. Tilleul.) — Elle est quelquefois très-nuisible aux Poiriers en recoquillant l'extrémité des jeunes tiges et en occasionnant la courbure des troncs.

G. COIGNASSIER. Cydonia. *Tourn.*

Le calice est adhérent, resserré à la gorge; les cinq pétales sont étalés, concaves, brièvement onguiculés; les étamines, au nombre de vingt.

La connaissance du Coignassier commun remonte à Homère. Originaire de la ville de Cydonia dans l'île de Crète, il se répandit en Grèce, en Italie et jusqu'aux bords du Danube, où il se naturalisa dans les forêts. La beauté et l'odeur de ses fruits lui firent attribuer des propriétés précieuses. Les lois de Solon, d'après le rapport de Plutarque, ordonnaient aux nouvelles mariées de manger de ce fruit. Pline dit qu'à Rome, on plaçait des Coings sur la tête des statues des dieux qui présidaient au lit nuptial. Virgile le considérait comme le symbole de l'amitié : Alexis reçoit de Corydon à ce titre le *Malum canum tenera lanugine*. Enfin plusieurs auteurs considèrent ce fruit comme la pomme du jardin des Hespérides.

Le Coignassier est attaqué par la plupart des Insectes qui ont eté observés sur les Poiriers. Nous en connaissons quatre espèces qui paraissent lui être propres.

COLÉOPTÈRES.

Cistela rufipes. Fab. — V. Tilleul.

LÉPIDOPTÈRES.

Eupithecia cydoniaria. B. — Tamarisc.

Yponomeuta cognatella. T. — Fusain.
Lithocolletis cydoniella. Linn. — V. Érable.

G. POMMIER. Malus. *Tourn.*

Le tube calicinal est adhérent, resserré à la gorge ; les pétales sont au nombre de cinq, étalés, onguiculés, concaves; étamines environ vingt ; les filets subulés.

De tous les arbres fruitiers, le Pommier est le plus répandu en Europe, le plus utile, le plus diversement employé comme aliment ou comme boisson; il est en même temps l'un des plus beaux par ses fleurs, par ses fruits, par son port pittoresque ; il nous charme également bordant les chemins et les champs de la Normandie et de la Picardie, ombrageant les vergers de la Flandre, formant partout la principale parure des jardins et de la campagne, au printemps par sa floraison luxuriante, en automne par le brillant coloris de son abondante production.

Parmi les espèces peu nombreuses de ce genre, nous mentionnerons, outre le Pommier commun si cultivé dans ses innombrables variétés, les Pommiers de Chine, à bouquets, à cerises, à baies, des fontaines, dioïque, hétérophylle qui, soit de l'Asie, soit de l'Amérique ont été importés dans nos jardins comme arbres d'agrément.

Pommier commun. *M. communis.* De Cand.

Les pétioles, les pédoncules et les calices sont cotonneux.

Peu de fruits ont une réputation aussi grande et aussi ancienne que la Pomme. Les Hébreux possédaient ce fruit et en faisaient une boisson sous le nom de *sichar*, que saint Jérôme a traduit par *sicera* dont nous avons fait cidre. La Pomme figure dans la mythologie grecque. En Grèce comme en Perse, elle faisait partie obligée d'un repas nuptial, Solon rendit une loi pour en restreindre l'usage. Les Grecs et les Romains connaissaient le cidre sous le nom de vin de pommes. Caton, Virgile et Pline mentionnent les principales variétés romaines ; Mahomet place une pomme à la droite du Tout Puissant. En France dès le 13e siècle, on connaissait le Calville blanc sous le nom de Blandureau d'Auvergne, et au 16e, le Court-Pendu que les femmes enfermaient dans leurs armoires pour les parfumer ; le cidre était en usage à Caen. De nos jours le catalogue des fruits du jardin d'horticulture de Londres (1) ne compte pas moins de 1,200 variétés du Pommier commun.

Les Pommiers sont en proie à un grand nombre d'insectes nuisibles contre lesquels nous devons sans cesse les défendre.

COLÉOPTÈRES.

Ampedus pomorum. Geoff. — Ce Sternoxe se développe sous l'écorce.

Hélops picipes. Fab. — Cet Hétéromère vit également sous l'écorce.

Rhynchites Bacchus. Fab. — V. Vigne. Il cause quelquefois de grands dégats aux Pommiers de la Normandie.

Apion pomonæ. Fab. — V. Tamarisc.

—— leptocephalum. Germ. — Ibid.

Polydrusus cervinus. Linn. — V. Bouleau.

—— micans. Fab. — Ibid.

—— amœnus. Duf. — Ibid.

Phillobius oblongus. Linn. — V. Poirier.

—— vespertinus. Fab. — Ibid.

—— uniformis. Marsh — Ibid.

—— pomonæ. Sch. — Ibid.

—— pyri. Sch. — Ibid.

Anthonomus pedicularius Fab. — V. Sorbier

—— pomorum. Fab. — Ibid.

—— pomonæ. Linn. — Ibid.

Scolytus (Eccoptogaster) rugulosus. Knoch. — V. l'introduction. Comme les Pommiers sont surtout destinés

(1) Celui publié en 1826 par M Sabine.

à nous donner leurs fruits, nous ne devons pas, dans les moyens de les délivrer des Scolytes, nous préoccuper de conserver leur bois, comme celui des Ormes; nous pouvons donc pousser les incisions longitudinales jusqu'au bois, provoquer toujours de ces bourrelets qui suffisent à la circulation de la sève, et ramènent la vigueur chez les arbres qui en sont garnis, en s'opposant en même temps à l'attaque des Insectes.

Scolytus pomorum. Chev. — Ibid.

Cerambyx cerdo. Linn. — La larve de ce Longicorne vit dans l'aubier et même dans le bois.

Pogonocherus pilosus. Fab. — V. Gui.

Anætia præusta. Fab. — La larve de ce Longicorne vit sous l'écorce.

HEMIPTERES.

Scutellera nigro-lineata. Fab. — Cette Cemicide vit sur les fleurs.

Tingis pyri. Fab. — V. Poirier.

Capsus ambiguus. Fal. — V. Érable.

——— magnicornis. Fab. — Ibid.

Aphis (Myzoxylus) lanigera. Fab. — V. Cornouiller. Ce Puceron a penétré en France vers 1812, et ses ravages en Normandie sont devenus un fléau. Depuis 1835, il a paru en Flandre et en Artois. J'ai dû le combattre dans mon jardin de Lestrem et je suis à peine parvenu jusqu'ici à arrêter son invasion et à la rendre stationnaire. Deux vergers faisant partie de ce jardin, sont plantés d'un grand nombre de Pommiers, ainsi que mon potager. Quelques-uns de ces arbres dans l'un des vergers, et dans le potager sont attaqués de ces Pucerons qui envahissent les crevasses cancéreuses des troncs, et les branches gourmandes des jeunes pieds. J'emploie contre eux l'eau de chaux dont je couvre toutes les parties infestées, et si je ne parviens pas à les detruire complètement, j'oppose au moins un obstacle au progrès du mal; les Pommiers voisins restent intacts ainsi que ceux du second verger.

LEPIDOPTÈRES.

Macroglossa bombyliformis Linn. — La chenille de cette Sphingide porte une corne sur le onzième segment. Elle se métamorphose sur la terre, sous quelqu'abri, dans une coque informe, composée de debris de feuilles seches, retenus par des fils.

Smerinthus ocellatus. Linn. — V. Tilleul.

Sesia mutillæformis Lasp. — V. Groseiller. La chenille de cette espèce habite les vieux troncs. On la trouve à l'entour et sur les bords des caries sèches, des endroits où l'ecorce est en partie détachee. Elle se tient sous l'écorce dans la partie qui sépare la partie verte de la partie sèche. Elle vit ainsi sur les limites de l'ecorce et du bois vif trouvant là des sucs modifies par le contact du bois mort.

Zeuzera æsculi. Linn. — V. Marronier.

Liparis monacha. Linn. — V. Introduction.

Lasiocampa quercifolia. Linn. — V. Poirier.

Attacus pyri. Bork. — V. Oranger.

Clisiocampa neustria. Linn. — Cette Bombycide depose ses œufs en anneaux autour des jeunes tiges. Les chenilles sont veloutées, rayées longitudinalement; elles se transforment dans des coques d'un tissu lâche, ovales et saupoudrées de jaune interieurement; elles sont souvent très-nuisibles.

Diloba cæruleicephala. Linn. — V. Aubépine.

Miselia oxyacanthæ. Her. — V. Aubépine.

Dasycampa rubiginea. Linn. — La chenille de cette Noctuélite est, par exception, demi-velue comme celle des Bombycoïdes. Elle se transforme à la surface de la terre dans un cocon composé de terre et de soie.

Acronycta strigosa. Fab. — V. Tilleul.

Lophopteryx camelina. Linn — V. Poirier.

Amphidasis pomonaria. W. V. — La chenille de cette Phalénide est très-allongée, garnie de petites verrues. Avant de se transformer, elle s'enterre au pied des arbres sans former de coque.

Acidalia brumata. Fab. — V. Groseiller.

Acidalia defoliaria. Tr. — Ibid.

Eupithecia rectangularia. B. — V. Tamarisc.

Nyssia pomonaria. Esp. — La chenille de cette Phalenide a la tête hémisphérique. Elle s'enterre sans former de coque pour se transformer.

Carpocapsa pomonana. W. W. — V. Poirier.

Yponomeuta padella. Lin. — V. Fusain. Cette espèce est très-nuisible, mais il est facile de la combattre au moins sur les Pommiers à basse tige. Les chenilles vivent en sociétés nombreuses, sous une toile commune, et s'y changent en chrysalides, chacune dans une coque separée, et elles se rangent toutes en paquet les unes à côté des autres. Cependant je trouve toujours, en enlevant ces tas de chrysalides, une chenille restée seule sous cette forme dans le paquet. C'est sans doute la plus jeune de la famille. Ce n'est probablement qu'une anomalie apparente, mais sa continuité m'étonne.

Yponomeuta malinella. Fab. — Ibid.

———— cognatella. Zell. — Ibid.

———— evonymella. Linn. — Ibid.

Coleophora hemerobiella. Scop. — Tilleul.

Ornix guttifera. Zell. — V. Sorbier.

Lyonetia clerckella. Linn. — V. Tilleul.

——— scitella. M. Zell. — Ibid.

Lithocolletis pomifoliella. Tisch. — V. Erable.

———— pomonella. Zell. — Ibid.

Elachista roesella. Linn. — V. Cerisier.

DIPTERE.

Cecidomyia nigricollis. Zeller. — V. Tilleul. Zeller l'a trouvée sur le tronc.

FAMILLE.

AMYGDALÉES, Amygdaleæ. *Linn.*

L'ovaire est solitaire, inadherent, à deux ovules; le style terminal.

Cette petite famille qui ne comprend que des végétaux ligneux, propres aux contrées tempérées de l'hémisphère septentrional, nous est agréable par ses fleurs, précieuse par ses fruits. Nous lui devons tous nos fruits à noyau. Dès les premiers jours du printemps, les Mérisiers fleurissent dans nos bois; les Cerisiers, les Pruniers couvrent d'un manteau de fleurs nos vergers, nos jardins; ils inaugurent splendidement la saison nouvelle, la belle saison. A peine l'été a-t-il fait sentir ses premières chaleurs que commence cette série délicieuse de fruits. La Cerise, l'Abricot, la Pêche, la Prune, qui se succèdent pour désalterer notre palais, rafraîchir notre sang, charmer notre vue, notre goût, notre odorat par toutes leurs seductions, auxquelles nous devons souvent le retour à la santé.

Cependant cette pulpe si douce recouvre une amande dont la saveur amère se retrouve dans les feuilles et révèle la présence de l'acide hydro-cyanique, l'un des poisons les plus violents.

Les Insectes des Amygdalées indigènes sont nombreux. Ils ne font que trop souvent avorter les fleurs, douce et frêle espérance. Le Puceron du Pêcher, d'accord avec les intempéries printanières, recoquille et detruit le feuillage. Le Prunier, le Cerisier nourrissent de leurs fruits, de leurs feuilles, de leurs écorces, une foule de parasites auxquels nous faisons une guerre bien impuissante.

G. AMANDIER, Amygdalus. *Linn.*

Les fleurs sont solitaires, presque sessiles; le calice est plus ou moins campanulé; le noyau osseux, rugueux ou lisse.

Les Amandiers sont les seuls membres de la famille dont la pulpe ne soit pas comestible; mais ils se recommandent par l'utilité de leurs amandes, dont les propriétés sont si salutaires. Leurs fleurs d'ailleurs sont charmantes par leur blancheur, ou leur nuance rosée, et elles sont le symbole de la diligence mais aussi de l'imprudence par leur précocité.

Les seuls Insectes qui, a notre connaissance, attaquent l'Amandier, sont :

LEPIDOPTÈRES.

Papilio podalirius. Linn — V. Poirier.

Leuconea cratægi. Linn. — V. Aubépine.

Procris pruni. Linn. — V. Vigne. La chenille de ce dernier produit quelquefois de grands ravages.

Aglaope infausta. Linn. — La chenille de cette Zygænide est courte, garnie de petits bouquets de poils sur des tubercules. Elle se renferme, avant de se transformer, dans une coque ovoïde d'un tissu très-serré. Elle dévaste quelquefois les Amandiers.

Limacodes communi-macula. B. D. — La chenille de cette Bombycide présente l'aspect d'une limace. Elle a, au lieu de pattes membraneuses, des mamelons sans crochets, et il en sort une humeur visqueuse qui la fixe sur les feuilles dont elle se nourrit. Elle se renferme dans une coque sphérique d'un tissu solide.

Orthosia instabilis. Fab. — V. Cerisier.

Zerene grossularia. B. — V. Groseiller.

G. PÊCHER, Persica. *Tourn.*

Les fleurs sont solitaires; le calice est plus ou moins campanulé, le noyau sillonné.

Pline ne mentionnait que quatre variétés du Pêcher depuis son introduction de la Perse en Italie. Nous en connaissons une multitude, et leur culture, au moins à Montreuil, est parvenue à une perfection qui a donné à la Pêche la prééminence sur tous les autres fruits de l'Europe, par l'ensemble que présente son coloris, son duvet, son parfum, sa succulence. Sous le rapport de cette dernière qualité, nous pouvons juger du perfectionnement de ce fruit par ce qu'écrivait Louis XIII en 1613 : La meilleure Pêche est celle de Corbeil qui a la chair sèche et solide, tenant aucunement au noyau.

Les Insectes du Pêcher sont :

HÉMIPTÈRES.

Aphis Persicæ. Linn. — V. Cornouiller. C'est ce Puceron qui produit la cloque, cette altération si connue du feuillage.

Coccus Persicæ. Fab. — V. Tamarisc

—— costatus. Schr. — Ibid.

LÉPIDOPTÈRES.

Papilio podalirius. Dup. — V. Poirier.

Lasiocampa quercifolia. Linn. — Ibid.

Ortoseclis communi-macula. Guen. — La chenille de cette Noctuélite est, suivant Treitschke, d'une forme très-bizarre ; mais il ne la décrit pas.

Anarsia lineatella. Fab. Zeller. — Cette Tinéide depose ses œufs dans les aisselles des feuilles. La chenille est à peu près cylindrique, à segments bien marqués. La chrysalide a la forme d'une poire allongée dont l'extremite est garnie d'un grand nombre de petits crochets

Hypsolopha persicella. Linn. — La chenille de cette Tineide est fusiforme. Elle se renferme dans un cocon soyeux, d'un tissu serré en forme de nacelle.

ACARIENS.

Tetranychus Persicæ. — M. Guérin-Menneville a trouvé sur les bourgeons des Pêchers attaqués de la maladie nommee le *Meunier*, des quantités innombrables de larves d'Acariens, assez semblables a celles du *Tetranychus Tiliæ*. Turpin. Elles n'ont que deux paires de pattes. M. Guerin pense que ces jeunes Arachnides ne sont pas etrangers à cette maladie, qui consiste en une espèce de poussière blanche qui couvre toutes les branches des Pêchers à Montreuil, près Paris.

G. ABRICOTIER, Armeniaca. *Tourn.* (1)

Les fleurs sont solitaires; le noyau est un peu comprimé, non sillonné, à sutures saillantes.

Comme nous devons à la Perse le plus beau, le plus exquis de nos fruits à noyau, l'Arménie nous a donné l'Abricot qui, à la

(1) En grec Chrysomelon.

seconde place, ne lui cede que peu en saveur, et rachete cette inferiorite par sa plus grande utilité dans l'economie domestique.

Les Insectes de l'Abricotier sont :

COLEOPTERES.

Magdalinus Armeniacæ. Fab. — V. Aubepine.

HYMÉNOPTERES.

Pamphilius pyri. Fab. — V. Poirier.

G. PRUNIER, PRUNUS. *Linn.*

Les fleurs sont fasciculées ; le noyau est lisse ou rugueux , non sillonné, à sutures tranchantes.

Le Prunier domestique est l'un des arbres dont la nature primitive parait s'être le plus modifiee, tant par la culture que par l'influence des sols et des températures dans lesquels il a été transporté. Son fruit, acerbe dans les climats âpres, a éte naturellement doux sous le beau ciel de la Grèce et de la Syrie. Théophraste, le disciple d'Aristote, le mentionne au nombre des fruits agréables et recherches à Athènes, et la Prune de Damas était naturalisée à Rome avant l'époque de Pline. Dès lors, la culture du Prunier en modifiait le type ; on en comptait onze variétés ; on le greffait sur l'Amandier, sur le Cormier, sur le Pommier, voire même, dit le naturaliste romain, sur le Noyer, ce qui nous paraît peu croyable , et c'est de progrès en progrès que nous sommes arrives à toute la suavité de la Reine-Claude et de ses rivales.

Tandis que le Pêcher et l'Abricotier sont d'origine exotique, nous croyons donc que le Prunier est indigène, mais perfectionne. et l'Entomologie vient appuyer cette opinion , par sa preuve ordinaire, le grand nombre d'Insectes qui attaquent cet arbre.

COLÉOPTÈRES.

Agrilus undatus. Fab. — V. Vigne.

Salpingus denticollis. Fab. — Cet Heteromère se développe sous l'ecorce.

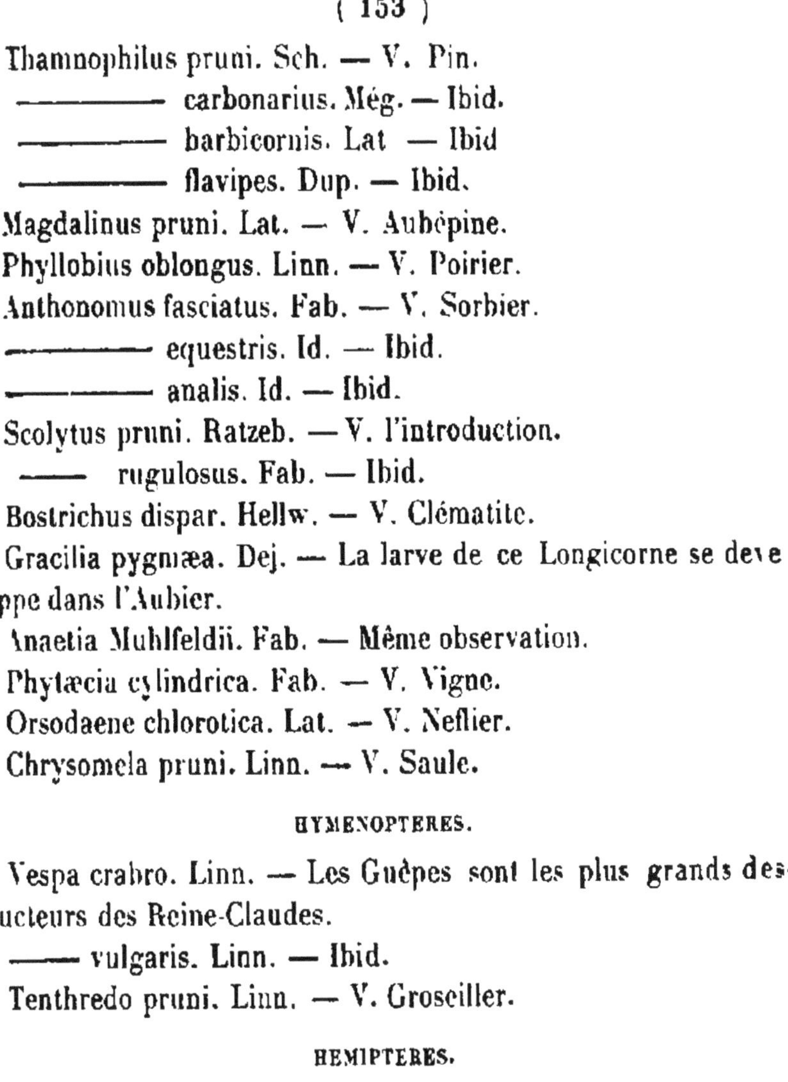

Thamnophilus pruni. Sch. — V. Pin.
———— carbonarius. Még. — Ibid.
———— barbicornis. Lat — Ibid
———— flavipes. Dup. — Ibid.
Magdalinus pruni. Lat. — V. Aubépine.
Phyllobius oblongus. Linn. — V. Poirier.
Anthonomus fasciatus. Fab. — V. Sorbier.
———— equestris. Id. — Ibid.
———— analis. Id. — Ibid.
Scolytus pruni. Ratzeb. — V. l'introduction.
—— rugulosus. Fab. — Ibid.
Bostrichus dispar. Hellw. — V. Clématite.
Gracilia pygmæa. Dej. — La larve de ce Longicorne se deve loppe dans l'Aubier.
Anaetia Muhlfeldii. Fab. — Même observation.
Phytæcia cylindrica. Fab. — V. Vigne.
Orsodaene chlorotica. Lat. — V. Neflier.
Chrysomela pruni. Linn. — V. Saule.

HYMENOPTERES.

Vespa crabro. Linn. — Les Guêpes sont les plus grands destructeurs des Reine-Claudes.
—— vulgaris. Linn. — Ibid.
Tenthredo pruni. Linn. — V. Groseiller.

HEMIPTERES.

Aphis pruni Dej. — V. Cornouiller.
Coccus pinastri. Fons Col. — V. Tamarisc.
Kermes pruni. Linn. — V. Vigne.

LEPIDOPTERES.

Papilio podalirius. L. — V. Poirier.
Thecla pruni. Linn. — V. Marronier.
Procris pruni. Fab. — V. Vigne.
Sesia culiciformis. Linn. — V. Groseiller.

Orgya antiqua. Linn. — V. Rosier.

Lasiocampa pruni. Linn. — V. Poirier.

——— quercifolia. Linn. — Ibid.

Attacus (Pavonia) major. Linn. — V. Oranger.

Atychia pruni. Fab. — V. Groseiller.

Diloba cæruleicephala. Linn. — La chenille de cette Bombycide est courte, garnie de points tuberculeux surmontes chacun d'un poil; elle se renferme dans un tissu membraneux pour se transformer.

Amphipyra pyramidea. Linn. — V. Chevrefeuille.

Acronycta alni. Linn. — V. Tilleul.

Cloantha perspicillaris. Linn.—La chenille de cette Noctuelite est epaisse; elle s'enferme dans un cocon ovoïde, compose de soie et de terre.

Cosmia pyralina. W. W. — La chenille de cette Noctuelite est rase, verte, rayee longitudinalement de blanc. Elle vit cachee entre des feuilles qu'elle assujettit par des fils. Sa chrysalide est saupoudrée de blanc et renfermée dans une coque legère.

Anthoscelis litura. Linn. — La chenille de cette Noctuelite est rase, elle se tient ordinairement sur des plantes basses. Son cocon, arrondi, est de terre, peu solide et enterre assez profondément.

Catocala paranympha. Linn. — V. Frêne.

Miselia oxyacanthæ. Linn. — V. Aubépine.

Scopula prunalis. W. W. — La chenille de cette Pyralide n'a que quatorze pattes. Elle vit entre des feuilles roulées en cornet, et sa chrysalide dans une coque d'un tissu soyeux en dedans et recouverte en dehors de molecules de terre ou de débris de plantes.

Angerona prunaria Linn.— La chenille de cette Phalenide est tuberculée sur les quatrième et huitième segments. Elle se transforme dans un léger tissu entre des feuilles.

Fidonia æscularia. L. — V. Marronier.

Cidaria ribesiaria Id. — V Berberis.

Tortrix pruniana. Zeller. — V. Lierre

Pyralis ribeana. Fab. — La chenille est verte, a tête bleue Elle se développe dans l'intérieur du noyau dont elle dévore l'amande.

Penthina pruniana H. — V. Érable.

Carpocapsa pomonana. W. W. — V. Poirier.

——— wœberiana. Zell. — Ibid.

Yponomeuta cognatella. Tr. — V. Fusain

Anarsia lineatella. Fab. — V. Pêcher.

Argyresthia pruniella. Linn. — V. Cornouiller.

Lyonetia prunifoliella. H., Zell. — V. Tilleul.

——— clerckella. Linn., Zell. — Ibid.

——— scitella. Mtz. — Ibid.

Hypsolophaephippium. Fab.—La coque est en forme de nacelle.

Coleophora hemerobiella. Scop. Zell. — V. Tilleul.

——— coracipennella. Hubn. — Ibid

PRUNIER PRUNELIER. *P. Spinosus*. Linn.

Les pétales sont deux fois plus longs que le calice; les rameaux epineux.

Ce Prunier est peut-être le type du précédent; mais comment reconnaître dans cet arbuste epineux, rameux, humble buisson aux petites fleurs, aux petites baies les plus acerbes, l'arbre recherché, elégant de nos vergers, de nos jardins, dont les fruits gonflés des sucs les plus doux brillent sur nos tables les plus somptueuses comme sur les plus modestes.

Quoique l'on puisse considérer comme communs aux deux espèces les Insectes qui vivent sur l'une ou sur l'autre, nous attribuons au Prunelier celles qui y ont été observées particulièrement

COLÉOPTERES.

Capnodis tenebrionis. Linn. — V. Aubépine.

Anthaxia manca. Fab. — V. Saule.

Ptosima 9 maculata. Lepr. — Il vit sous l'écorce.

Agrilus bifasciata Id. — V. Vigne.

——— biguttata. Fab. — Ibid.

Chrysobothris chrysostygma. — V. Peuplier.

Mycterus curculionides. Ill. — V. Sorbier.

Rhynchites Bacchus. Sch., Lap. — V. Vigne.

Tropideres cinctus. Herbst. — La larve de ce Curculionite se développe sous l'écorce.

Leptura Schæfferi. Linn. — V. Hètre.

Cryptocephalus Hubneri. Fah. Saff. — V. Cornouiller.

HÉMIPTÈRES.

Coccus pinastri. Fons Col. — V. Tamarisc.

LEPIDOPTERES.

Thecla W. album. Ill. — V. Marronier

——— betulæ. Linn. — Ibid.

Procris pruni. Linn. — V. Vigne.

Trichiura cratægi. Linn. — V. Alisier.

Attacus. (Pavonia) major. L. — V. Oranger

Lasiocampa quercifolia. Linn. — V. Poirier.

Bombyx quercûs. Linn. — V. Mûrier.

Eriogaster lanestris Linn. — V. Tilleul.

——— everia. Id. — Ibid.

Rumia cratægaria Linn — V. Aubepine.

Platypteryx spinula. Linn. — V. Tilleul.

Valeria oleagina. Fab. — La chenille de cette Noctuelite est epaisse. Les deux derniers segments sont surmontés chacun de deux tubercules coniques. Elle s'enfonce dans la terre pour se transformer.

Catocala hymænea. Fab. — V Frêne.

Miselia oxyacanthæ. Linn. — V. Aubépine.

Valeria jaspidea. Dev. — Ibid.

Angerona prunaria. Linn. — V. Prunier.

Hemerophila lividaria. Hubn. — La chenille de cette Phalénide est peu allongée, glabre, à tête presque carrée et deux pointes coniques sur le onzième segment. Elle s'enfonce dans la terre comme la precedente pour passer a l'etat de chrysalide.

Crocallis extimaria. Hubn. — La chenille de cette Phalénide est rugueuse. Son cocon est composé d'un léger tissu de soie.

Aspilates purpuraria. Linn. — La chenille de cette Phalénide est lisse. Elle se renferme dans un cocon de texture légère à la superficie de la terre.

Xylopoda fabriciana. Linn. — La chenille de cette Platyomyde est fusiforme; elle se tient cachée dans des toiles à la surface des feuilles, et se renferme dans un cocon revêtu de debris de feuilles ou de mousse.

Xylopada parialis. Tr. — Ibid.

Tortrix pruniana. Zeller. — V. Lierre.

—— pruneticolana. Id. — Ibid.

—— holmiana. Id. — Ibid.

—— nubilana. Id. — Ibid.

—— funebrana. Id. — Ibid

—— fossana. Id. — Ibid.

Eudorea ochralis. id. — V. Aubépine.

Argyresthia pruniella. Id. — V. Cornouiller.

—— fagetella. Id. — Ibid

—— conjugella. Id. — Ibid.

—— tetrapodella. Id. — Ibid.

—— glaucinella. Id. — Ibid.

Ornix meleagripennella. Zell. — V. Sorbier.

Lyonetia gaunacella. Zell. — V. Tilleul.

Coleophora tiliella. Sch., Zell. — Ibid.

—— palliatella. Zencker. — Ibid.

—— coracipennella. Hubn. — Ibid.

Nemophora panzerella. Hubn., Zeller. – Cette Tinéide a les yeux médiocres et écartes. Le sommet de la tête est velu dans les deux sexes. La chenille paraît vivre et se transformer dans un fourreau portatif.

Nemotois tetricolla. Zell — Cette Tinéide a les yeux grands et très rapprochés; le sommet de la tête est nu dans le mâle, laineux dans la femelle. La chenille vit et se transforme dans un fourreau portatif

Micropteryx fastuosella. Zeller. — V. Cornouiller.

G. CERISIER, CERASUS. *Tourn*

Les fleurs sont fasciculées; le noyau est comprimé ou arrondi

Les Cerisiers sont à la fois les plus jolis, les plus vulgaires, les plus utiles de nos arbres fruitiers à noyau, comme leurs fruits sont les plus agréables, les plus sains, les plus abondants. Soit que nous considérions le Mérisier indigène qui s'élève au rang et à la grandeur de nos arbres forestiers et qui ne se recommande pas moins par son bois que par ses fruits diversement variés, soit que nous nous rappelions le Cerisier que Lucullus, vainqueur de Mithridate, apporta de Cerasonte à Rome, et auquel nous devons nos Montmorency, nos belles de Choisy, nos royales, nous voyons dans ces arbres charmants un bienfait de la Providence et en même temps l'un des plus beaux ornements de nos campagnes.

Par exemple, dans la partie septentrionale du département des Hautes-Pyrenees, qui s'étend en plaine, et où la Vigne se marie au Cerisier, transportez-vous, par une belle matinée de printemps, sur l'un des coteaux qui bordent cette belle plaine, et dites si vous avez vu un spectacle qui surpasse en magnificence celui qui s'offre devant vous; c'est un océan de fleurs qui, par-dessus la douce verdure des pampres, fait mollement onduler une légère brise, et qui, se combinant avec la rosee, reflète les rayons du soleil d'une manière éblouissante. Plus tard, la decoration change, et lorsque sous l'influence de cet astre bienfaisant, les fruits se sont colores, c'est une etendue immense de girandoles de jais et de rubis, qui se balancent au-dessus d'un sol tout couvert de légumineuses et de céréales de tout genre; car, dans ce beau pays, la plupart des terres sont à la fois champ, vigne et verger (1).

Les Insectes qui attaquent les Cerisiers ont ete observés le plus souvent sans distinguer les espèces ou les variétés de ces arbres,

---

(1) M. Clavé, Dict. pitt. d'hist nat., art. Cerisier.

qui sont d'ailleurs si voisines les unes des autres, qu'elles ont probablement les mêmes ennemis. Nous attribuons donc ces Insectes aux différents Cerisiers, en exceptant ceux qui ont été signalés sur une espèce en particulier, telle que le Mérisier à grappe et au Cerisier bois de Sainte-Lucie.

COLÉOPTÈRES.

Anthaxia cyaneicornis. Fab. — Ce Sternoxe se montre sur les fleurs.

——— auricolor. Fab , Spinola. — Ibid

Thamnophilus pruni. Sch. — V. Pin maritime.

——— cerasi. Linn. — Ibid.

Balaninus cerasorum. Herbst. — V. Noyer.

——— villosus. Fab. — Ibid.

Magdalinus cerasi. Linn. — V. Aubépine.

——— asphaltinus. Fab — Ibid.

——— stygius. Oliv. — Ibid.

——— atramentarius. Germ. — Ibid.

Callidium dilatatum. Fab. — V. Aubépine.

——— unifasciatum. Id. — Ibid.

——— alni. Linn. — Ibid.

——— rufipes. Fab. — Ibid.

——— humeralis. Id. — Ibid.

——— thoracicum. Id. — Ibid.

——— abdominale. Id. — Ibid.

Clytus arietis. Fab.— Ce Longicorne se développe sous l'écorce des branches mortes. Perris.

Stenopterus cyaneus. Fab.— La larve de ce Longicorne se développe sous l'écorce.

Grammoptera varians. Fab. — V. Lierre.

——— prœusta. Id. — Ibid.

Orsodaene cerasi. Fab. — V. Néflier.

——— chlorotica. Latr. — Ibid

HYMÉNOPTÈRES.

Tenthredo cerasi. Fab. — V. Groseiller. La fausse chenille est couverte d'une matière visqueuse qui sert à la garantir de l'ardeur du soleil, et à la tenir fixée sur les feuilles.

HÉMIPTÈRES.

Aphis cerasi. Schr. — V. Cornouiller.

LEPIDOPTERES.

Vanessa polychloros. Linn. — La chenille de ce Papillon a la tête échancrée en cœur, et le corps garni d'épines. La chrysalide est nue et attachée par l'extrémité.

Hesperia cerasi. Linn. — V. Oranger.

Chelonia matronula. Linn. — La chenille de cette Chélonite est très-velue; elle se transforme dans une coque spacieuse, d'un tissu lâche.

Orthosia stabilis. Hubn. — La chenille de cette Noctuélite est veloutee, se tient cachée pendant le jour et se transforme dans une coque peu consistante et enfoncée dans la terre. Le Papillon ne s'envole pas quand on veut le saisir, mais il se laisse tomber à terre et puis, il se met à courir avec une grande rapidité.

Acronycta alni. Linn. — V. Tilleul.

Xylocampa ramosa. Esper. — La chenille de cette Noctuélite est rase, très-atténuée aux extrémités. Elle se transforme dans une coque papyracée, recouverte de mousse

Hibernia defoliaria. Linn. — V. Erable.

Tortrix cerasana. Hubn. — V. Lierre.

——— wœberiana. Fab. — Ibid.

Penthina pruniana. Tr. — V. Erable.

Tinea cerasiella. Hubn. — V. Clématite.

Lyonetia clerckella. Linn. — V. Tilleul.

Hypsolophus ephippium. Fab. — V. Prunier.

Argyresthia tetrapodella. Linn — V. Cornouiller.

————— pruniella. Linn. — Ibid.

Coleophora tiliella. sch. Zell. — V. Tilleul.

——— hemerobiella. Scop. Zell. — Ibid.

Elachista cerasifoliella. Hubn. — Cette Tinéide est au nombre des plus petites et en même temps des plus brillantes. La chenille vit en mineuse dans l'épaisseur des feuilles ; elle s'y creuse des galeries en rongeant le parenchyme, et elle s'y transforme.

DIPTÈRES.

Urophora cerasorum. Redi. L. Duf. — La larve de cette Téphrilide présente les stigmates antérieurs étalés en éventail, à seize digitations ; elle se nourrit de la pulpe. Avant de se transformer elle entre en terre et y reste jusqu'au printemps suivant.

Ortalis cerasi. Linn. — La chenille, suivant Réaumur, se nourrit du noyau.

CERISIER A GRAPPES. *C. Padus*. De C. (1)

Les fleurs sont en grappes terminales, pendantes ; les pétales oblongs, une fois plus longs que les étamines.

Cette espèce embellit, par la disposition gracieuse de ses fleurs, les forêts de l'Europe septentrionale, d'où elle a passé dans nos jardins comme arbre d'agrément. La culture n'a pu en modifier les fruits à notre usage, sans doute parce qu'ils sont naturellement trop petits à cause de l'agglomération des fleurs en bouquets. Les habitants du Kamtchatka seuls les disputent aux oiseaux.

Les insectes propres a ce Cerisier sont :

COLEOPTÈRES

Mycterus curculionides. Ill. — V. Sorbier.

Chrysomela cerasi. Linn. — V. Saule.

——— padi. Id. — Ibid.

HYMENOPTERES.

Tenthredo padi. De Vill. — V. Groseiller.

(1) Putiet, dans les Vosges.

HÉMIPTÈRES.

Aphis padi. Linn. — V. Cornouiller.

LÉPIDOPTÈRES.

Xanthia citrago, Linn. — V. Saule.
Ptycholoma lecheana. Linn. — V. Chêne.
Yponomeuta padella. Linn. — V. Sureau
———— evonymella. Linn. — Ibid.
Lyonetia padifoliella. H. Zell. — V. Tilleul.
Tinea padella. Zeller. — V. Clématite.
Incurvaria merianella. Linn. — V Groseiller.

DIPTERES.

Criorhina bombiformis. Perr. — V. Berberis.

CERISIER BOIS DE SAINTE-LUCIE. *C. Mahaleb.* Miel (1)

Les fleurs sont en corymbes; les pétales elliptiques, deux fois fois plus longs que le calice.

Ce Cerisier se recommande surtout par le parfum qu'exhale son bois dont l'industrie façonne ces mille petits objets plus ou moins utiles qui flattent notre odorat.

Le seul insecte qui, à notre connaissance, ait été observé sur cet arbre, est l'*Aphis Mpruniahaleb*, décrit par notre honorable ami, M. de Fons-Colombe.

FAMILLE.

PAPILIONACÉES, PAPILIONACEÆ. *Linn.*

La corolle est périgyne, papilionacée; l'ovaire solitaire inadhérent, l'embryon curviligne.

Les fleurs des plantes de cette famille, quoique formées sur un type fort singulier, n'en sont pas moins multipliées et répandues sur toute la terre, et surtout dans les pays chauds. Quelque

(1) Cerisier des Vosges, Quénot, Malagué; en anglais perfumed-cherry

nombreuses que soient les modifications qu'elles présentent, des quatre pétales qui composent la corolle, l'inférieur a toujours la orme d'une carène, les deux latéraux représentent les ailes d'un papillon et le supérieur figure un étendard. Cette conformation paraît contraster avec celle des familles précédentes. Les pétales, au lieu d'être disposés autour du centre de la fleur, sont, au contraire, reployés autour des anthères. C'est cette double conformation qui faisait considérer les unes comme propres à réverbérer les rayons du soleil, les autres pour les en préserver, par Bernardin de Saint-Pierre, dans son système qui aurait dû être traité avec moins de dédain par les botanistes.

Cette famille, extrêmement étendue, comprend des milliers d'espèces réparties dans une multitude de genres compris eux-mêmes dans plusieurs tribus.

Les arbres ou arbrisseaux n'y sont pas nombreux. Ce sont par exemple les Sophora, les Virgilia, les Genêts, les Cytises, les Robinia, les Baguenaudiers, qui appartiennent aux deux premières de ces tribus. Comme la plupart de ces végétaux sont d'origine exotique, nous n'avons à mentionner qu'un petit nombre d'insectes qui leur sont propres.

TRIBU.

SOPHORÉES, Sophoreæ. *Spreng.*

Les étamines sont libres ; les cotylédons plans, foliacés, le légume est inarticulé.

Cette tribu habite généralement la Nouvelle Hollande. Deux espèces américaines se recommandent par leurs produits : les Myrospermes du Pérou et de Tolu donnent les baumes connus sous ces noms ; deux arbres exotiques, le Sophora du Japon et le Virgilia à bois jaune sont acclimatés en France ; enfin deux arbrisseaux du genre Anagyre croissent sur le littoral de la Méditerranée.

G. VIRGILIA, Virgilia. *Linn.*

Les pétales sont libres, presque égaux; le légume est comprimé, polysperme.

Le Virgilia à bois jaune decore nos parcs comme les bords du Mississipi, dans l'état du Ténessée. Consacré au divin Poète, il doit cet honneur à son port pittoresque, aux bouquets inclinés avec grâce de ses fleurs blanches, à son large feuillage ailé, à son bois d'un jaune d'or. Si Virgile l'avait connu, il aurait peut-être placé sous son frais ombrage, la scène de l'une de ses délicieuses églogues.

Un Virgilia de mon jardin, placé près d'un Sophora, son voisin aussi en Botanique, m'a présenté le 20 mai 1851, des chenilles de Noctuélites, que je n'ai pu parvenir à élever. Je crois que l'espèce appartient à la tribu des Hadenides. En voici la description :

Long. 9. l. Glabre, cylindrique, allongée, d'un vert clair, a seize pattes; tête d'un vert luisant; yeux, antennes et mandibules également verts, avec un peu de noir à la lèvre; une ligne dorsale blanchâtre, peu distincte; une bande blanche, étroite, de chaque côté du corps, contigüe aux pattes; les six pattes écailleuses, vertes, à extrémité blanchâtre; huit fausses pattes intermédiaires vertes, sur les sixième-neuvième segments; les deux postérieures sur le dernier.

TRIBU.

LOTÉES, Loteæ.

Les étamines sont monadelphes ou diadelphes.

Cette tribu considérable, qui se subdivise en plusieurs sections, présente le plus grand nombre des arbres et arbrisseaux de pleine terre à fleurs papilionacées, tels que les Ajoncs, les Genêts, les Cytises, les Amorpha, les Robinia, les Caragana, les Baguenaudiers.

Considerés sous le rapport entomologique, les Genêts sont parmi ces végétaux, ceux qui présentent le plus d'intérêt.

G. AJONC. ULEX. *Linn.* (1)

Le calice a deux bractées; le légume est bouffi, à peine plus long que le calice.

L'Ajonc des landes desséchées, des coteaux arides, des sables incultes, est un don de la Providence en faveur des pauvres paysans qui les habitent. Malgré son extrême rudesse, quoique ses feuilles mêmes soient des épines, ils y trouvent un fourrage d'hiver excellent pour leur bétail; ils en font un combustible précieux, des clôtures impénétrables. Ses fleurs, d'ailleurs, charment par leur abondance, leur éclat et leur persistance, et c'est à ce titre qu'il est admis dans les Orangeries de St.-Petersbourg, et qu'il excitait l'admiration du savant Dillenius le voyant pour la première fois.

Insectes de l'Ajonc:

COLÉOPTÈRES

Apion ulicis. L. Duf. — V. Tamarisc.

—— ulicicola. Perris. — Ibid. Il vit dans les galles de l'U. Nanus, qui ressemblent à des grains de chapelet ellipsoïdes, tantôt écartés, tantôt contigus, et comme enfilés par les tiges.

Apion canescens. Dej. – Ibid. La femelle pond plusieurs œufs dans chaque légume.

Apion kirbyi. L. Duf. — Ibid. Dans les galles.

Sitona ulicis. Kirby. — Nous ne connaissons pas la manière de vivre de ce Curculionite.

Hylesinus betulæ. Chevr. — V. Lierre.

LEPIDOPTÈRES.

Argya dubia. Hubn. — V. Rosier.

Crocallis dardoinaria. Donzel. — La chenille est rugueuse; son cocon est un léger tissu placé dans la terre.

Corythea ulicaria. B. — La chenille de cette Phalenide est lisse,

---

(1) Genêt épineux, jonc marin, sain foin d'hiver.

peu allongée et rayée longitudinalement; elle se renferme pour se transformer dans un léger tissu attaché aux branches.

Chesias ulicata. Solier. — V. Spartier.

Grapholitha succedanea. Dup. — La chenille de cette Platyomide se nourrit de la graine. Elle laisse sur son chemin, en marchant, un triple fil de soie et se transforme dans un léger cocon de soie blanche

G. SPARTIER. Spartium. Linn.

La carène de la fleur est lâche, laissant à nu les étamines; le style est épaissi au sommet.

En donnant au Spartium le nom de Genêt à balais, il semble qu'on ait voulu le distinguer par le principal usage que nous en faisons, par la seule utilité qu'il puisse nous offrir. Cette appellation est injuste, injurieuse, et l'humble service qu'elle rappelle est le moindre de tous ceux que nous rend le Genêt. Nous n'entreprendrons pas d'énumérer toutes ses propriétés, et nous nous bornerons à dire qu'il sert l'agriculture en utilisant, comme l'Ajonc, les terres les plus infécondes et surtout les Schistes les plus rebelles à toute autre végétation; en préparant de bonnes recoltes par l'écobuage; en donnant un bon aliment aux bestiaux. Il est utile à l'industrie par l'alkali, le tan, la substance tinctoriale, la filasse qu'il fournit.

Ses vertus médicinales sont nombreuses, puissantes, et l'on sait par Odhelius l'effet salutaire qu'elles produisirent sur l'armee suédoise, lorsqu'ayant pris ses quartiers d'hiver en 1755, elle fut attaquée d'une fièvre catharrhale épidémique.

A ces bienfaisantes qualités, le Genêt joint celle de fournir un miel agreable aux abeilles. *Genistæ flores apibus gratissimi*, dit le naturaliste de Vérone.

Les autres Insectes qui trouvent leur subsistance sur le Genêt sont assez nombreux.

COLEOPTERES.

Bruchus genistæ. Chevr. — Ce Curculionite vit sur les fleurs. Sa larve devore la graine.

Bruchus inspergatus. Sch., Lap.— Ibid.

Apion fuscirostre. Fab. — V. Tamarisc.

—— genistæ. Kirby. — V. Tamarisc. La femelle ne pond qu'un œuf dans une gousse.

Tychius genistæ. Mackel. — La larve de ce Curculionite se développe dans la graine.

Thamnophilus carbonarius. Meg. — V. Pin maritime.

———— barbicornis. Lat. — Ibid.

———— flavicornis. L. Duf. — Ibid.

Lixus spartii. Sch. — Les mœurs de cette espèce ne sont pas connues; mais elles doivent avoir des rapports avec celles des *L. angustatus, paraplecticus, turbatus* qui le sont. La femelle perfore la tige avec son bec jusqu'à la moëlle, y introduit ensuite son oviducte et y dépose un œuf. La larve dévore la moëlle en y creusant une galerie, et y chemine grâce à ses mamelons, ses plis, ses bourrelets, ses callosités et ses mandibules. Avant de passer à l'état de nymphe, elle a soin de ronger une portion de l'écorce jusqu'à l'epiderme pour faciliter la sortie de l'Insecte parfait.

Sitona grisea. Sch. Lap. — V. Ajonc.

—— regensteinensis. Id. — Ibid.

—— lineata. Id. — Ibid.

Hylesinus spartii. Nordl. — V. Lierre

———— betulæ. Chev. — Ibid.

Cryptocephalus moræi. Fab. Suff. — V. Cornouiller.

———— vittatus. Fab. — Ibid.

Spartophila litura Fab. — Cette Chrysomeline vit sur le feuillage.

Spartophila spartii. Oliv. — Ibid.

LEPIDOPTÈRES.

Thecla rubi. Linn. — V. Marronier.

Chelonia purpurea. Linn. — V. Cerisier.

Hadena genistæ. Bork. — La chenille de cette Noctuélite est rase Elle se tient abritée pendant le jour, et s'enterre profondément pour se transformer, dans des coques de terre peu solides.

Spintherops spectrum. Fab. — Cette Noctuelite est remarquable par les palpes ascendants, recourbés au-dessus de la tête qu'ils dépassent de beaucoup, et par les pattes allongées, ainsi que les ergots. La chenille est glabre ; elle vit à découvert, et, pour se transformer, elle se renferme dans une coque ovoïde, attachée aux branches.

Hemithea cytisaria. W. W. — La chenille de cette Phalenide est lisse, effilée, à tête bifurquee, et a une pointe placée au bord du premier segment, inclinée en avant ; elle se transforme dans un léger tissu entre des feuilles.

Ligia opacaria H. — La chenille de cette Phalenide est lisse et porte un tubercule conique sur le onzième segment. Elle se transforme dans un léger tissu entre les feuilles.

Speranza roraria. Esp. — Cette Phalénide a les ailes conformées et à demi relevées comme dans les Hesperies. La chenille est lisse. Elle s'enterre pour se transformer.

Speranza conspicuaria. Id. — Ibid.

Chesias spartiaria. B. — La chenille de cette Phalenide est lisse, peu allongée ; elle s'enterre pour se transformer sans former de coque.

Chesias obliquaria. W. W. — Ibid.

Dosithea decoraria. H. — Nous attribuons à la chenille de cette Phalenide la même manière de vivre qu'à celle de la *Scutularia*, qui se tient sur les branches mortes dont il est difficile de la distinguer à cause de sa forme et de sa couleur. Sa metamorphose a lieu dans une coque à claire voie, revêtue de débris de feuilles sèches.

Eupithecia scoparia. B. — V. Tamarisc.

Corythea genearia. B. — V. Ajonc.

Aspilates purpuraria. Linn. — La chenille de cette Phalenide est lisse, rayée longitudinalement. Elle se renferme dans une coque d'un léger tissu, a la surface de la terre.

Aspilates gilvaria. — W. W. — Ibid

Tortrix lathyrana Zell. — V. Lierre.

Phycis genistella. Dup. — V. Groseiller.

Lyonetia (Semiostoma. Zell.) Spartifoliella — V. Tilleul.

G. SPARTIANTHE. SPARTIANTHUS. *Linn.*

La carène de la fleur est acuminee, subdipetale; l'etendard arrondi, ploye.

Le Génêt d'Espagne, si cultivé pour l'odeur suave de ses fleurs est le type de ce genre.

Il nourrit les chenilles de deux Lépidoptères.

Spintherops spectrum. Fab. Rambur. — V. Spartier.

Botys polygonalis. W. W. — V. Tamarisc

G. GENÊT, GENISTA. *Tourn.*

La carène de la fleur est lâche, souvent plus courte que les etamines ; l'etendard ovale-oblong, défléchie.

GENÊT DES TEINTURIERS. *G. tinctoria.* Linn. (1

Les fleurs sont en grappes rapprochées en panicule terminale

Cette espèce diminutive participe plus ou moins des propriétes du Genêt à balais. Son nom en rappelle une qui s'est rendue utile depuis l'antiquité romaine jusqu'à l'introduction de la Gaude (*reseda luteola.*

C'est cette plante qui dans les pâturages a sol argileux, nuit tellement à l'herbe et est si difficile à extirper, que les cultivateurs la nomment le Diable des herbages.

Les insectes observes sur ce Genêt sont :

COLEOPTERES.

Tychius sparsutus. Oliv. — V. Spartier.

Chrysomela litura. Fab. — Cette Chrisoméline vit sur le feuillage.

---

(1) Génestral Genette

HÉMIPTERES.

Centrotus genistæ. Fab. — Cette Cicadelle vit de la seve

Aphis genistæ. Scop. — V. Cornouiller.

LÉPIDOPTERES.

Thecla rubi. Linn. — V. Marronier.

Lycœna argus. Linn. — V. Baguenaudier. Sur le Genêt d'Allemagne.

Hadena pisi. Linn. — V. Spartier.

Orthosia cœcimacula. Bell. — V. Cérisier.

Aspilates purpuraria. Linn. — V. Prunier.

Spintherops spectrum. Fab. — V. Spartier.

Dosythæa decoraria. Hub. — V. Spartier.

Botys limbalis. Fab. — V. Tamarisc.

Phycis genistella. Dup. — V. Groseiller.

DIPTERES.

Cecidomyia genistæ. Réaum. (V. Tilleul.) — Je rapporte à cette espèce l'insecte observe par Réaumur, qui produit sur le Genêt une galle souvent arrondie en boule, mais toute herissee. Elle est composée d'un grand nombre de feuilles dont chacune est roulée en cornet. La boule est l'assemblage de toutes ces feuillesl es unes contre les autres, et elle est hérissée par les pointes des cornets

GENÊT MONOSPERME. *G. monospermum* Linn

Les fleurs sont en grappes laterales.

C'est ce Genêt qu'Osbeck a vu sur le littoral d'Espagne, dans des sables mouvants que ses racines servent à raffermir.

Il nourrit le Lépidoptère suivant :

Megasoma repandum. Feist. — La chenille de cette Bombycide vit du feuillage de ce Genêt ; sa chrysalide a les segments du ventre couverts de poils ; elle est renfermée dans une coque fusiforme à demi transparente.

GENÊT BLANC *G Alba*. Lam.

Les fleurs sont fasciculees, disposees en longues grappes

Ce Genêt nourrit le Coléoptère Mylabris Dufourii Graells, qui se trouve abondamment sur cette plante dans la region des Pins aux montagnes de Guadarrama.

GENÊT DE CORSE. *G. Corsica.* Linn.

Sur cette espèce, que je ne connais pas, ont ete observés les deux Lépidoptères suivants :

Hemithea corsicaria. Dup. — V. Spartier

Eubolia proximaria. Id. — La chenille de cette Phalenide est glabre, attenuee anterieurement, à tête petite; son cocon est un leger tissu de soie, recouvert de grains de terre.

G. CYTISE. CYTISUS. *Linn*

La carène de la fleur est obtuse, l'étendard grand, ovale; les etamines sont monadelphes, incluses.

CYTISE AUBOURS. *C.Taburnum.* Linn. (1).

Les legumes sont velus, a suture supérieure plane.

Cet arbrisseau celèbre dont les Grecs et les Romains ont tant publié, chanté les nombreuses et bienfaisantes propriétés. dont le nom dû à l'île de Cythnos, se retrouve si souvent dans Theophraste et Pline, comme dans Théocrite et Virgile, dont Columelle proclamait la haute utilité rurale, *Cytisum in agro esse quam plurimum maxime referet quod omni generi pecudum utilissimus est*; le Cytise n'est pour nous qu'un arbrisseau d'agrement qui chaque printemps, décore nos bosquets de ses longues grappes de fleurs inclinées avec grâce, qui, par leur couleur, rappellent, quand elles tombent, la pluie d'or qui séduisit Danaë (2).

Quoiqu'il croisse spontanément dans les Alpes, je le cherchai vainement sur le Saint-Gothard, le Brunig, le Saint-Bernard, le Mont-Blanc; il est trop joli pour cette nature si sévère dans sa beauté.

---

(1) Cytise a grappe, faux Ebenier, Cytise de Virgile

(2) Les Anglais appelent le Cytise l'arbre de Danae.

Les Insectes observés sur ce Cytise sont :

COLÉOPTERES.

Ludius aulicus. Fab. — Ce Sternoxe vit sur les fleurs.
——— apicalis. Id. — Ibid.

LÉPIDOPTERES.

Colias hyale. Fab. — La chenille de ce Diurne est chagrinée, la chrysalide est attachée par la queue.
Thecla rubi. Linn. — V. Marronier.
Zygœna filipendula. Linn. — V. Lonicère.
Hemithea cytisaria. W. W. — V. Spartium.
Lyonetia spartifoliella. Hubn. — V. Tilleul.
——— Zanclæella. Zell. — Ibid. *sur le Cytisus triflora.*
Nemophora sericinella. Zell. — V. Tilleul.

CYTISE LANIGERE. *C. lanigerus.*

Cette espèce épineuse, que je ne connais pas, paraît nourrir exclusivement, suivant M. Rambur, le Lépidoptère,
Hemithæa coronillaria. Hubn. — V. Spartier.

G. BAGUENAUDIER, COLUTEA. *Linn.*

Le calice est cupuliforme, à cinq dents; l'etendard est muni a sa base de deux callosités.

BAGUENAUDIER COMMUN. *C. arborescens.* Linn.

Les fleurs sont au nombre de six au plus sur un pédoncule

Tandis que les enfants *baguenaudent* en faisant éclater entre leurs doigts les jeunes gousses vésiculeuses de cet arbrisseau, nous nous demandons pourquoi la graine est renfermée dans une enveloppe aussi ample, aussi disproportionnée à sa grosseur? quel est l'air ou le gaz contenu dans la gousse? Les gousses, formées d'une sorte de parchemin très-solide, et restant attachées à la plante pendant tout l'hiver, sont peut-être destinées à protéger les graines contre la voracite des oiseaux ou des insectes? Quant à l'air contenu dans ces gousses, il y a des observations contradictoires d'après lesquelles il serait tantôt plus, tantôt moins oxygéné que l'air atmosphérique.

Les seuls Insectes observés sur le Baguenaudier sont les Lépidoptères suivants :

Lycæna bætica. Linn. — Dont les ailes inférieures sont munies d'une queue linéaire. Sa chenille est ovale, épaisse, à tête petite et rétractile, et pattes extrêmement courtes. La chrysalide est obtuse aux deux bouts, à segments immobiles, et attachée par la queue.

Coleophora colutella. Bosc. — V. Tilleul.

G. CORONILLE, CORONILLA. *Linn.*

Le calice est campanulé, à cinq dents; la carène rostrée; les étamines sont diadelphes.

Ces jolis arbustes doivent leur nom à la disposition de leurs fleurs en couronne; ils nourrissent les Insectes suivants :

LEPIDOPTÈRES.

Colias palæno. Linn. — V. Cytise.

Hesperia comma. Linn. — La chenille de ce papillon est glabre; elle vit entre des feuilles roulées, et se retire dans des tiges creuses pour y passer l'hiver. La chrysalide est renfermée dans un léger réseau.

Zygœna ephialtes. Fab. — V. Lonicère.

Phasiane arenacearia. W. W. — La chenille de cette Phalénide est lisse; elle se renferme dans un léger cocon entre des feuilles.

Sciaphila steinerana. Hubn. — V. Chêne.

G. ROBINIA, ROBINIA. *Linn.*

Le calice est campanulé, à cinq dents; l'etendard ample, la carène obtuse; le style barbu antérieurement.

Le Robinia faux Acacia, de l'Amérique septentrionale, importé en France sous Henri IV, n'y a été longtemps connu que dans les jardins pour ses fleurs et leur parfum; mais il joint à ces agréments, des qualités qui l'ont élevé au rang d'arbre de grande culture, employé pour boiser les terrains sablonneux, pour border les grandes routes, pour former des clôtures. Son bois recherche pour la menuiserie, ses jeunes branches qui se courbent en cercles, ses feuilles qui forment un bon fourrage, ses épines même qui en font des haies impénétrables, l'ont signalé comme aussi utile qu'il est agréable.

En sa qualité d'arbre d'origine exotique, il est ménagé par les Insectes, et nous ne pouvons mentionner parmi ses ennemis que les suivants :

COLEOPTÈRES.

Apate capucina. Fab. — La larve de Xylophage se développe dans des galeries sous l'écorce.

Bruchus robiniæ. Linn. — V. Cistus.

LEPIDOPTERES.

Thecla acaciæ. Fab. — V. Marronier.

Lyonetia sericopeza. Zell. — V. Tilleul.

Lithocolletis acaciella. Mann. — V. Erable.

Lampros ambiguella. Costa. — La chenille de cette Tinéide vit et se métamorphose dans l'Aubier décompose, et s'enferme dans un cocon assez grand.

DIPTÈRES.

Teremiya laticornis. Macq. — Cette Muscide, à l'aide de sa tarière, perce l'écorce dans les parties où celle-ci est le moins dure, et y dépose ses œufs quelquefois en grand nombre. Les larves vivent sous l'écorce et se nourrissent du liber. A l'endroit où on les trouve, les couches les plus intérieures du liber et la surface du bois sont humides et mucilagineuses, comme lorsque la sève est le plus abondante ; il paraît qu'elles ont la faculté de sécréter quelque liqueur qui ramollit les fibres ligneuses, et de les décomposer. Dans les endroits où se trouvent les larves, l'écorce n'est souvent plus en contact avec le bois. Elles parcourent, en se nourrissant, d'assez grands espaces, et, lorsque le moment de leur transformation est venu, elles s'enfoncent dans les lames en partie décomposées du liber. (Perris.)

FAMILLE.

CÉSALPINÉES, Cesalpineæ. *Brown.*

La corolle est irrégulière, périgyne ; l'ovaire solitaire ; l'embryon rectiligne.

Cette famille, entièrement composée d'arbres et d'arbrisseaux exotiques, en comprend plusieurs qui nous intéressent par leurs propriétes : comme le Caroubier, le Tamarinier, le Copayer, la Casse, le Sené, le Campêche et l'admirable Amherstia, l'honneur du règne végétal. D'autres se sont acclimatés en France, comme arbres d'agrément, tels sont le Gainier, le Fevier, le Chicot, le Poinsiania (1) aux élégantes fleurs. J'ai longtemps observé ceux de mon jardin pour surprendre les Insectes qui pouvaient leur devoir leur subsistance ; mes recherches ont été sans resultat.

FAMILLE.

MIMOSÉES, Mimoseæ. *R. Brown.*

La corolle est régulière, hypogyne ; l'ovaire solitaire, l'embryon rectiligne.

Cette famille nous inspire un grand intérêt, quoiqu'entièrement composee de végétaux exotiques. Elle comprend les Antades, ces Lianes gigantesques qui couvrent de leurs sarments et de leurs fleurs la cime des plus grands arbres de l'Inde ; la Sensitive (2), qui

---

(1) Le Poinsiania gilliesi.

(2) Parmi les effets de l'excitabilité de cette plante, nous citerons les deux suivants : Si l'on coupe avec des ciseaux, même sans occasionner de secousses, la moitié d'une foliole de la dernière ou de l'avant-dernière paire, presqu'aussitôt la foliole mutilée et celle qui lui est opposée se rapprochent. L'instant d'apres, le mouvement a lieu dans les folioles voisines, et continue de se communiquer, paire par paire, jusqu'à ce que toute la feuille soit repliée.

Si l'on gratte avec la pointe d'une aiguille une tache blanchâtre qu'on observe à la base des folioles, celles-ci s'ébranlent tout-à-coup et bien plus vivement que si la pointe de l'aiguille eut été portée dans tout autre endroit. (Mirbel.)

couvre les savanes du Brésil et que nous cultivons comme la plus aimable des plantes, parce qu'elle est la plus pudique ; les Ingas, les Parkias, les Prosopis dont les fruits fournissent des aliments aux Indiens ; les Mimosa surtout, dont les espèces abondent dans l'ancien monde et la Nouvelle-Hollande, auxquelles nous devons le cachou et la gomme arabique, et parmi lesquelles figurent les M. *Julibrizin* et *Farnesiana*, espèces charmantes qui supportent la température de la France méridionale. Deux Insectes seulement, à ma connaissance, ont été observés sur les végétaux de cette famille, ce sont les Coléoptères qui suivent :

Lampetis mimosæ. Klug. — La larve de ce Sternoxe doit se développer sous l'écorce.

Lamia amputator. Fab.—Ce Longicorne dévaste et fait périr le Mimosa, tant dans l'état de larve que dans celui d'insecte parfait.

DIVISION.

DICOTYLÉDONES MONOPÉTALES.

Cette division diffère de la précédente par la corolle formee de pétales plus ou moins soudés.

Cette grande division comprend de nombreuses classes parmi lesquelles plusieurs sont innombrables en espèces, telles que les Composées, les Labiées, les Rubiacées. Quoiqu'elle semble présenter, par la corolle monopétale, une organisation plus simple que la précédente, nous la croyons au contraire d'un ordre plus composé en considérant qu'elle reproduit les divisions de la corolle polypétale, en y joignant la partie qui les soude et les réunit.

Nous plaçons à l'extrémité de cette division la classe des Ligustrinées qui se termine par le Frêne, intermédiaire, par ses caractères, entre les monopétales et les apétales.

Quelque nombreuse que soit cette division, elle ne presente que peu d'arbres et d'arbrisseaux soit indigènes, soit naturalisés en Europe ; tels sont parmi les derniers, le Catalpa, le Pawlonia, l'Olivier, le Lilas, et parmi les premiers la Viorne, le Sureau, le Chevrefeuille, le Troëne et le Frêne.

CLASSE.

ÉRICINÉES, Ericineæ. *Barth.*

Les fleurs sont régulières ; la corolle est divisée en lobes ; les etamines sont en nombre égal ou double que les lobes de la corolle.

De cette classe, composee de plusieurs familles, nous n'avons a a nous occuper que de celles des Vacciniées et des Ericacées sous le rapport entomologique.

FAMILLE.

VACCINIÉES, Vacciniæ. *De Cand.*

La corolle est épigyne.

G. AIRELLE, myrtillus. *Linn.*

La corolle est petite, à quatre ou cinq divisions.

Ce très petit arbuste, dont la feuille rappelle gracieusement celle du Myrte ; sa jolie petite fleur rosée, son petit fruit noir, au duvet bleuâtre, à la saveur aigrelette, nous rappellent le plaisir avec lequel nous le rencontrons dans les forêts.

Les insectes observés sur le Myrtille sont :

LÉPIDOPTÈRES.

Cerastis vaccinii. Linn. — Cette Noctuelite ne s'envole pas lorsqu'on veut la saisir ; mais elle se laisse tomber à terre, et puis elle se met à courir avec une telle rapidite que l'on a de la peine à s'en rendre maître. La chenille est rase, se tient cachée pendant le jour et s'enferme dans un cocon.

Anarta myrtilli. Linn. — La chenille de cette Noctuélite est rase, courte, de couleurs variées ; elle se renferme dans un cocon de soie et de débris de plantes, et elle le place entre des feuilles

Eupisteria quinquaria. Hubn. — La chenille de cette Phalénide est lisse et rayée longitudinalement. Elle s'enterre pour se transformer sans former de coque.

Ypsipetes elutaria. B. D. — La chenille de cette Phalénide est courte, epaisse; elle se file une coque d'un tissu léger entre des feuilles.

DIPTERES.

Euthynevra myrtilli. Macq. — Cette Hybotide se trouve communément sur les fleurs de l'Airelle aux environs de Liége.

FAMILLE.

ÉRICACÉES, Ercaceæ. *Spach.*

L'ovaire n'est pas adhérent ; les anthères ont deux bourses.

Cette famille, chère à l'horticulture, comprend un grand nombre d'arbrisseaux qui sont l'ornement de nos jardins. Les Bruyères, qui lui ont donné son nom, les Arbousiers. Les *Rhododendrum*, les *Azalea*, les *Kalmia*, les *Rhodora*, les *Andromeda*, les *Clethra* et bien d'autres encore qui méritent également par le charme de leurs fleurs, les soins que nous donnons à leur culture.

Peu d'Insectes ont eté observés sur ces arbrisseaux.

G. BRUYERE, Erica. *Linn.*

Le calice et la corolle présentent quatre divisions ; les étamines sont au nombre de huit ; l'ovaire est à quatre loges.

La nature semble vouloir dédommager les sols les plus pauvres en végétation par la plus grande profusion de fleurs. Quand elle ne peut couvrir les plaines, les montagnes, les vallées de moissons, de forêts, de prairies avec leur admirable variété, elle semble charger la Bruyère, l'Ajonc, le Genêt, de jeter seuls sur de vastes espaces, l'immense draperie de leur feuillage diapré de fleurs. C'est ainsi qu'un petit nombre d'espèces réparties en Europe et adaptées aux rares modifications du sol sablonneux, suffit pour remplir cette mission, tandis que dans l'Afrique australe plus de six cent Bruyères constituent une partie considérable de la végétation et attestent l'immense diversité des combinaisons de ce sol ; elles ont d'ailleurs été explorées, recherchées, rapportées en

Europe en raison de la multitude, de la disposition, de la singularité de leurs jolies fleurs façonnées en grelot, en tube, en cloche, en urne, en trompette, en carquois, en massue, assemblées en thyrses, en bouquets, en grappe, en panicule, en guirlande, en pyramide, en rayons ornés de toutes les couleurs les plus brillantes.

Nous ne mentionnons que peu d'Insectes des Bruyères d'Europe

COLÉOPTÈRES.

Malthinus chelifer. Kiesenw. — V. Buis.

Rhynchites splendidulus. Kiesenw. — V. Vigne. Sur la Bruyère arborescente.

Cleonis ericeti. Dahl. — Ce Curculionite se développe sous l'écorce.

Ceutorhynchus ericæ. Gyl. — Ce Curculionite vit sur les fleurs.

Nanodes ericetorum. Duft. — Même observation.

Peritelus ericeti. Dahl. — Même observation.

Stylosomus ericeti. Suff. — V. Tamarisc.

Crepidodera lineata. Ross. — V. Saule.

LÉPIDOPTÈRES.

Satyrus actœa. Esp. — La chenille de ce papillon se suspend par la queue avant de se transformer.

Attacus pyri. Linn. — V. Oranger

Bombyx quercus. Linn. — V. Ronce.

Orgya ericæ. Germ. — La chenille de cette Bombycide est garnie de poils disposés, les uns sur le dos, en forme de brosses, les autres en forme de pinceaux aux deux extrémités du corps, dont deux placés sur le cou, et dirigés en avant, et le troisième sur le onzième segment dirigé en arrière. Elle se renferme dans une coque d'un tissu lâche entremêlé de poils.

Chersotes ericæ. B. — La chenille de cette Noctuélite est rayée longitudinalement. Elle se cache pendant le jour et se transforme dans une coque composée de terre et de débris de végétaux.

Anarta myrtilli. Lin. — V. Airelle myrtille.

Agrotis ericæ. B. D. — La chenille de cette Noctuélite est rase. Elle s'enterre, pour se métamorphoser, sans faire de cocon distinct.

Orthosia neglecta. Hubn. — V. Cerisier. La chenille se tient a l'extrémité des tiges.

Larentia ericata. Dup. — Voyez Tamarisc. Sur la Bruyère arborescente.

Sericoris zinckenana. Frohl. — V. Pin.

Emmelesia ericetata. Steph.

G. ARBOUSIER, Arbutus. *Tournef.*

Le calice et la corolle sont à cinq divisions; les étamines au nombre de dix; l'ovaire a cinq loges; les graines sont cylindracées ou anguleuses.

Le Fraisier en arbre, arbutus unedo, par son nom français nous promet des jouissances que son nom latin détruit à l'instant. Nous nous figurons un arbre semblable à un Cerisier, un Prunier, qui nous présente par milliers des fraises parfumées des Alpes ou du Chili, de Queen ou de Wilmot, délicieuses de parfum et de saveur. Le nom d'*unedo* dissipe cette illusion en nous apprenant que nous mangeons à peine un (1) de ces fruits à forme séduisante et trompeuse dont les oiseaux seuls font leurs délices.

Nous ne connaissons que deux Insectes de l'Arbousier :

LÉPIDOPTÈRES.

Charaxes jasius. Linn. — Duponchel a nourri les chenilles de ce beau papillon sur des Arbousiers en hiver, à Paris, dans une chambre dont la température était à quinze degrés Reaumur, et il a eu la satisfaction de les amener à leur dernier état. Les chenilles

---

(1) Les latins l'appellent unedo, ne lui donnant autre prérogative sinon ce qu'on mange les arbouses à chas une; car pour ceste occasion le nom d'*unedo* lui fut imposé. (Pline, traduction de Du Penet.)

ont la forme de limace, à tête surmontée de quatre cornes, à dernier segment aplati et terminé en queue de poisson. Les chrysalides sont ovoïdes et attachées par l'extrémité de l'abdomen.

Heliodes arbuti. F. — La chenille de cette Noctuélite est rase, courte, à tête aplatie. Elle se transforme dans un cocon sphérique composé de terre et de soie, et elle s'enterre profondément.

G. BUSSEROLE, Arctostaphylos. *Adans.*

Le calice et la corolle sont à cinq divisions; les étamines au nombre de dix; l'ovaire est à cinq loges: les graines sont suspendues.

Ce diminutif du Buis, dont le fruit en forme de raisin sert d'aliment aux ours dans les grandes forêts de Pins de la Scandinavie, des Alpes et des Pyrénées, sert aussi par ses propriétés astringentes au tannage, à la teinture. On lui attribuait autrefois la vertu de la lithotritie.

Le seul insecte observé sur cet arbuste est le :

Coccus uvæ ursi. Fab. — V. Tamarisc. On le trouve au pied de la plante sous la mousse.

G. LEDUM, Ledum. *Linn.*

Le calice est minime, cupuliforme, à cinq dents; la corolle a cinq pétales; les étamines sont de cinq à dix.

Cet arbrisseau des tourbières des régions boréales, qui tient lieu de Houblon en Russie, de Thé au Labrador, est venu prendre place dans les massifs de nos jardins, où ses jeunes feuilles nous plaisent par leur odeur aromatique.

Nous ne lui reconnaissons pas d'autre Insecte que le Lépidoptère.

Phalæna (Geometra. Tr.) lediana. Linn. — V. Berberis.

G. RHODORA, Rhodora. *Linn.*

Le calice est minime, irrégulier, à cinq lobes; la corolle de trois pétales distincts; le supérieur trilobé; les étamines sont au nombre de huit.

Ce joli arbrisseau du Canada qui fleurit chaque annee dans mon jardin, m'a presente le 18 juin 1851 des feuilles roulées par une chenille de *Tortrix*, dont voici la description :

Long. 5 l. d'un vert-pomme mat, même la tête, et les pattes écailleuses ; une raie d'un vert plus foncé et bleuâtre le long du corps ; un poil blanc sur les côtés de chaque segment ; huit fausses pattes sur les sixième et neuvième segment, et deux sur le dernier

J'ai n'ai pu élever ces chenilles jusqu'à l'état ailé.

G. ROSAGE, RHODODENDRUM. *Linn.*

Le calice est à cinq divisions ; la corolle à cinq lobes irreguliers ; les étamines sont au nombre de dix, hypogynes.

Ces arbrisseaux dont les nombreuses espèces appartiennent à la plupart des contrées tempérees du globe, doivent à la beauté de leurs fleurs la faveur d'être cultivés dans nos jardins. Deux variétés seulement, le R. *ferrugineum* et le *hirsutum* sont européennes et habitent les Alpes où elles occupent la zône la plus élevée de la végetation, immédiatement au-dessus de celle des Mélèzes. Parmi les exotiques, nous mentionnerons le *R. chrysanthum*, du Caucase, que les Russes emploient comme sudorifique ; l'*Arboreum*, dont les habitants du Népaul mangent les fleurs ; et le *ponticum* qui a mérite une malheureuse celebrité dans l'histoire de la retraite des dix mille : Xénophon rapporte que les Grecs furent empoisonnés en mangeant du miel élaboré par des abeilles qui avaient recueilli les sucs de cet arbrisseau.

Les Insectes observes sur nos espèces indigènes sont les suivants.

LÉPIDOPTERES.

Lycæna erebus. Fab. — V. Baguenaudier. J'attribue cette espèce alpine aux Rhododendrum, parce qu'on ne la trouve que dans la zone de ces arbrisseaux.

Cleogene pulcheraria. Pierret. —Les mâles seuls de cette Phalenide volent pendant le jour, tandis que les femelles restent cachées dans l'herbe. Les premiers états sont inconnus.

Cidaria hastata. Fab. — V. Berberis.
Botys rhododendronalis. Dup. — V. Tamarisc.

CLASSE.

STYRACINÉES, Styracineæ. *Bartl.*

Les fleurs sont regulières ; le calice n'est pas adhérent ; l'ovaire est à plusieurs loges; les ovules sont en nombre défini.

De cette classe qui comprend plusieurs familles, nous n'avons a nous occuper que de celle des Ebénacees.

FAMILLE.

ÉBÉNACÉES, Ébenaceæ. *Vent.*

La corolle est hypogyne, les ovules sont suspendus.

Cette famille qui doit son nom à l'Ebénier, comprend le genre Plaqueminier, qui seul a donné lieu à une observation entomologique.

G. PLAQUEMINIER. Diospyros. *Linn.*

Les fleurs sont dioïques ; les mâles ont les etamines inscrées sous le disque ; les femelles ont l'ovaire de cinq à vingt loges.

Ce genre est composé d'un assez grand nombre d'arbres exotiques, la plupart asiatiques, parmi lesquels se trouvent l'Ebénier, et une seule espèce européenne, le *Diospyros lotus*, qui doit ce nom célèbre à une erreur. Les Botanistes de la Renaissance ont cru reconnaître dans cet arbre le *Lotus* dont les Anciens exaltaient le fruit comme l'aliment des Dieux et les délices des Lotophages. Cependant rien n'etait moins certain. Pline dit que le *Lotus* croit en cette partie de l'Afrique qui est en regard de l'Italie ; qu'on le trouve aussi dans ce dernier pays, mais qu'il y a changé de nature, en même temps que de sol. Il paraît donc que le Plaqueminier etait le Lotus cultivé en Italie. Pline dit aussi qu'il y a plusieurs espèces de *Lotus*, qui peuvent toutes se distinguer à la diversite de leurs fruits. Il distingue d'ailleurs ces arbres des plantes herbacees auxquelles on donnait aussi ce nom et particulièrement du célèbre *Lotus* d'Egypte.

Pline place cet arbre au nombre de ceux qui ont le plus de longévité. Il cite le *Lotus* qui se trouvait près du temple de Diane a Rome et qui, de son temps, avait 450 ans. Il en mentionne un plus ancien, auquel on suspendait les chevelures des Vestales; un autre encore sur la place de Vulcain, qui avait été planté par Romulus, et qui était donc âge de plus de 800 ans.

Au surplus, ce Plaqueminier croit fort bien en France. Il a une fort belle végétation dans un sol humide de mon jardin, et il y fleurit chaque année.

J'ai observé sur le feuillage un petit Lépidoptère qui paraissait s'y être développé. Il appartenait au genre *Tinea*. —V. Clématite; mais je n'ai pu en déterminer l'espèce.

CLASSE.

LABIATIFLORES, Labiatiflorae. *Bartl.*

Les fleurs sont irrégulières; le calice n'est pas adherent; la corolle est presque toujours bilabiée; l'embryon est rectiligne.

Cette classe comprend un grand nombre de familles, parmi lesquelles les Labiées, les Bignoniacées et les Scrophularinées comprennent seules des arbres.

FAMILLE.

LABIÉES, Labiatæ. *Juss.*

Le pericarpe est composé de quatre nucules distincts.

Dans la famille nombreuse des Labiées, nous ne connaissons de plante ligneuse que le Romarin, dont nous ayons à nous occuper.

G. ROMARIN. Rosmarinus *Linn.*

Le calice est ovoïde-campanulé; la levre superieure indivisée.

L'humble Romarin, le plus chétif des arbustes, le plus dedaigne dans les jardins, jouit cependant d'une ancienne celebrite remarquable, qu'il doit surtout à ses proprietés aromatiques. Les

Grecs lui donnaient le nom de *Libanotis*, de l'odeur de l'encens qu'exhalent ses racines. Son nom latin provient de son habitation ordinaire sur les bords de la mer, ou il est le plus souvent chargé de rosée. Pline énumère ses qualités salutaires ; Virgile en parlant de la nourriture des Abeilles, appelle le Romarin *Ros* sans y ajouter *Marinus*.

Nam jejuna quidem clivosi glarea ruris
Vix humilis apibus casias, roremque ministrat. (1)

Ovide, en l'art d'aimer, associe cet arbuste au Myrte et au Laurier.

Silva nemus non alta facit : tegit arbutus herbam
Ros maris, et Laurus, nigraque myrtus olent

Enfin, le mérite incontestable et persistant du Romarin est de donner au miel de Narbonne, l'arome auquel il doit sa supériorité.

Un seul genre d'Insectes, à notre connaissance, fréquente le Romarin.

COLEOPTÈRES.

Sitaris humeralis. Fab.—Cet Hétéromère se rencontre en grand nombre sur le Romarin ; il y trouve sans doute sa nourriture et il y dépose ses œufs qui sont enveloppés d'une matière blanche, glutineuse. Après l'eclosion, les larves sont transportées, l'on ne sait pas encore comment, dans les nids d'Hyménoptères des genres Anthophore et Osmie, et probablement aussi dans les ruches d'Abeilles, dont elles dévorent la progéniture Cette vie parasite a des traits de ressemblance avec celle des Meloés et des Cantharides.

——— Solieri Pecchiali. — Ibid.

HÉMIPTÈRES.

Coccus rorismarinis. Fons Col. — V. Tamarisc.

---

(1) Virgile, dans son Culex, dit encore : *et rores*, nonacria thura, marini.

FAMILLE.

BIGNONIACÉES, BIGNONIACEÆ. *R. Brown.*

Le pericarpe est biloculaire; les graines sont foliacées, ailees, attachées aux bords de la cloison.

Cette famille, presqu'entièrement composee de vegetaux des tropiques, ne présente qu'un arbre acclimaté en Europe, le Catalpa.

G. CATALPA. CATALPA. *Juss.*

Le calice est bilabie; la corolle campanulée, bilabiée; les etamines sont au nombre de quatre, les deux supérieures courtes, stériles; les deux inférieures, ascendantes, fertiles.

Cet arbre, qui réunit l'ampleur du feuillage à la beaute des fleurs disposées en larges girandoles, a la corolle d'un blanc pur, pointillée de pourpre, et rayée de jaune, décore nos jardins comme les forêts du Japon, et en même temps celles de la Caroline où il a eté retrouvé par Catesby.

Le seul insecte qui ait eté signalé sur le Catalpa en Europe, est le Coleoptère Lytta vesicatoria, Linn., qui devore le feuillage, d'après une observation de Duhamel du Monceau. Dans la Caroline, on a remarqué que les Abeilles qui butinent sur ses fleurs, elaborent un miel plein d'acreté. Il ne serait pas sans quelqu'utilité de constater si cet effet se produit également en Europe.

FAMILLE.

SCROFULARINÉES, SCROFULARINEÆ. *Rob. Brown.*

Le pericarpe est biloculaire, polysperme; le perisperme nul.

Comme la famille précédente, celle-ci présente un seul arbre naturalise en Europe, le Pawlonia, au milieu d'une multitude de plantes herbacees, telles que les Verbascum, les Calcéolaires, les Mufliers, les Digitales, les Véroniques, etc.

G. PAWLONIA. Pawlonia. *Siebold.*

Le calice est campanule, à cinq divisions; la corolle tubuleuse; les etamines sont au nombre de quatre dont deux plus longues.

Toute la beaute du Catalpa est reproduite, mais dépassee par le Pawlonia, originaire comme lui du Japon, et la plus belle conquête végétale pour l'Europe, depuis celle du Marronnier d'Inde. Honneur à M. Siebold qui a su importer ce que Kœmpfer et Thunberg n'avaient pu que décrire; les vastes dimensions du feuillage (1); la grandeur, l'eclat et la disposition des fleurs en forme de Digitale, la hauteur et l'épaisseur du tronc (2), l'ampleur de la cime, tout concourt à en faire l'ornement de nos jardins.

Nous n'avons pas encore observé d'insectes déprédateurs de ce bel arbre, et nous pouvons espérer qu'il en sera préservé, par la raison qu'il n'a pas de congenères propres a l'Europe.

CLASSE.

CONTOURNÉES, Contortæ. *Bartl.*

Les fleurs sont regulières; le calice n'est pas adherent; la corolle à lobes contournés; les étamines sont situées entre les divisions de la corolle.

Cette classe est composee de plusieurs familles, parmi lesquelles nous avons seulement à nous occuper des Apocynées.

FAMILLE.

APOCYNÉES, Apocyneæ. *Brown.*

Le calice est à cinq divisions; la corolle hypogyne, à cinq lobes; l'ovaire a deux loges; l'embryon foliacé.

---

(1) Dans le sol humide et argileux de mon jardin, les feuilles du Pawlonia atteignent 70 centimètres de longueur et 40 de large. Ses rameaux de l'année n'ont pas moins de quatre mètres de long.

(2) Le tronc peut acquérir douze a quinze mètres de long et un de diamètre.

Cette famille ne présente qu'un arbrisseau appartenant à l'Europe méridionale : le Nerium (Laurier rose). Ce végetal partage avec un autre de cette famille, l'Apocyn Gobe-mouche, une singulière propriété qui n'est pas étrangère à l'entomologie. Ces plantes ont les fleurs disposees de manière que les Mouches qui y vont chercher des sucs, enfoncent leur trompe par le passage étroit qui se trouve entre les écailles et les ovaires ; et, lorsque ces Insectes veulent la retirer, elle se trouve engagée d'autant plus fortement qu'elles font plus d'efforts pour la dégager.

G. NERIUM, NERIUM. *Linn.*

La corolle est à tube court et bord plan ; les étamines sont au nombre de cinq incluses.

Le Laurier rose, dont le nom rappelle à la fois l'emblème de la gloire et des plaisirs, décore tous les lieux baignés par la Méditerranee, il s'unit à l'Oranger, au Myrte, à l'Olivier pour former les doux ombrages de cet heureux climat ; il embellit surtout le bord des lacs et des ruisseaux ; et par son feuillage toujours vert, ses fleurs d'un rose charmant, il est devenu dans toute l'Europe, l'un des plus vulgaires des arbrisseaux d'orangerie. Cependant, cette beauté cache le poison ; toute la sève est âcre et narcotique et ses effets deleteres ne sont que trop connus par la mort des soldats français en Corse qui, en 1769, avaient fait rôtir des volailles en les embrochant de branches de Lauriers roses.

Nous ne connaissons que trois Insectes qui vivent sur cet arbrisseau.

HEMYPTÈRES.

Aphis nerii. Fons Col. – V. Cornouiller.

Aspidiotus nerii. Bouche. — V. Rosier.

LEPIDOPTERES.

Deilephila (Sphynx) nerii. Linn. – V. Vigne. Espèce si remarquable par sa grandeur et ses belles teintes verdoyantes et purpurines. Méridional comme le végetal qui le nourrit, il n'etait connu dans la zone temperée que par les amateurs qui le tiraient le plus souvent de Naples pour en enrichir leurs collections, lorsqu'il survint un événement extraordinaire qui le répandit vivant dans une grande partie de l'Europe. En 1835, dans toute la France, la Belgique, l'Allemagne, l'Angleterre, les chenilles de ce Sphynx parurent en grand nombre sur les Lauriers roses, en dévorèrent le feuillage, se transformèrent et parvinrent à leur belle forme ailée, au grand étonnement du monde entomologique et même horticulteur.

La cause de cette apparition inouïe fut recherchee de toutes parts; de nombreuses hypothèses furent émises pour l'expliquer, et ce n'est que sur un fait analogue que l'on arriva à une conjecture qui paraît être la vérité. « Au mois de juin 1834, le vent du sud » fut très violent à Montpellier. Dans le même temps, les Sphynx » *Celerio et lineata* y arrivèrent en grand nombre, poussés, dit » M. Daube, par ce même vent qui venait d'Afrique. Vingt fois, » me trouvant sur la plage, j'ai vu venir du large le Sphynx » *lineata* qui butinait aussitôt sur les premières fleurs qu'il ren- » contrait. Il est inutile de l'y chercher si le vent du sud ne règne » pas. »

Si les Sphynx *Celerio et lineata* sont si evidemment entraînes vers les côtes de France par le vent d'Afrique, il peut, il doit en être de même du *Nerii*. Il est donc très probable que le grand nombre de chenilles de ce beau Sphynx qui ont paru dans le Nord et l'est de la France est le résultat d'une migration nombreuse de l'insecte parfait, qui aurait eu lieu en 1834 par l'effet des coups de vent du Midi. Ce vent, effectivement, régna pendant cette année avec violence et continuité (1).

CLASSE.

RUBIACINÉES, RUBIACINEÆ. *Bartl.*

Le calice est adhérent; la corolle de quatre a cinq lobes; les etamines sont situées entre les divisions de la corolle.

---

(1) Remarque de M. Dormoy.

Parmi les familles qui composent cette classe, nous ne trouvons des arbres et des arbrisseaux européens que parmi les Viburnées et les Caprifoliacées.

FAMILLE.

VIBURNÉES, VIBURNEÆ. *Bartl.*

Le calice est à cinq divisions, la corolle épigyne ; les étamines sont au nombre de cinq, les stygmates de trois.

Cette famille comprend les genres Viorne et Sureau.

G. VIORNE, VIBURNUM. *Linn.*

Le limbe calicinal est cupuliforme ; la corolle campanulée a cinq lobes ; les étamines sont insérées au fond de la corolle.

Les deux espèces indigènes de ce genre sont peu attaquées par les Insectes.

VIORNE COMMUN, *V. Lantana.* Linn.

La corolle a les lobes plus longs que le tube ; les étamines sont un peu plus longues que la corolle.

Nous ne connaissons que peu d'Insectes propres à la Viorne.

LÉPIDOPTÈRES.

Tortrix viburnana. W. W. — V. Lierre.

DIPTÈRES.

Cecidomyia *Reaumurii.* Brémi. — V. Tilleul. La larve de cette espèce se développe dans une galle vésiculeuse, arrondie, rougeâtre, située sur la surface supérieure de la feuille. Elle en sort par un point central de la surface inférieure. Une petite tache brune marque ce point quelques jours à l'avance. Après sa sortie de la galle, la larve se retire dans la terre.

VIORNE OBIER. *V. opulus.* Linn.

La corolle a ses lobes à peine aussi longs que le tube ; les étamines sont de moitié plus longues que la corolle.

Cet arbrisseau si vulgaire, si populaire sous le nom d'Obiau, se présente sous deux aspects différents. Dans les bois, dans les baies, nous lui voyons son ombelle formée de petits fleurons blancs et entourée d'un rang de fleurs plus grandes, mais stériles. A cette ombelle succède un bouquet de baies rouges qui affriande les petits oiseâux. Dans les jardins, la culture a transformé et agrandi tous ces fleurons en fleurs stériles qui, pour trouver place sur leur tige, se serrent en gros peloton, si connu sous les noms de boule de neige, de rose de gueldre, qui expriment leur blancheur, leur forme, leur origine.

Les seuls insectes que je connais sur la Viorne sont :

COLÉOPTÈRES.

Anthobium viburni. Grav. — V. Saule.

Galeruca viburni. Payk. — Cette Chrysomeline dévore le feuillage dans l'état de larve et d'insecte parfait, et elle fait quelquefois des ravages considérables.

HEMIPTÈRES.

Aphis viburni. Fab. — V. Cornouiller.

G. SUREAU, SAMBUCUS. *Tourn.*

Le calice et la corolle sont courts; les étamines insérees au tube de la corolle.

SUREAU COMMUN. *S. nigra.* Linn.

Les étamines sont de moitié plus courtes que la corolle.

Peu d'arbres ont été, autant que le Sureau, employés dans toutes leurs parties, vantés dans toutes leurs propriétés. Les racines, le bois, la moëlle, l'écorce, les feuilles, les fleurs, les fruits ont été ou sont encore utilisés avec plus ou moins de succès. Les anciens en faisaient des flûtes, et les bergers croyaient, selon Pline, que les meilleures étaient celles dont le bois avait été coupé dans un lieu assez écarté pour qu'on ne pût y entendre le chant du coq. La medecine, la teinture, l'écononomie domestique en font usage C'est toute une pharmacie pour l'habitant de la chaumière dont un vieux Sureau ombrage le seuil. Ses fleurs surtout, après l'avoir charme de leurs larges ombelles blanches et de leur douce odeur, lui présentent le secours de leurs vertus émollientes et sudorifiques. Ne soyons donc pas étonnés si le savant Blokwitzius a écrit un livre entier sur les propriétés de cet arbrisseau, sous le titre d'*Anatomie du Sureau*.

Les Insectes observés sur le Sureau sont :

COLÉOPTÈRES.

Telephorus testaceus. Fab. — Ce Malacoderme vit sur les fleurs La larve se développe dans la terre.

Gnorimus nobilis. Fab. — V. Rosier.

Lytta vesicatoria. Fab. — V. Catalpa.

Morimus funestus. Fab. — Ce Longicorne se développe dans l'Aubier.

Phytæcia virescens. Id. — Même observation.

HYMENOPTÈRES.

Tenthredo sambuci. Lepell. — V. Groseiller.

HÉMIPTÈRES.

Aphis sambuci. Linn. — V. Cornouiller.

LÉPIDOPTÈRES.

Sphynx ligustri. Linn. — V. Troëne.

Nonagria flavago. L.—La chenille de cette noctuelite est munie de plaques écailleuses sur le premier et dernier segment. Elle vit et se métamorphose dans l'intérieur des tiges, dont elle mange la moëlle.

Urapteryx sambucaria. Linn. — La chenille de cette Phalénide est très allongée et ressemble, pour la forme et la couleur, à une petite branche de bois mort. La chrysalide, également allongée, est enveloppée d'un réseau à claire-voie, entremêlé de quelques debris de feuilles. Ce réseau est suspendu par de longs fils à une branche d'arbre, comme le nid de la Mesange penduline, de sorte qu'il est balancé par le moindre vent. Duponchel.

Botys sambucalis. W. W. — V. Tamarisc.

Micropteryx aglaella. Dup., Zell. — V. Cornouiller.

FAMILLE.

CAPRIFOLIACÉES, CAPRIFOLIACEÆ. *Bartl.*

Le calice est adhérent par sa partie inférieure a l'ovaire; la corolle tubuleuse ou campanulée, épigyne; les étamines sont insérées au tube ou à la gorge de la corolle.

Cette famille se compose principalement des genres Chèvrefeuille, Lonicère, Xylosteum, Weigelia, qui ont donné lieu a des observations entomologiques.

G. CHÈVREFEUILLE. CAPRIFOLIUM. *Mœnch.*

La corolle est bilabiée, a tube allongé; la lèvre supérieure large, l'inférieure étroite; les étamines sont insérées à la gorge de la corolle.

CHEVREFEUILLE DES BOIS. C. periclymenum. R. et S. syst.

Les feuilles florales ne sont pas connées.

CHÈVREFEUILLE COMMUN. C. rotundifolium. Mœnch.

Les feuilles florales sont connées.

Nous réunissons ces deux espèces voisines, dont l'une habite les bois, les buissons, les haies, et l'autre, originaire de l'Europe méridionale, est naturalisée dans nos jardins; l'une et l'autre de nature grimpante, et représentant dans nos climats tempérés les Lianes tropicales. Un Chèvrefeuille de mon jardin, planté il y a soixante ans au pied d'un jeune Peuplier d'Italie, a cru et vieilli avec lui, sans rien perdre encore de sa vigueur. Il s'élève à plus de quarante pieds du sol, etreignant son soutien de ses sarments diffus, et il le couvre chaque année de ses fleurs suaves. Cet arbuste est en possession, dans les modestes jardins des presbytères, de couvrir de sa végétation luxuriante les humbles tonnelles où se récitent les bréviaires, où se méditent les prônes du dimanche, comme l'élégant kiosque des parcs aristocratiques se pare et se parfume de Chèvrefeuille de la Chine, de Clématites, de Passiflores, de Jasmins, de Glycines.

Les insectes observés sur le Chèvrefeuille sont :

COLÉOPTÈRES.

Oberea pupillata. Gyll. — Les larves de ce longicorne rongent cet arbrisseau quelquefois au point de le faire périr

HYMENOPTÈRES.

Tenthredo rustica. Linn — V. Groseiller.

HEMIPTÈRES.

Aphis caprifolii. Fab. — V. Cornouiller. Il gâte souvent les feuilles et les fleurs

LÉPIDOPTÈRES.

Limenitis camilla Linn. — V. Erable.

——— sybilla. Id. — Ibid

Polyphænis prospicua. Bork. — La chenille de cette Noctuélite est rase, rayée longitudinalement ; elle se cache pendant le jour et se transforme dans la terre.

Xylocampa lithorhiza. Bork.—La chenille de cette Noctuélite est rase, à tête petite et pattes membraneuses très-longues. Ses palpes maxillaires sont très-alongés et dirigés en avant comme des tentacules. Elle se renferme dans un cocon papyracé recouvert de mousse.

Xylina rhizolitha. Fab. — La chenille de cette Noctuelite est également rase et rayée. Elle vit à découvert et s'enfonce dans la terre pour se transformer. La chrysalide est renfermée dans une coque composée de terre et de quelques fils de soie.

Hyppa rectilinea. Esp. — La chenille de cette Noctuélite se métamorphose dans une coque légère attachee aux branches.

Amphipyra perflua. Fab. — La chenille de cette Noctuélite est epaisse, glabre, ayant la partie postérieure plus grosse que l'anterieure et le onzième segment relevé en pyramide. La chrysalide est renfermée dans une coque de soie.

Harpipterix arpella. W. W. — La chenille de cette Tineide est fusiforme, parsemée de points isolés. Elle se transforme renfermée dans une coque en bateau. La chrysalide est claviforme.

——— nemorella. Linn.— Ibid.

Lithocolletis heydenii. Zell. — V. Erable.

——— emberizæpennella. Bouché. — Ibid

DIPTÈRES.

Ceratopogon caprifolii. Nob. — Cette petite Tipulaire vit sur les fleurs et se propage souvent en nombre infini.

Phytomyza obscurella. Goureau. — La larve de cette Muscide vit en mineuse du parenchyme des feuilles.

G. LONICÈRE. LONICERA. *Linn*.

La corolle est bilabiée, à tube court; la lèvre supérieure large, l'inférieure courte; les étamines sont insérées à la gorge de la corolle.

Le Lonicère commun a passé des bois dans les jardins où il plaît en automne par ses baies qui varient de couleur. Il est attaqué par les insectes suivants :

COLEOPTERES.

Orchestes loniceræ. Fab. — La larve de ce Curculionite vit en mineuse dans le parenchyme des feuilles et s'y métamorphose dans une boursoufflure.

HYMENOPTERES.

Cimbex loniceræ. Linn. — V. Sorbier.

Tenthredo loniceræ. Linn. — V. Groseiller

HEMIPTÈRES.

Aphis loniceræ. Réaum. Hart. — V Cornouiller. Les antennes courtes ; les corniculles nulles.

LEPIDOPTERES.

Limenitis sybilla. Linn. — V. Erable.

Macroglossa bombyliformis. Linn. — V. Pommier.

Zygæna loniceræ. Esp. — La chenille de cette Crépusculaire est courte, pubescente, atténuée aux deux extrémités; elle a la marche paresseuse. Elle se renferme, avant de se transformer, dans une coque de la consistance du parchemin ou de la coquille d'œuf

Plusia Jota. Linn. — La chenille de cette Noctuélite n'a que douze pattes et elle marche comme les arpenteuses. Elle se renferme dans un cocon de soie d'un tissu léger, et elle le fixe aux feuilles.

Polyphænis prospicua. Borkh. — La chenille de cette Noctuelite est rase. Elle se cache dans des masses de feuilles sèches et se métamorphose dans la terre.

DIPTERES

Tephritis (Trypeta) speciosa. Loew. — La larve de cette Muscide se développe dans les baies.

Phytomyza agromyzina. Meig. Gour. — V. Chèvrefeuille. La larve mine dans les feuilles une galerie filiforme, diversement contournée, et elle en sort pour se transformer en nymphe dans la terre.

——— aprilina. Gour.—Ibid. La larve trace dans les feuilles une galerie courte, filiforme, terminée par un espace oblong assez vaste.

G. XYLOSTEUM. XYLOSTEUM. *Tournef.*

La corolle est presque régulière, a cinq divisions et a tube court; les étamines sont insérées à la gorge de la corolle.

Le Xylosteum à fruit bleu, que nous trouvons dans les montagnes comme dans nos jardins, a fourni les observations entomologiques suivantes.

COLEOPTERES.

Cryptocephalus tridentatus. Linn. — V Cornouiller

HÉMIPTÈRES

Aphis xylostei. Schr. — V Cornouiller.

—— xylostei. Deg.—Ibid. Antennes courtes, cornicules nulles

LEPIDOPTERES.

Tortrix xylosteana Linn. — V. Lierre. La chenille roule les feuilles et s'y transforme sans construire de coque.

Orneodes hexadactyla. Linn. — La chenille de cette Pleropho-ride est glabre ; elle vit dans le calice de la fleur et en ronge les parties intérieures. Son cocon est de soie, à claire voie.

DIPTERES.

Phytomyza obscurella. Gour. — V. Lonicere. La larve mine les feuilles et y creuse des galeries.

G. WEIGELIA. Weigelia. *Pers*

Ce charmant arbuste, qui nous prodigue ses belles fleurs roses au printemps, attire singulièrement la Cicadelle

Aphrophora spumaria, Linn., — dont la larve sécrète une écume blanche en telle quantité qu'elle en est entièrement couverte.

CLASSE

LIGUSTRINÉES, Ligustrineæ. *Bartl.*

Les fleurs sont régulières ; les étamines au nombre de deux ; le pistil est inadhérent.

Cette classe comprend les familles des Jasminées et des Oléacées.

FAMILLE.

JASMINÉES, Jasmineæ. *Brown.*

Le calice est campanulé ; la corolle cylindrique ; les graines sont dressées.

G. JASMIN. Jasminum (1). *Tourn.*

Le calice est à cinq divisions.

Les Jasmins sont surtout caracterisés par la finesse et la suavité des parfums qu'exhalent leurs fleurs. Cette propriété se montre généralement proportionnée au degré de chaleur des climats auxquels ils appartiennent. Il y a gradation continue de notre Jasmin blanc à celui d'Espagne ou de Valence, à celui qui sent la

---

(1) Le nom de Jasmin est dérivé de *ion*, Violette, et de *osme*, odeur

Jonquille, à celui des Açores, à celui d'Arabie, sans remonter aux Jasmins du Cap, de l'île Maurice, de la Chine et de la mer du Sud.

Les insectes observés sur le Jasmin officinal sont :

LÉPIDOPTÈRES.

Sphynx ligustri. Linn. — V. Troëne.

Acherontbia atropos. Linn. — La chenille du Sphynx tête de mort est lisse, à tête plate et ovale ; elle est armée, sur le onzième segment, d'une corne rocailleuse et contournée ; elle s'enfonce profondément dans la terre pour se transformer, sans former de cocon.

Ennomos syringaria. Linn. — V. Tilleul.

Chlorochroma vernaria. W. W. — V. Chêne.

FAMILLE.

OLÉACÉES, OLEACEÆ. *Spach*

Le calice est a quatre divisions ; la corolle à quatre pétales hypogynes.

Cette famille comprend des végétaux qui nous paraissent bien dissemblables, tels que les Oliviers, les Lilas, les Frênes. Cependant, aux caractères botaniques qui les rapprochent, on peut joindre la saveur amère et astringente de l'écorce intérieure, des bourgeons, des feuilles et des fleurs, et leur affinité se montre encore par la faculté qu'ils nous donnent de greffer, par exemple, les Lilas sur les Frênes.

G. TROENE. LIGUSTRUM. *Tourn*

Le tube calicinal est campanule ; la corolle en entonnoir ; le tube plus long que le calice.

Le Troëne qui attire nos regards dans les buissons, dans les haies, sur la lisière des bois, nous plaît par son aspect agréable, par son joli feuillage, par l'élégante simplicité et la blancheur de ses fleurs en bouquets, et par la douce odeur qu'elles exhalent. Il est en harmonie avec la nature bocagère au milieu de laquelle nous le trouvons ; il en est l'agréable expression. Voisin du Lilas par ses caractères botaniques, il semble en être l'idée première ; il en retrace les premiers linéaments ; il est pour la campagne ce que ce dernier est pour les jardins ; il semble avoir accru tous ses moyens de plaire pour briller aux yeux des hommes, tandis que dans son état naturel il est l'image de la candeur, de l'innocence, et que Virgile, dans ses vers délicieux, compare le Troëne en fleurs à la beauté simple et naïve d'une jeune vierge

Les insectes du Troëne sont :

COLÉOPTERES

Lytta vesicatoria. Fab. — V. Catalpa

Otiorhynchus ligustrici. Linn. — V. Alisier.

HYMÉNOPTÈRES.

Tenthredo blanda. Fab. — V. Groseiller.

LEPIDOPTÈRES.

Sphynx ligustri. Linn.—La chenille de ce Crepusculaire est lisse, rayee obliquement ; la tête est plate ; le onzième segment porte une corne aiguë et courbée en arrière. Elle se transforme dans la terre sans former de coque.

Acronycta ligustri. Fab. — V. Tilleul.

Anisopteryx æscularia. W. W. — V Marronnier

Coremia ligustraria. Tr — La chenille de cette Phalenide est lisse, diminuant de grosseur de la queue à la tête ; elle se renferme dans un léger tissu de soie.

Ennomos syringaria. Linn. — V. Tilleul.

Chlorochroma vernaria. W. W. — V. Chêne.

Anisopteryx aescularia. W. W. — V. Marronnier.

Acasis viretaria. B. — Cette Phalenide a les palpes deux fois aussi longs que la tête ; la chenille est peu alongée, à tête très petite.

Eupithecia ligustraria. B. — V. Tamarisc

Tinea aglaella. Fons Col. — V. Clématite.

Gracillaria syringella. Fab. Zell. — V. Erable.

Gracillaria alaudellum. Dup. — Ibid.

Coriscium ligustrinellum. Zell. — Cette Tinéïde a l'avant-dernier article des palpes garni intérieurement d'un faisceau de poils Les premiers états ne sont pas connus.

G. LILAS. SYRINGA. *Linn.*

Le tube de la corolle est beaucoup plus long que le calice.

Le Lilas commun, dont la floraison fait époque chaque annee, commence à peu près cette guirlande de fleurs qui se déroule successivement pour varier nos plaisirs; il nous offre les couleurs les plus vives, les formes les plus gracieuses, les parfums les plus suaves.

Par sa beaute et sa fecondité le Lilas s'est popularisé au point de décorer le seuil de la chaumière comme le parc du château, c'est une jouissance a la portée de tous; mais pour ceux à qui ces plaisirs vulgaires ne suffisent pas, le Lilas présente des espèces et des variétés qui sont venues successivement joindre au charme ordinaire l'attrait de la nouveauté et de la rareté.

Le Lilas commun, rapporte de Constantinople en 1562 par Bousbèque (1) s'est modifié en blanc, en bleu. Ceux de Marly, de Perse, de Chine, Emodi, ont paru à leur tour, et la Comtesse Josika a découvert en Transylvanie l'espèce qui porte son nom. On pourrait y joindre le *Syringa suspensa*. Thunb., du Japon, s'il n'était devenu le type du genre *Forsythia*.

Les Insectes observés sur les Lilas sont :

COLÉOPTÈRES.

Agrilus cyanea. Fab. — V. Vigne.

Trichius fasciatus. Fab. — V. Aubépine.

Lytta vesicatoria. Fab. — V. Catalpa.

Anoncodes (œdemera) ustulata. Fab. — V. Spiræa.

---

(1) Bousbèque, né à Boesbeke, près Lille, a été ambassadeur à Constantinople.

HYMÉNOPTÈRES.

Megachile centuncularis. — V. Rosier. Elle coupe des portions de feuilles de Lilas pour garnir le nid de ses œufs.

LÉPIDOPTÈRES.

Ennomos syringaria. Linn — V. Tilleul.

Chlorochroma vernaria. W. W. — V. Chêne.

Tortrix syringana. Nob. — J'ai trouvé sur un *S Josikea* de mon jardin une chenille de ce genre, dont voici la description Longueur 0,015, largeur 0,002. D'un vert mat assez foncé en dessus, assez pâle en dessous; les trois derniers segments d'un vert plus pâle. Tête brune, luisante, ainsi que le premier segment dont les bords sont verts. Un poil blanc, menu, sur les côtés de chaque segment; les six pattes écailleuses noires; huit fausses pattes sur les sixième et neuvième; deux autres sur le dernier.

Cette chenille très-vive avait roulé une feuille. Observation du 13 juin 1851.

Tinea syringella. Ratz. — V. Clematite. La chenille est mineuse.

Gracillaria syringella. Fab Zell. — V. Erable

G. OLIVIER. Olea. *Tourn*

Le calice est rudimentaire; la corole campanulée; les étamines sont insérées au tube de la corolle.

Peu d'arbres jouissent d'une célébrité aussi grande et aussi ancienne que l'Olivier. Originaire de l'Orient, dans toutes les régions qui avoisinent la Méditerranée, il suivit de près les céréales et la civilisation.

Les Hébreux considéraient l'huile de l'Olivier comme une des plus précieuses offrandes faites à Dieu dans leurs sacrifices. Elle imprimait un caractère sacré sur le front de leurs pontifes et de leurs rois.

Les Grecs attribuaient l'origine merveilleuse de l'Olivier à Minerve, le faisant sortir de terre d'un coup de sa lance, et il devint le symbole de la sagesse, de la paix et de l'abondance. A Rome il fut indroduit sous les Tarquins; à Marseille, il fut apporté par la colonie phocéenne.

Tous les agronomes de l'antiquité se sont occupés de l'Olivier et ont attribué la plus grande importance à cet arbre et à ses fruits Suivant Hésiode, il est si lent à porter des olives que jamais homme ne vit le fruit de l'Olivier qu'il avait planté(1). Selon Théophraste, il n'y avait d'Oliviers qu'à quarante milles de la mer. Fenestella affirme que sous le règne de Tarquin l'Ancien, c'est-à-dire vers l'an 180 de Rome, il n'existait pas encore d'Oliviers en Italie, en Espagne et en Afrique. Columelle considère cet arbre comme le premier et le plus utile des arbres. Caton rapporte que de son temps on ne connaissait pas d'autre huile que celle d'Olive, tandis que Pline signale les huiles de chamelea, de ricin, de sésame, d'amandes, etc. Ce naturaliste comparant l'huile d'olive au vin, dit que la première prend un goût désagréable quand on la garde, en quoi elle contraste avec le vin. La nature, ajoute-t-il, a montré en cela une grande prévoyance; car, comme le vin sert d'instrument a la dissolution et a l'intempérance, elle n'a pas voulu contraindre l'homme à en faire usage; même, elle lui a donné le moyen de le garder, rendant le vin meilleur quand on le conserve. Au contraire, elle n'a pas voulu qu on epargnât l'huile, et, pour cette cause, elle l'a rendue vulgaire, commune à tout le monde et peu susceptible de conservation.

L'Olivier, comme emblème de la paix, a inspiré à Sophocle l'eloge suivant qui peut également s'appliquer à la Religion :

« Une plante qui n'a pas été semée par la main de l'homme, mais qui a cru spontanément et nécessairement dans le grand ordre établi par la sagesse créatrice; une plante redoutable à ses ennemis, et si profondément entrée dans le sol, que nul homme des temps anciens ou modernes n'a pu parvenir à la déraciner Œdipe Col. 694.

---

(1) Suivant le proverbe provençal *Oulivié dï toun gran, Castagné di toun païri, ımourié ttouni.* N'espère jouir que du Mûrier que tu as planté, du Châtaignier qui l'a été par ton père, et seulement de l'Olivier de ton aïeul

L'espèce de culte que les Grecs rendaient à l'Olivier, la pureté exigée des jeunes filles qui étaient honorées de la mission d'en cueillir les fruits, les soins que l'on donnait à la conservation de cet arbre, tout se joignait à sa longévité naturelle pour multiplier le nombre des Oliviers remarquables par leurs dimensions et leur ancienneté. Homère nous apprend dans l'Odyssée qu'Ulysse s'était construit dans le tronc d'un Olivier une chambre nuptiale dont la description le fit reconnaître par Pénélope. Pline cite comme existant encore de son temps l'Olivier dont Minerve fit don à Athènes; celui d'Argos auquel Io fut attachée, et celui du Mont-Olympe qui fournit la première couronne d'Hercule. Il mentionne aussi pour leur antiquité les Oliviers de Linternum plantés par Scipion l'Africain, et que Léon Alberti retrouva vivants au dixième siècle. Des voyageurs ont vu de nos jours à Jérusalem des Oliviers qui avaient vingt-cinq pieds de circonférence et dont l'existence est antérieure à la conquête du pays par les Musulmans, puisqu'ils sont exempts de la taxe à laquelle sont assujettis les Oliviers plantés depuis cette époque.

De nombreux exemples de cette longévité se trouvent également en France. On ne donne guères moins de dix siècles à l'Olivier de Ceyrestre, près de Marseille, dont le tronc creux pouvait abriter vingt personnes; à celui de Beaulieu, près Villefranche de Nice, dont le tronc a plus de douze mètres de circonférence à sa base.

Comme l'Olivier est l'arbre le plus anciennement cultivé, il est aussi celui qui présente les plus nombreuses variétés produites par la culture. Ce qu'elles présentent de plus intéressant en France, ce sont les deux types romain et phocéen d'où elles proviennent toutes et qui sont toujours reconnaissables. L'Olivier d'origine romaine a le fruit noir et grêle, il est fort de bois, faible de feuillage ; le phocéen au contraire est à fruit rougeâtre et charnu ; il a peu de bois et beaucoup de feuillage

Cet arbre, si précieux pour la région méditerranéenne jusqu'au 45.e degré de latitude, est exposé à deux causes de pertes trèspréjudiciables, la gelée et les insectes. La gelée fait mourir quelquefois les Oliviers et ruine le pays pendant plusieurs années ; les Insectes nuisent souvent à la récolte des olives, de même qu'à l'arbre

COLÉOPTÈRES.

Oryctes grypus. Fab. — La larve de ce grand Lamellicorne ronge la souche qui, par ses racines chevelues, alimente l'arbre Il est très-utile de l'extirper.

Lytta vesicatoria. Linn. — V. Catalpa.

Otiorhynchus meridionalis. Dej. Chaplun. — V. Oranger. Il est au nombre des insectes les plus nuisibles à l'Olivier, et il est utile de le combattre en recueillant les individus.

Hylesinus oleiperda. Fab. — V. Lierre. La larve vit sous l'écorce, où on reconnaît sa présence aux taches jaunes, puis violettes qu'on y aperçoit On arrête ses ravages en retranchant les branches attaquées.

Phloiotribus oleæ. Fab — Ce Xylophage et sa larve se logent à la base des bourgeons et les rongent. Il cause souvent des ravages, et sa petitesse le fait échapper aux moyens de le détruire.

Apate muricata. Fab. — V. Tilleul.

HÉMIPTÈRES.

Psylla oleæ. Fons Col. — V Buis. La larve de cette espèce se développe dans la fleur dont elle tire la sève et fait avorter le fruit. Elle se cache sous une enveloppe cotonneuse qu'elle sécrète.

Coccus oleæ, Fab. — V. Tamarisc. Cette espèce est très-nuisible en tirant la sève des jeunes rameaux qui meurent épuisés.

LÉPIDOPTÈRES

Sphynx ligustri Linn. — V. Troëne.

Acherontia atropos. Linn. — La chenille de la tête de mort est lisse, rayée obliquement, à tête plate et onzième segment armé d'une corne rocailleuse et contournée. Elle s'enfonce profondément dans la terre et ne se forme pas de coque pour se transformer

Geometra degenerata. Zell. — V. Berberis.

Tortrix naevana. Zell. — V Lierre.

Tinea accesella. Dup. — V. Clématite.

Œcophora olivella. Fons Colombe. — La chenille de cette Tinéïde se développe dans le noyau de l'olive, elle en sort pour se métamorphoser en la perçant à l'endroit qui joint le pédicule au fruit, et elle fait tomber prematurement l'olive. M. de Fons Colombe considère cette espèce comme identique avec l'*OE. oleœlla*, Fab. dont la chenille vit en mineuse dans les feuilles de l'Olivier.

DIPTÈRES.

Dacus oleæ. Meig. — Cette Muscide est l'Insecte le plus nuisible à l'Olivier Elle dépose un œuf sur le germe de l'Olive ; la larve y pénètre, en devore la pulpe et en sort pour se transformer. La récolte est quelquefois dévastée par la multiplication infinie de ces mouches. Le moyen le plus efficace d'arrêter ces ravages est de faire la cueillette des Olives à une epoque hâtive, inusitée, lorsque les larves sont encore dans le fruit, et en le détritant immédiatement pour triturer en même temps les vers qu'elles contiennent. Il résulte de ce procédé proposé par M. Guérin-Menneville, que la récolte est plus abondante et de meilleure qualité que lorsqu'on attend l'époque ordinaire, et que l'on est délivré de cet insecte l'année suivante.

G. ORNE, Ornus. *Pers*

Le calice est petit, campanule ; les etamines sont insérees au fond du calice.

L'Orne d'Europe, que nous cultivons dans nos jardins sous le nom de Frêne à fleurs, est le même qui, en Calabre, produit la manne Cette substance est la sève épaissie par la chaleur du climat qui découle des gerçures de l'écorce, ou des incisions qui y sont pratiquées à dessein. Il paraît qu'elle est produite aussi par la piqûre de la Cigale, le seul insecte qui ait été observé sur cet arbre.

Cicada orni. Linn — Cet Hémiptère nous intéresse, sinon par le charme de la voix, au moins par l'artifice de l'instrument, a la fois violon et tambour de basque et admirablement combiné pour produire, répercuter et renforcer le son.

G. FRÊNE, Fraxinus, *Linn.*

Les fleurs sont généralement dioïques ; la corolle est nulle; les etamines sont au nombre de deux à cinq.

Les Frênes fournissent un exemple de ces organisations mixtes par lesquelles la nature semble se jouer des plus savantes classifications. Considéré dans les organes de la floraison et de la fructification, le Frêne présente les caractères essentiels de la classe des Ligustrinées et de la famille des Oléacees, et il se trouve étroitement lié au Jasmin, au Troëne, au Lilas, à l'Olivier. Si nous le considérons comme arbre forestier, nous voyons en lui l'émule de nos grandes Amentacees, de l'Orme, du Hêtre, du Platane, du Châtaignier, par l'élévation, la force et toutes les qualités qui lui donnent tant d'importance à nos yeux, et nous nous étonnons de le voir relégué parmi d'humbles arbrisseaux qui ne se recommandent que par les agréments de leurs fleurs et de leurs parfums. Cependant quels que soient les liens qui retiennent le Frêne parmi les Ligustrinées, deux caractères botaniques le rapprochent de nos arbres forestiers : d'abord ses fleurs manquent de calice et de corolle ; en second lieu, elles sont généralement dioïques, et elles ressemblent à ce double titre à celles de ces végétaux.

Ces differentes considerations nous persuadent que le Frêne forme une transition entre les végétaux dicotylédones monopétales et les apétales, et que sa place dans l'ordre naturel se trouve a l extremité des premières, immédiatement avant les dernières, et c'est ce qui nous détermine à considérer la classe des Ligustrinees qu'il termine, comme la dernière de cette division

COLÉOPTÈRES.

Rugilus fraxini. Grav. — La larve de ce Sternoxe se developpe sous l'écorce.

Lytta vesicatoria. Linn. — V. Catalpa. La Cantharide devore quelquefois tout le feuillage.

Hypophlæus fraxini. Payk. — Cet Hétéromère vit sous l'écorce.

Cionus fraxini. Deg. — La larve de ce Curculionite se développe sous l'écorce.

Tychius fraxini. Sch. — V. Spartium.

Otiorynchus fraxini. Payk. — V. Oranger.

Hylesinus crenatus. Fab. — V. Lierre. Ce Xylophage perce des galeries sous l'écorce, les unes perpendiculaires, les autres transversales. C'est dans ces dernières, qui sont assez courtes, que la femelle dépose un petit nombre d'œufs de chaque côté, et au fond de petites cavités qu'elle creuse à cet effet.

Hylesinus fraxini. Fab. — Ibid.

——— varius Fab. — Ibid.

Byphyllus lunatus. Fab. — Ce Xylophage vit sous l'ecorce.

Anisarthron barbipes. Dehl. — La larve de ce Longicorne se développe dans l'aubier.

HYMENOPTERES

Nematus fraxini. H. — La fausse chenille de cette Tenthredine dévore le feuillage.

Tenthredo fraxini. Lepellet. — V. Groseiller

HÉMIPTERES.

Cicada plebeia. Linn. — V. Vigne.

Psylla fraxini. Fab. — V. Büis.

LEPIDOPTERES

Zygœna fraxini. Man. — V. Lonicère.

Catocala fraxini. Linn. — La chenille de cette Noctuelle est atténuée antérieurement; le pénultième segment est surmonté de deux petits tubercules; les premières pattes membraneuses sont plus courtes que les autres. Elle se tient pendant le jour appliquée contre le tronc. La chrysalide est enfermée dans un tissu lâche entre les feuilles, la mousse ou l'écorce.

Catocala nupta. Linn. — Ibid.

——— sponsa. Linn — Ibid.

Geometra interjectaria. Zell. — V. Berberis.

Zerene cribraria. B. — V. Groseillier.

——— pantaria. Linn. — Ibid. La chenille vit en famille. Elle dépouille quelquefois le Frêne de ses feuilles, d'après l'observation de M. de Fons Colombe.

Tortrix flexana. Zell. — V. Lierre.

Lyonetia pulverulentella. Fab. Zell. — V. Tilleul

Lithocolletis fraxinella. Mann. — V. Erable.

DIPTÈRES

Cecidomyia fraxini. Bremi. — V. Tilleul. Les larves se developpent dans une tumeur blanchâtre, presque cylindrique, située sur la nervure principale d'une foliole. Elles sont au nombre de deux à six dans chaque galle. Les tumeurs sont produites par la présence des larves qui soulèvent l'épiderme. Elles sont entièrement fermées

DIVISION.

DICOTYLÉDONES APÉTALES.

Les fleurs sont ordinairement diclines; la corolle est nulle ou incomplète, participant à la fois de la nature de la corolle et du calice.

La grande division des plantes dicotylédones apétales termine et couronne le règne végétal en nous offrant la série dans son plus haut degré de développement; le principal caractère de cette division consiste dans la nature dicline de la fructification, c'est-a-dire dans la séparation des sexes qui ne sont plus réunis dans les mêmes fleurs, comme dans le plus grand nombre des plantes des divisions précédentes, mais isolés, soit sur le même individu, soit sur des individus différents; analogie remarquable avec le règne animal dans lequel nous voyons, comme nous l'avons déjà dit, les sexes suivre la même progression dans le long développement de la chaine zoologique; c'est un des résultats de l'unite de la loi qui régit la nature vivante. La vie présente dans tous les êtres qui en jouissent les phénomènes de la naissance, du développement, de la reproduction et de la mort; chacun de ces phénomènes se produit d'une manière analogue dans les plantes et les animaux : la naissance, par l'éveil d'un germe, le développement par la nutrition, la reproduction par la fécondation, la mort par la dissolution; l'existence des sexes dans les plantes est donc une des conséquences de la vie.

Un autre caractère des Dicotylédones apétales, c'est de présenter à peu près exclusivement des végétaux ligneux. La plupart de nos arbres forestiers appartiennent à cette grande division, et se partagent en deux classes principales et très-distinctes, les Amentacées et les Conifères, qui se subdivisent en de nombreuses familles et forment une double série progressive. Ainsi les Amentacées présentent successivement les groupes nombreux des Saules, des Peupliers, des Platanes, des Ormes, des Bouleaux, des Charmes, des Châtaigniers et des robustes Chênes, tandis que les Conifères, qui jouissent d'une noble prérogative, celle de n'être pas assujettis à la perte de leur feuillage, s'élèvent progressivement des Ifs aux Genévriers, aux Cyprès, aux Pins, aux Sapins, aux Melèzes et aux Cèdres enfin, qui occupent le sommet du règne végétal comme celui du Liban, du Taurus, de l'Atlas, de l'Himalaya.

Tous ces nobles végétaux nous charment par leur beauté; nous admirons leur port, leur élévation, leur cime tantôt pyramidale, tantôt arrondie; nous aimons à les voir isolés ou groupés, s'étendre en vastes forêts, s'élever par zones sur les flancs des hautes montagnes, ou s'enfoncer dans les ombreuses vallées, composer entre eux des harmonies charmantes par tous leurs contrastes de couleurs, de formes, d'aspects.

Il est à remarquer que toute cette beauté si majestueuse de nos arbres forestiers n'emprunte rien des fleurs; elle est d'un ordre supérieur à l'éclat des couleurs, à l'élégance des formes de ces gracieuses productions; elle parle plus au cœur qu'aux yeux.

Les Insectes des plantes Dicotylédones apétales sont plus nombreux que ceux des autres divisions, parce qu'elles sont généralement des arbres. Ils y trouvent non-seulement un feuillage infiniment plus considérable que sur les plantes herbacées, mais de plus, une écorce, un liber, un aubier qui leur fournissent en abondance des moyens de subsistance et des lieux de retraite. Aussi les Insectes xylophages forment-ils plusieurs familles fort nombreuses et souvent fort nuisibles. Quant à ceux qui dévorent le feuillage, les chenilles surtout semblent parfois égaler le nombre des feuilles mêmes, et elles en dépouillent des forêts entières. Nous avons fait le relevé de plus de 200 espèces de chenilles vivant sur le Chêne seulement, et l'on connaît les ravages qu'une seule cause quelquefois.

CLASSE.

ARISTOLOCHIÉES, ARISTOLOCHIÆ. *Bartl.*

Les fleurs sont ordinairement hermaphrodites; les étamines sont épigynes; l'embryon est minime.

Parmi les familles de cette classe, celle des Asarinées est la seule dont nous ayons à nous occuper.

FAMILLE.

ASARINÉES, ASARINEÆ. *Bartl.*

Le périanthe adhère inférieurement à l'ovaire; les étamines sont au nombre de six ou de douze.

Le seul genre qui présente des Insectes est le genre Aristoloche.

G. ARISTOLOCHE. ARISTOLOCHIA. *Tourn.*

Les fleurs sont irregulières; le périanthe à tube ventru à la base.

L'Aristoloche clematite qui croît dans les Vignes et au bord des chemins nourrit les Insectes suivants :

LEPIDOPTERES.

Thais hypsipyle. Fab. — La chenille de ce papillon diurne est garnie de plusieurs rangées d'épines charnues, hérissées de poils. La chrysalide a la tête terminée par une seule pointe. Il est à remarquer qu'elle se trouve souvent fixée par cette pointe comme elle l'est pas la queue, au moyen de quelques fils disposés à cet effet par la chenille.

DIPTÈRES.

Cecidomyia pennicornis. Linn. — V. Tilleul.

CLASSE.

PROTEINÉES, PROTEINEÆ. *Bartl.*

Les fleurs sont le plus souvent hermaphrodites ; le périanthe est ordinairement régulier ; les étamines en nombre défini, ordinairement insérées au périanthe; le pistil à ovaire uniloculaire.

Cette classe comprend plusieurs familles parmi lesquelles nous devons mentionner les Thymélées, les Eléagnées et les Laurinées.

FAMILLE.

THYMÉLÉES, THYMELEÆ. *Juss.*

L'ovaire est inadhérent; la graine suspendue.

Cette famille assez nombreuse présente le plus souvent des fleurs agréables et quelquefois des parfums suaves, quoique la sève de ces végétaux soit généralement âcre et vénéneuse.

G. DAPHNE, DAPHNE. *Linn.*

Le périanthe est non-persistant ; le disque charnu, hypogyne ; l'ovaire ovoïde ; le style court, terminal.

Ce genre, qui a usurpé le nom grec du Laurier, comprend plusieurs espèces européennes, telles que les D. Mezereum, Cneorum, Laureole, Gnidium, des Alpes ; les deux premiers ont donné lieu à des observations entomologiques.

LÉPIDOPTÈRES.

Fugia Daphnella. Fab. — La larve de cette Tinéide diffère de celles des autres de sa famille, en ce qu'elle se transforme en plein air, sans former de cocon, et à la manière de celles des Diurnes du genre *Pieris*, en s'attachant à une branche par la queue et par un lien transversal au milieu du corps. Elle vit sur le Daphné *Mezereum*.

Fugia verrucella. W. W. — Ibid. Elle vit sur le D. *cneorum*.

FAMILLE.

ÉLÉAGNÉES, ELEAGNEÆ. *Spach.*

Les fleurs hermaphrodites, ou dioïques ou polygames, régulières, axillaires ; le périante est inadhérent ; mâles 2 à 4-parti ; femelles ou hermaphrodites 2 a 5-fide ; les étamines sont en nombre double des lobes du perianthe ; le pistil à ovaire inadhérent.

Cette famille comprend les genres *Eleagnus* et *Hippophae* dont nous avons à parler.

G. CHALEF. ELÆAGNUS. *Linn.*

Le Chalef à feuilles étroites(1), originaire du levant, est cultivé dans nos jardins en faveur de son feuillage argenté et de l'odeur agréable de ses fleurs. Il a été en 1851 attaqué, dans le beau jardin de M. de Wailly, près d'Arras, par le Rhizotrogus solsticialis Fab. — V. *Saule*.

G. HIPPOPHAE. HIPPOPHAE. *Linn.*

Les fleurs sont dioïques ; les mâles ont le périanthe 2-parti ; les étamines 4 ; les femelles ont le périanthe subturbiné ; l'ovaire est recouvert par le périanthe.

L'Hippophae rhamnoïde, qui porte aussi le nom d'Argousier ou d'épine marine, habite les bords sablonneux de la mer et des rivières

Les Insectes qui vivent sur cet arbre sont :

COLEOPTERES.

Pachybrachys hippophaes. Kunz. — Saule.

---

(1) Olivier de Bohême.

LÉPIDOPTÈRES.

Deilephila hippophaes. Esp. — V. Vigne.
Orthosia lota. Linn. — V. Cerisier.

FAMILLE.

LAURINÉES, Laurineæ.

Les fleurs sont hermaphrodites ou, par avortement, unisexuelles, régulières; le périanthe est 4 ou 6-fide, inadherent; le disque charnu; étamines périgynes, en nombre défini; le pistil à ovaire inadhérent; style indivisé.

Cette famille, divisée maintenant en nombreuses tribus et genres d'arbres et d'arbrisseaux aromatiques, appartient aux régions intertropicales. Les espèces les plus connues sont le Benjoin, le Camphrier, le Cannelier, le Sassafras; le Laurier est le seul qui soit propre à l'Europe méridionale et dont nous devions nous occuper.

G. LAURIER. Laurus. *Linn.*

Les fleurs sont dioïques; le périanthe est 4-parti; les mâles ont 12 étamines trisériées; les femelles ont le style court.

Le Laurier franc, originaire de la Grèce, se plaît particulièrement sur les hauteurs. Le Parnasse, l'Hélicon, l'Olympe en sont ombragés. Il fournissait des couronnes à tous lest riomphes, à toutes les gloires de la Grèce héroïque, et après avoir ceint le front d'Homère, de Socrate, de Platon, de Solon, de Démosthènes, de Sophocle, d'Aristote, de Phidias et de tant d'autres génies, éternel honneur de cette terre sacrée, il s'est répandu en Italie et ensuite dans toute l'Europe et surtout en France où il s'est tressé en couronnes pour la phalange si nombreuse de nos gloires nationales.

Le Laurier, pas plus que la célébrité dont il est le symbole, n'est exempt d'ennemis.

---

(1) En grec *Daphné*.

HÉMIPTÈRES.

Tingis pyri. Fab. — V. Poirier.
Aspidiotus lauri. Bouche. — V. Rosier.

LÉPIDOPTÈRES.

Geometra filicata. Zell. — V. Berberis.
Tortrix succedana. Zell. — V. Lierre.

CLASSE ET FAMILLE.

SALICINÉES, SALICINEÆ. *Bartl.*

Les fleurs sont disposées en chatons ; mâles : les étamines en nombre ordinairement de deux; filets libres; anthères dressées; les fleurs femelles ont l'ovaire inadhérent, le style indivisé ou bifurque.

Cette famille commence la classe des Amentacées, telle que Jussieu l'avait formée primitivement, et qui depuis a ete reduite a une de ses parties. Elle se compose des Saules et des Peupliers, tres-rapprochés les uns des autres, tant par leurs caractères botaniques que par la station qu'ils occupent naturellement sur le sol, et cependant offrant entr'eux de singuliers contrastes qui les embellissent réciproquement à nos yeux : les Saules à la feuille etroite, immobile, glauque, satinée; les Peupliers au feuillage large, agité, d'un vert gai et lustré.

Leur affinité qui n'est aucunement detruite par ces contrastes, paraît se manifester encore par les insectes qui vivent de leur feuillage. Un assez grand nombre de Lépidoptères sont communs aux Saules et aux Peupliers. Tels sont les *Liparis*, les *Clostera*, les *Cymatophora*, les *Lobophora* et plusieurs autres. Leur instinct, d'accord avec la science, leur révèle dans ces arbres des rapports intimes qui échappent à nos regards superficiels.

G. SAULE. SALIX, *Tourn.*

Disque réduit à une ou plusieurs glandules squamiformes; fleurs mâles : deux-andres. Femelles : ovaire uniloculaire, style très-court, feuilles etroites.

Les Saules sont nos arbres les plus aquatiques ; ils ombragent les eaux de leur feuillage satiné ; ils raffermissent les rives de leurs racines chevelues. Cependant leur nature complaisante et leur puissance végétative se prêtent également au séjour de la plaine et de la montagne. Nous les voyons partout, soit sous la forme imposante de grands arbres, elevant dans les airs leur élégante cime ; soit dans l'humble état de têtarts, souvent creusés par le temps ; tantôt cultivés en taillis, tantôt en oseraie annuelle, toujours utiles, rachetant le peu de durete de leur bois par les mille usages auxquels ils sont propres, tels que les cercles, les echalas, la vannerie, la teinture, la poudre à canon, la médecine. Dès les temps antiques, cette utilité était signalée. Caton préfère le produit des Saules à celui des Oliviers, des Blés et des Prairies, et Pline regarde ce produit comme superieur à celui de tous les autres arbres.

Les nombreuses proprietes que présentent les Saules derivent des modifications également nombreuses de leur type. Nous trouvons toutes les nuances de couleurs, de formes, de port, de qualités, dans leurs diverses espèces europeennes. Nous citerons le Saule blanc, le vert, le rouge, le pourpre, le brun, le noir, le fragile, le pliant, l'herbacé, l'emousse, le rempant, le pleureur, le viminal, le marceau, l'ondulé, l'acumine ; celui à oreillettes, à stipules, à feuilles molles, pointues, d'Amandier, de garou, de Rhamnoïde, à trois ou à quatre ou à cinq étamines, tandis que le nombre normal est deux.

Quelques espèces ne sont pas moins agréables qu'utiles. Le Saule blanc, par sa grandeur et son feuillage étroit, d'un vert glauque, satiné, embellit le bord des eaux et y produit des contrastes charmants avec le Peuplier à la feuille large, d'un vert gai et lustré. Le Têtart même nous plaît lorsque creusé par les années, la tête évasée et surmontée de sa large couronne, son écorce se couvre de Lichen et de Mousse et que son terreau nourrit la Fougère, la Scolopendre, le Solanum grimpant, le Geranium herbe à Robert, et tant d'autres parasites qui couvrent de fleurs sa tête séculaire; et que dire du Saule pleureur qui penché sur une tombe, s'associe à nos larmes, sympathise avec nos regrets; emblème de l'affection, comme la Rose l'est du plaisir, le Lys de la pureté, la Sensitive de la pudeur.

Nous trouvons les Saules dans tous les temps comme dans tous les lieux. Moïse, suivant l'historien Josèphe, prescrivit l'usage de former les thyrses de la fête des Tabernacles en entrelaçant les branches du Saule, du Cédratier et du Palmiste. Ils ont leur place dans ce tableau si poetique et si touchant des rigueurs de l'exil et des regrets de la patrie absente.

Super flumina Babylonis : illuc sedimus et flevimus, dum recordaremur Sion. In salicibus in medio ejus suspendimus organa nostra. (Ps. 130.)

Et ils figurent dans la petite scène champêtre ou Virgile signale d'un vers charmant la coquetterie de la jeune bergère.

Et fugit ad salices, et se cupit ante videri (1)

Les insectes des Saules sont fort nombreux, mais ils leur font peu de tort, tant est vigoureuse la végétation de ces arbres. Les Abeilles en recherchent les fleurs.

Hyblæis apibus florem depasta saliceti (2)

SAULE BLANC. *Salix alba.* Linn.

Les écailles bractéales sont caduques avant la maturité du fruit.

Nous attribuons à cette espèce, comme à la plus répandue, les insectes qui ont éte observés sur les Saules sans distinction specifique.

COLEOPTERES.

Anthobium salicinum. Gyll. — Ce Brachélytre vit sous l'ecorce.

Telephorus fulvicollis. Fab — Ce Malacoderme se trouve dans le Saule des marais.

Anthaxia salicis. Fab. — La larve de ce Sternoxe se développe sous l'écorce.

——— rutilans. Fab. — Ibid.

---

(1) Eglogue 3 (2) Eglog. 1

Steatoderus ferrugineus. Fab. — Ce Sternoxe vit sur le tronc des jeunes Saules dont la sève qui suinte des gerçures sert à le nourrir.

Ptilium flabellicornis. Fab. — Il vit dans les Saules creux.

Ptinus pulsator. Linn. — V. Aubépine

Rhizotrogus solsticialis. Fab. — Ce Lamellicorne dévore le feuillage.

Osmoderma eremita. Fab. — Même observation.

Cetonia fastuosa. Lat. — V. Rosier. La larve se forme un cocon de sciure dans l'aubier.

——— metallica. Lat. — Ibid.

——— marmorata. Lat. — Ibid.

Mycetochara salicis. Chev. — Cet Hetéromère se developpe sous l'écorce.

Tenebrio piceus. Linn. — Il se développe sous l'écorce dans les troncs pourris.

Anthicus (Cucullus) monoceros. Linn. — Même observation.

Urodon suturalis. Fab. — Nous ne connaissons pas le mode de développement de ce Curculionite.

Rhynchites cœruleus. Dej. — V. Vigne.

Attelabus curculionidis. Fab. — V. Bouleau.

Apion salicis. Fab. — V. Tamarisc.

Othiorhynchus nigrita. Fab. — V. Oranger.

——— nigra. Fab. — Ibid.

Doritomus salicinus. Gyll. — Ce Curculionite se développe sous l'écorce.

Orchestes stigma. Germ. — V. Lonicère.

——— salicis. Fab. — Ibid.

——— saliceti. Fab. — Ibid.

Hylobius fatuus. Sch. — Ce Curculionite se développe sous l'écorce.

Hylobius decoratus. Schupp. — Ibid.

——— saliceti. Fab. — Ibid,

Polydrusus sericeus. Linn. — Même observation.

Plinthus caliginosus. Sch. — Ce Curculionite se développe sous l'écorce.

Ceutorhynchus quercûs. Linn. — V. Bruyère.

———— suturalis. Sch. — Ibid.

Cryptorhynchus lapathi. Fab. — Même observation

Chlorophanus viridis. Fab. — Même observation.

Balaninus crux. Fab. — V. Noyer.

———— brassicæ. Fab. — Ibid.

———— pyrrhoceras. Marsh. — Ibid.

Aromia moschata. Linn. — La larve de ce Longicorne vit dans le bois.

Callidium clavipes. Fab. — V. Aubépine.

Gracilia pygmæa. Fab — V. Prunier.

Exocentrus balteatus. Meg. — La larve de ce Longicorne se developpe sous l'écorce.

Molorchus salicis. Dup. — Même observation.

Morimus lugubris. Fab. — Au sortir de l'œuf, les larves entrent dans l'écorce et séjournent ensuite entre l'écorce et le bois jusqu'au moment où elles doivent se changer en nymphes. Leurs galeries sont creusees dans la face interne de l'écorce. Arrivees a l'epoque de la transformation, elles s'enfoncent dans l'aubier, y creusent une cellule et s'y retirent en fermant l'entree avec des fibres et de la sciure de bois.

Saperda scalaris. Fab. — V. Erable plane.

——— scalaris. Fab. — Ibid.

——— smaragdina. Fab. — Ibid.

——— oculata. Linn. — Ibid.

——— carcharias. Fab. — Ibid.

Stenostola nigripes. Fab. — Même observation.

Rhamnusium salicis. Fab. — Même observation.

Helodes marginella. Fab. — Cette Chrysoméline ronge les feuilles

——— violacea. Fab. — Ibid.

Auchenia melanocephala. Fab. — Même observation.

Cryptocephalus salicis. Fab. Suff. — V. Cornouiller.

Cryptocephalus sericeus. Fab.— V. Cornouiller.
———— marginellus. Oliv. — Ibid.
———— cordiger. Linn. Strub. — Ibid.
———— 10 punctatus. Fab. — Ibid.
———— coryli. Fab. — Ibid.
———— flavipes. Fab. — Ibid.
———— imperialis. Fab. — Ibid.
———— flavescens. Schn. Saf. — Ibid.
———— 6 punctatus. Fab. — Ibid.
———— punctiger. Payk. — Ibid.
———— lineola. Fab. — Ibid.
———— pallifrons. Gyll. Suff. — Ibid.
———— bipunctatus. Linn. Suff. — Ibid.
———— gracilis. Fab. Suff. — Ibid.
———— labiatus. Linn. Suff. — Ibid.
———— geminus. Meg. Suff. — Ibid.
———— vittatus Fab. — Ibid.
———— nitens. Fab. — Ibid.
———— paracenthesis. Linn. — Ibid.

Aphthona erythropus. Linn. — Nous ne connaissons pas le mode de developpement de cette Chrysomeline.
——— rubivora. Chevr. — Ibid.
——— cærulea. Payk. — Ibid.

Pachybrachys piceus. Suff. — Cette Chrysoméline ronge le feuillage.
——— histrio. Fab. — Ibid.

Lachnaia longipes. Fab. — Nous ne connaissons pas le mode de développement de cette Chrysoméline.

Chrysomela polita. Linn. — V. Genet.
———— armoriacæ.. Linn. — Ibid.

Lina 20 punctata Fab. — Même observation.

Phratora vitellinæ. Fab. — Même observation.

Galleruca calmariensis. Fab. — V. Viorne.
——— tenella Fab. — Ibid.

Troglops albicans. Linn — Cette Chrysoméline ronge le feuillage.

Anœsthetis testacea. Fab. — Même observation.

Crepidodera nitidula Linn. — Même observation

Labidostomis cyanicornis. Dahl. — Même observation.

———— humeralis. Panz. — Ibid.

Gonioctena pallida. Fab. — Même observation.

———— decem punctata. Fab. — Ibid.

HYMÉNOPTÈRES.

Cynips salicis. Fab — Ce Gallicole dépose un œuf dans une feuille au moyen d'une petite scie ; l'œuf a la faculté de grossir, et il détermine une excroissance galliforme dans laquelle la larve éclot et se développe.

Cimbex vitellinæ. Linn. — V. Sorbier. La fausse chenille, lorsqu'on la prend entre les doigts, fait jaillir des deux côtés du corps, par des ouvertures situées au-dessus des stigmates, une liqueur verdâtre, limpide, qu'elle lance à plus d'un pied de distance.

Cimbex amerinæ. Fab. — Ibid.

—— femorata. Linn. — Ibid.

—— pallens. Linn. — Ibid.

Hylotoma salicis. Fab. — V. Berberis. La fausse chenille se tient ordinairement sur le bord des feuilles qu'elle ronge ayant l'extrémité du corps relevé en arc.

Hylotoma enodis. Fab. — Ibid.

——— hydronectus. Brémi — Ibid, sur les Osiers.

Nematus salicis. Linn. — V. Frêne. Cette Tenthrédine, en déposant trois ou quatre œufs dans une incision faite aux jeunes rameaux, détermine la formation de tubérosités ligneuses dans lesquelles vivent les fausses chenilles (1).

(1) Degeer mentionne une autre espèce de Tenthrédine dont la fausse chenille vit dans de petites galles de la grosseur d'une groseille qui se trouvent sur la surface inférieure des feuilles du Saule cendré, auxquelles ces galles tiennent par un pédicule.

Athalia suessionensis. Lepell. Rozier.

HÉMIPTÈRES.

Centrotus cornutus. Linn. — Cette Cicadelle suce la sève.

Cercopis sanguinolenta. Fab. — Même observation.

Aphrophora spumaria. Germ. — V. Weigelia. La larve de cette Cicadelle produit l'écume si abondante qui se résout en eau et découle des Saules.

Aphis salicis. Fab. — V. Cornouiller.

—— vitellinæ. Schr. — Ibid.

—— saliceti. Schr. — Ibid.

—— saligna. Linn. — Ibid.

—— farinosa. Id. — Ibid.

Coccus salicis. Macq. — V. Tamarisc. Cette espèce, que j'ai publiée, couvre quelquefois des parties d'écorce. Elle est remarquable en ce que les nymphes des mâles ont la partie antérieure qui représente la tête et le thorax, jaune, et la postérieure, blanche. Les femelles sont moins nombreuses, ovales, brunes, et leur abdomen est dépassé par un amas d'œufs recouverts d'une pellicule.

LÉPIDOPTÈRES.

Apatura Iris. Linn. — La chenille de ce Papillon a la forme d'une limace; la tête est surmontée de deux cornes épineuses et de deux pointes à l'extrémité du corps. La chrysalide est attachée par la queue.

———— ilia. Linn. — Ibid.

Vanessa xanthomelas. Esp. — V. Cerisier.

——— C. album. Linn. — Ibid.

——— V. album. Fab. — Ibid.

——— antiopa. Linnée. — Ibid.

——— polychloros. Linn. — Ibid.

Smerinthus ocellata. Linn. — V. Tilleul.

———— populi. Linn. — Ibid.

Sesia bombiciformis. Fab — V. Groseiller.

Sesia formicæformis. Fab. — V. Groseiller.

Lithosia quadra. Linn. — La chenille de cette Bombycide est garnie de tubercules surmontés d'aigrettes. Elle se métamorphose dans des coques légères entremêlées de ses poils.

——— luteola. Hubn. — Ibid. Sur les Osiers.

Setina irrorea. H. — La chenille ressemble à celle des Lithosies.

Callimorpha dominula. Linn. — La chenille de cette Bombycide est hérissée de poils courts. Elle se transforme dans un léger réseau filé quelquefois en commun.

Liparis chrysorrhæa. Linn. — V. Myrte.

—— auriflua. Linn. — Ibid.

—— salicis. Linn — Ibid

Dasychira pudibunda. Linn — V. Noyer.

——— fascelina. Linn. — Ibid.

Clisiocampa castrensis. Linn. — V. Pommier.

Eriogaster lanestris. Linn. — V. Tilleul.

Lasiocampa populifolia. Fab. — V. Poirier.

——— quercifolia. Linn. — Ibid.

——— arbuscula. Fab. — Ibid.

——— ilicifolia. Linn. — Ibid.

Bombyx quercûs. Linn. — V. Ronce

——— rubi. Linn. — Ibid.

Attacus pyri. Linn. — V. Oranger.

Cossus ligniperda. Linn. — La chenille de cette Bombycide est glabre, armée de fortes mandibules; elle creuse des galeries dans le bois, et se transforme dans des coques de soie et de rognures de bois.

Dicranura furcula. Linn. — La chenille de cette Bombycide est lisse, n'a pas de pattes anales. Dans l'état de repos, elle rentre la tête sous le premier segment et relève la partie postérieure du corps qui est effilée et qui se termine par deux appendices cornés, renfermant chacun un filet charnu et rétractile. Elle se transforme dans une coque dure composée d'une matière gommeuse et de rognures de bois.

Dicranura bicuspis. H. — Ibid.

——— bifida. H. — Ibid.

——— vinula. Linn. — Ibid.

Ptilodontis palpina. Linn. — V. Tilleul.

Leiocampa dictæa. Linn. — La chenille de cette Bombycide est glabre; le pénultième segment est relevé en bosse. Elle se transforme dans une coque molle.

Leiocampa dictæoides. Esp. — Ibid.

Notodonta dromedarius. Linn. — La chenille de cette Bombycide est glabre; les 2 ou 3 segments intermédiaires sont surmontés d'une bosse et le pénultième est élevé en pyramide. Dans l'état de repos, elle ne s'appuie que sur les quatre pattes du milieu, relevant les deux extrémités du corps et tenant la tête renversée en arrière. Elle se transforme dans une coque molle.

Notodonta ziczac. Linn. — Ibid.

Pygæra bucephala. Linn. —V. Tilleul.

Clostera anachoreta. Linn. — La chenille de cette Bombycide est courte, chargée de tubercules velus; elle se renferme dans une coque lâche ou à claire voie, entre des feuilles.

Clostera anastomosis. Linn. — Ibid.

——— reclusa. Fab. – ibid.

——— curtula. Linn. — ibid.

Acronycta Psi. Linn. — V. Tilleul.

——— tridens. Fab. — ibid.

——— menianthidis. Esp. — ibid.

——— megacephala. Fab. — ibid.

——— auricoma. Fab. — ibid.

——— leporina. Linn. — ibid.

——— rumicis. Linn. — ibid.

Diphthera ludifica. Linn — V. Sorbier.

Plastenis retusa.—Linn. La chenille de cette Noctuélite est rase, aplatie en-dessous; elle vit cachée entre deux feuilles retenues par des fils. Avant de se transformer, elle se renferme, soit dans un petit cocon arrondi de terre, soit entre les mousses et les lichens de l'arbre.

Mania typica. Linn. — La chenille de cette Noctuélite est rase, epaisse, elle se renferme, soit dans la terre, soit dans un cocon filé entre les mousses.

Cleoceris scoracea. Esp. — La chenille de cette Noctuélite est glabre, à raies longitudinales; elle se transforme à la surface de la terre dans un tissu peu solide.

Xanthia silago. H. — La chenille de cetteNoctuélite est rase, assez courte, elle vit d'abord dans l'intérieur des châtons, et ensuite sur les feuilles; elle se retire dans la terre pour se transformer.

Xanthia citrago. Linn. — ibid.

—— aurago. Fab. — ibid.

—— cerago. W. W. — ibid.

Gonoptera libatrix. Linn. — La chenille de cette Noctuélite est veloutée, de couleurs vives; elle se métamorphose entre deux feuilles réunies et tapissées intérieurement avec de la soie, à l'extrémité des branches.

Anthocelis litura. Linn. — La chenille de cette Noctuélite est rase; elle vit ordinairement sur les plantes basses; elle s'enferme dans un cocon de terre, arrondi, peu solide, et s'enterre assez profondément.

Simyra nervosa. Fab. — La chenille de cette Noctuélite porte des points verruqueux, surmontés d'aigrettes; elle se renferme dans une coque composée de soie et de débris de feuilles, à la surface de la terre.

Catocala pacta. Linn. — V. Frêne.

—— nupta. Linn. — ibid.

Cymatophora ridens. Fab. — La chenille de cette Noctuélite est glabre, aplatie en-dessous; elle reste cachée et repliée entre deux ou trois feuilles réunies par quelques fils; elle y passe à l'etat de chrysalide.

Cymatophora or. Fab — ibid.

—— octogesima. Fab. — ibid.

Pyralis angustalis. Zell. — V. Tamarisc.

Pyralis croceatis. Zell. — V. Tamarisc.
——- pandalis. Id. — Ibid.
——- hybridalis. Id. — Ibid.
——- sanguinalis. Id. — Ibid.
——- cingulalis. Id. — Ibid.
Geometra salicaria. Fab. — V. Berberis
——— marginata. Id. — Ibid.
——— pusaria. Zell. — Ibid.
——— aureolaria. Id. — Ibid.
——— paludata. Id. — Ibid.
——— decorata. Id. — Ibid.
——— breviculata. Id. — Ibid.
Ennomos lunaria. Linn. — V. Tilleul.
Amphidasis betularia. Linn. — V. Pommier.

Coremia salicaria. Tr. — La chenille de cette Phalénide est lisse, atténuée vers l'extrémité. Elle se renferme dans un léger tissu de soie avant de se transformer.

Halias prasinana. Fab. — V. Groseiller.
——— chlorana. Linn. — Ibid.

Lobophora appendiculata. B. — La chenille de cette Phalénide est lisse, à tête échancrée, et extrémité terminée par deux pointes réunies en queue fourchue. Elle se retire dans la terre sans former de coque avant de se transformer.

Lobophora polycommaria. B. — Ibid.
——— lobularia B. — Ibid.
Madopa salicalis. Linn — V. Saule à feuilles d'amandier.

Stegania permutaria. H. — Cette Phalénide a le front lisse, les antennes pectinées, les palpes très-courts, la trompe allongée; l'etat de chenille et de chrysalide est inconnu.

Chlorochroma viridaria. Fab. — La chenille de cette Phalénide est lisse, effilée, à tête bifurquée; elle se renferme dans un léger réseau entre des feuilles.

Tortrix ameriana. Linn. — V. Lierre.
——— hastiana. Linn. — Ibid.

Tortrix chlorana. Zell. (Toscane) ; — V. Lierre.
——— salicana. Id. — Ibid.
——— sellana. Id. — Ibid.
——— strigana. Id — Ibid.
——— hamana. Id. — Ibid.
——— tesserana. Id. — Ibid.
——— rutilana. Id. — Ibid.
——— forskaliana. Id. — Ibid.
——— angustalis. Id. — Ibid.
——— zephyrana. Id. — Ibid.
——— artemisina. Id. — Ibid.
——— cuphana. Id. — Ibid.
——— delitana. Id. — Ibid.
——— hohenwartiana. Id — Ibid.
——— campaliana. Id. — Ibid.
——— cœcana. Id. — Ibid.
——— alpinana. Id. — Ibid.
——— romana. Id. — Ibid.
Penthina hartmanniana. Zell., Tosc. — V. Érable.
Phycis sinuella. Zell. — V. Groseiller.

Anthitesia salicana. — La chenille de cette Platyomide est épaisse, parsemée de points verruqueux; elle vit au milieu de plusieurs feuilles qu'elle réunit avec des fils de soie, pour s'y transformer.

Lemmatophila salicella. H. — La chenille de cette Tinéide porte une plaque écailleuse sur le premier segment; la troisième paire de pattes écailleuses est allongée en forme de palette; la chenille les écarte en marchant, et, lorsqu'on l'inquiète, elle les remue vivement et produit avec elles un bruit qui imite en petit le roulement du tambour. Elle vit cachée entre deux feuilles dans une position arquée ; sa métamorphose s'opère entre ces mêmes feuilles dans un double tissu de soie.

Adela reaumurella. Linn. — La chenille de cette Tinéide vit et se métamorphose dans des fourreaux portatifs qu'elle se fabrique avec des fragments de feuilles.

Tinea pygmœella. Ratzeb. — V. Clématite.

Argyristhia retinella. Zell. — V. Cornouiller.

——— pygmaella. Hub. — Ibid.

Coleophora orbitella. Zell. —V. Tilleul

——— lithargyrinella. Zell. — Ibid. sur le Saule laineux des Alpes.

Gracillaria stigmatella. Fab. — V. Erable.

——— simploniella. Bois. D. — Ibid.

Ornix caudulatella. Zell. — V. Sorbier.

Lyonetia (Phyllocnistis, Zell.) — V. Tilleul.

——— argyropezella. Id. — Ibid.

——— saligna. Id. — Ibid.

——— hemargyrella. Koll. — Ibid.

Lithocolletis connexella. Zell. — V. Érable

——— pastorella. Id. — Ibid

——— betulæ. Id. — Ibid.

DIPTÈRES.

Ctenophora bimaculata. Linn. — Cette Tipulaire se développe dans le terreau des Saules creux.

Cecidomyia salicina. Meig. — V. Tilleul. La larve de cette Tipulaire se développe dans les galles en rosette qui proviennent d'un œuf déposé au centre d'un bourgeon terminal; les deux feuilles les plus intérieures composent le fourreau de la larve; les extérieures se développent en largeur et imitent une fleur.

Cecidomyia frischii. Brem. — Ibid. La galle est semblable à celle de l'espèce précédente; mais elle en diffère en ce que le bourgeon est piqué avant qu'aucune feuille ne se développe.

Cecidomyia clausilia. Brem. — Ibid. La larve se développe dans de petits bourrelets au bord des feuilles, interrompus; ils présentent chacun la figure d'un croissant et contiennent une seule larve très petite.

SAULE FRAGILE. *S. fragilis* Linn.

Les châtons sont pédonculés; les fleurs mâles diandres; les stipules semi-cordiformes.

Cette espèce cassante se plante au bord des eaux. Un seul insecte y a été observé.

HYMENOPTERE.

Tenthredo cincta. Fab. — V. Groseiller.

Saule a feuilles d'amandier. *S. amygdalina.* Linn.

Les fleurs mâles ont trois étamines.

Ce Saule offre une variété, le *S. triandra*, sur laquelle un seul insecte a été observé.

Madopa salicalis. Steph. — La chenille de cette Pyralide est munie seulement de quatorze pattes ; elle est très-effilée et s'atténue encore à ses deux extrémités ; la chrysalide est renfermée dans une coque oblongue, composee de soie et de rognures de bois.

Saule a quatre etamines. *S. tetrandra.* Linn

Les fleurs mâles ont quatre étamines.

Les feuilles de ce Saule sont particulièrement dévorées par un Hyménoptère.

Nematus saliceti. Brémi. — V. Frêne.

Saule a cinq etamines. *S. pentandra.* Linn.

Les fleurs mâles ont ordinairement cinq étamines.

Comme l'espèce precédente, ce Saule nourrit une Némate :

Nematus intercus Oliv. — V. Frêne ; mais la fausse chenille de cette Tenthrédine est de mœurs bien différentes ; elle provient d'un œuf inseré entre les deux membranes d'une feuille ; elle y ronge le parenchyme et parvient ainsi au terme de son développement.

Cimbex amerinæ. Linn. — V. Saule blanc.

Saule viminal. *S. viminalis.* Linn.

Les chatons latéraux sessiles ; les anthères jaunes ; les chatons femelles droits ; les stipules lancéolés.

Ce Saule aux longues feuilles, l'Osier blanc dont la vannerie fait un si grand usage, est en proie aux insectes suivants :

COLÉOPTÈRES.

Anthaxia viminalis. Ziegler. — V. Saule blanc.

Rhynchænus viminalis. Fab. — La larve de ce Curculionite se développe sous l'écorce.

Cryptocephalus variabilis. Schneid, Strubling. — V. Cornouiller.

———— 6 punctatus. Fab. — Ibid.

———— gracilis. Id. — Ibid.

———— Rosenhaueri. Suff. — Ibid.

Gonioctena viminalis. Fab. — V. Saule blanc.

HEMIPTÈRES.

Aphis viminalis. Fons Col. — V. Cornouiller.

LÉPIDOPTÈRES.

Cleoceris viminalis. Fab. — V. Saule blanc.

Tortrix viminalis. Linn. — V. Lierre.

DIPTERES.

Cecidomyia marginetorquens. Brémi. — V. Tilleul. Les larves determinent le bord des feuilles à se rouler en ourlet jaune qui présente une série de petits tubercules rouges, dont chacun contient une larve qui s'enveloppe de soie avant de passer à l'état de nymphe.

SAULE POURPRE. *S. purpurea* Linn.

Les chatons latéraux sessiles ; les anthères pourpres.

Ce Saule qui est cultivé en oseraie et recherché pour la plantation des digues qu'il raffermit de ses racines traçantes, présente les insectes suivants ;

HYMENOPTERES.

Nematus vesicator. Brémi. — V. Frêne. La fausse chenille de cette espèce se développe dans de grandes vessies, formées par l'afflux de la sève des feuilles.

DIPTÈRES.

Cecidomyia Degeerii. Bremi. — V. Tilleul. La galle de cette espèce consiste dans un renflement ovale, produit par la présence de la larve et situé sur les jeunes branches. Cette tumeur est entièrement fermée.

——— strobulina. Bremi. — Ibid. La larve de cette espèce se développe dans une galle fusiforme, semblable à une pomme de sapin, formée d'un grand nombre d'écailles qui sont des feuilles transformées.

SAULE MARCEAU. *S. capræa*. Linn.

Les chatons sont latéraux ; les florifères sessiles ; les stipules reniformes ; l'ovaire a le stipe quatre à six fois plus long que l'ovaire.

Cette espèce qui croît dans tous les sols, et qui se prête a tous les usages, est assailli par un assez grand nombre d'Insectes.

COLÉOPTÈRES.

Agrilus Guerinii. Deg. — V. Vigne.

——— capreæ. Fab. — Ibid.

Phyllocerus spinolæ. Guer. — Ce Serricorne de la Sicile est remarquable par les variétés qu'il présente dans la couleur des élytres et la grandeur.

Dorytomus capreæ. Ches. — V. Saule blanc.

Adimonia capreæ. Linn. — Cette Chrysomeline ronge le feuillage.

Galeruca capreæ, Linn. — V. Viorne.

Cryptocephalus 6 punctatus. Linn. Strübl. — V. Cornouiller.

——— coryli. Linn. — Rosent.

HYMÉNOPTÈRES.

Cynips capreæ. Linn. — V. Saule.

Nematus capreæ. Linn. — V. Groseiller.

HÉMIPTÈRES.

Aphis capreæ. Fab. — V. Cornouiller.

LEPIDOPTÈRES.

Coccus capreæ. Fab. — V. Tamarisc.

Vanessa polychlora. Linn. — V. Cerisier. Lorsque la chenille se nourrit des feuilles de cet arbre, le papillon a les couleurs plus sombres.

Vanessa xanthomelas. Fab. — Ibid.

Orthosia lata. Fab. — V. Cerisier.

Penthina capreana. Zell. — V. Erable.

Tortrix capreana. Id. — V. Lierre.

Sarrothripa revayana. W. W. — La chenille de cette Platyomide est garnie de longs poils isolés. Elle vit entre des feuilles réunies en paquet. Pour se transformer, elle s'enferme dans une coque papyracée, en forme de nacelle renversée et tronquée à l'une des extrémités.

DIPTÈRES.

Cecidomyia papillifica. Brem. — V. Tilleul.

——— salicis. Linn. — Ibid.

SAULE A OREILLETTES. *S. aurita*. Linn.

Les chatons sont latéraux; les florifères sessiles; les stipules réniformes; l'ovaire a le stipe trois à quatre fois plus long que la glande.

Ce Saule qui est souvent confondu avec le précedent présente le peu d'insectes suivants :

COLÉOPTÈRES.

Cryptocephalus nitens. Linn. Suff. — V. Cornouiller.

——— 10 punctatus. Linn. — Ibid.

LÉPIDOPTÈRES.

Cidaria hastata. Fab. — V. Berberis.

G. PEUPLIER, POPULUS. *Linn.*

Le disque est cyathiforme; les fleurs mâles ont de quatre à huit etamines; les femelles ont un ovaire uniloculaire.

Les Grecs poétisaient ces arbres en les honorant sous le nom d'Héliades, filles du Soleil et sœurs de Phaeton, qui pour prix de leur douleur à la mort de leur frère, avaient été métamorphosées en Peupliers, et leurs larmes en Ambre (sans doute à cause du baume de leurs bourgeons). Ils consacraient ces arbres à Hercule; et les Romains, leurs imitateurs, faisaient des sacrifice à ce dieu en se couronnant de Peuplier.

> Tum Salii ad cantus incensa altaria circum,
> Populeti adsunt evincti tempora ramis.
>
> Virg., Æneis, lib. 8

Dans notre siècle positif, les Peupliers, bien plus encore que les Saules, ont le mérite d'être utiles à tout le monde et surtout à la petite propriété, à la plus humble fortune. Ils ont quelque chose de populaire. Tout le monde n'a pas le moyen d'employer le Chêne et même l'Orme et le Frêne dans la construction de sa maison. Il n'est pas donné à tout le monde de planter le Chêne pour ses arrière-neveux. La Providence a pourvu aux besoins des petits comme des grands; elle a approprié le Chêne aux temples, aux palais, aux châteaux destinés à durer des siècles; elle a adapté le Peuplier à la chaumière. Rapide dans son développement, croissant dans tous les sols, docile à se façonner en poutre ou en planche, en bûche ou en fagot, en échalas ou en ramure, il se multiplie, se prodigue à tous les besoins.

A la vérité, il dure peu, mais il vient vite, et cette qualité compense le défaut. Autrefois, dans un siècle plus prévoyant que le nôtre, un petit propriétaire de la Flandre, à la naissance d'une fille, plantait force Ypréaux qui vingt ans après constituaient déjà une dot et amenaient un mari. Mais si la petite fortune doit cultiver le Peuplier pour les besoins prochains, la grande doit planter le Chêne pour les générations futures, comme l'Etat pour les monuments publics, pour la marine, pour les nécessités de la guerre. Sans cette distinction, si l'on ne faisait la part de chacun, il arriverait que les Peupliers mériteraient le reproche que leur fait M. Rougier (1) « de déranger toutes les anciennes traditions » relativement aux arbres de prix qui occupent le sol pendant une

(1) Cours d'agriculture pratique, t 4, 513.

» longue période d'années ; de détruire des combinaisons sages et » essentiellement paternelles ; de mettre des illusions à la place » des realités, et par suite, de precipiter les mœurs hors de la » ligne de simplicité, en hâtant les progrès du luxe. » Nous aimons plutôt à voir dans le Peuplier un bienfait de la Providence envers le pauvre, le peuple, a qui il paraît devoir son nom, tandis que le Chêne est l'arbre du riche. C'est le calicot et l'indienne en regard du velours et du brocard.

En raison de son utilité, le Peuplier a eté approprié a tous les sites, à tous les sols, à toutes les expositions des climats froids et tempérés. Les différentes especes qu'il présente ont chacune leur attribution. Le Peuplier noir est destiné aux bords des eaux, aux prés, aux bois aquatiques ; le Tremble aux sables, aux montagnes, le Peuplier blanc, l'Ypréau, d'une utilité plus generale, est également plus répandu ; le Peuplier d'Italie se prodigue de même en tous lieux.

Quelle que soit l'utilité que presente la nombreuse phalange des Peupliers, nous ne pouvons en jouir qu'avec réserve, et nous devons souvent y renoncer a cause du dommage qu'ils peuvent causer. Il convient surtout de les exclure des champs et des prairies, ou leurs racines traçantes, s'etendant au loin et absorbant l'humidité du sol, les rendraient très-nuisibles. Mais ils presentent tous leurs avantages sans inconvénients dans les bois, les terrains vagues, les haies, sur les rives des fleuves et des canaux, sur les bords interieurs des routes. Les Peupliers blancs surtout bordaient admirablement un grand nombre de chemins dans le département du Nord, avant que les ponts-et-chaussées n'y eussent proscrit toutes les plantations (1), leur science économique, enlevait aux routes leur principale beauté, aux voyageurs le doux ombrage, à l'Etat de precieuses ressources. Ils auraient cru se compromettre en imitant Sully et Colbert.

Les Peupliers sont au nombre des arbres qui nourrissent le plus d'Insectes et qui en sont le plus maltraites.

---

(1) Depuis, ils ont reconnu leur erreur, mais la destruction était consommée, et il ne reste que l'espérance que donnent les nouvelles plantations.

COLÉOPTÈRES.

Dromius corticalis. Fab. — Ce Carabique vit aux pieds des Peupliers.

Eurythyrhea micans. Fab. — V. Chêne.

Chrysobothris affinis. Fab. — Ce Sternoxe vit sous l'écorce.

Phœnops decostigma. Fab. — Même observation.

Tachyporus collaris. Fab. — Même observation.

Rhysotrogus solsticialis. Fab. — V. Saule.

Xylophilus populneus. Fab. — Ce Curculionite vit sous l'ecorce.

Rhynchites populi. Sch. — V. Vigne.

Erirhinus tortrix. Sch. — Ce Curculionite tord et roule les feuilles.

Otiorhynchus populi. Friw. — V. Oranger.

Orchestes populi. Fab. — V. Lonicère.

——— stigma. Germ. — Ibid.

Mycetophaga populi. Fab. — Ce Xylophage vit sous l'écorce.

Tomicus populi. Duft. — Même observation.

Rhizodes europœus. Fab. — Ce Xylophage, dans son état parfait, perfore les racines des vieux Peupliers. Il se trouve souvent dans des racines enfoncées de plus de deux mètres.

Apate populi. Fab. — V. Tilleul.

Langelandia anophthalmus. — Ce Xylophage s est trouve sur du bois de Peuplier décomposé.

Cerambyx carcharius. Fab. — V. Pommier.

Compsidea populnea. Linn. — Ce Longicorne vit dans l'aubier.

Tragosoma depsarium. Fab. — Même observation.

Morimus lugubris. Fab. — V. Saule.

——— funestus. Fab. — Ibid.

Saperda scalaris. Fab. — Les larves ont les mêmes habitudes que celles du Morimus lugubris. — V. Saule.

Saperda carcharius. L. — V. Saule.

——— populnea. Fab. — Ibid.

Cassida fastuosa. Linn. — Cette Chrysomèline vit sur le feuillage.

Cryptocephalus 12 punctatus. Fab. — V. Cornouiller.

——————— populi. Suff. — Ibid.

——————— flavipes. Fab. — Ibid.

——————— pusillus. Id. — Ibid.

Pachybrachys hieroglyphicus. Id. — Ibid.

Gonioctena 10 punctata. Linn. — V. Saule.

Phratora vitellinæ. Fab. — V. Saule.

Chrysomela polita. Linn. — Ibid.

Lina populi. Fab. — Ibid.

Euplectus karstenii. La Boulbene. — Ce Dimère se developpe dans le détritus du bois.

HYMENOPTERES.

Cymbex femorata. Fab. — V. Sorbier.

Pamphylius populi. Fab. — V. Poirier.

Nematus salicis. F. — V. Groseiller.

HÉMIPTÈRES.

Cercopis populi. Fab. — Cette Cicadelle suce la seve.

Aphis (Myzœgyrus. Am.) populi. Linn — V. Cornouiller.

——— populi. Fab Fons. Col. — Ibid.

Coccus salicis. Macq. — V. Saule.

LEPIDOPTERES.

Melithea cynthia. Fab. — La chenille de ce papillon est garnie de tubercules charnus, couverts de poils courts. La chrysalide est suspendue par la queue.

Vanessa populi. Freyer. — V. Cerisier.

Limenitis sybilla. Linn. — V. Erable.

Apatura ilia. Linn. — V Saule.

Smerinthus populi. Linn. — V. Tilleul.

——————— ocellata. L. — Ibid.

Sesia apiformis. Linn. — V. Groseiller. La chenille se tient au pied des Peupliers, sous les fentes de l'écorce.

Lithosia complana. Linn. — V. Saule.

Liparis dispar. Linn. — V. Myrte.

——— auriflua. Id. — Ibid.

——— chrysorrhea. Id. — Ibid.

Liparis salicis. Linn — V. Myrte. C'est particulièrement contre ces espèces qu'est prescrit l'échenillage.

Dasychira fascelina. Linn. — V. Noyer.

Lasiocampa populifolia. Id. — V. Poirier.

Clisiocampa neustria. Id. — V. Pommier.

Limacodes asellus. Id. — V. Hêtre.

Pœcilocampa populi. Linn — La chenille de ce Bombycide est aplatie, demi-velue. Elle vit solitaire et se renferme dans un cocon très-solide, de forme ovale.

Cossus terebra. Fab. — V. Saule

Dieranura furcula. Linn. — V. Saule.

——— vinula. Id. — Ibid.

——— bifida. Hubn. — Ibid.

——— bicuspid. Id. — Ibid.

Ptilondontis palpina. Linn. — V. Tilleul.

Leiocampa dictea. Id. — V. Saule.

——— dictœvides. Esp. — Ibid.

Notodonta dromedarius. Linn. — V. Saule.

——— tritophus. Linn. — Ibid.

Peridea trepida. Linn. — V. Chêne.

Gluphusia crenata. Esp. — La chenille de cette Noctuelite est lisse; elle se metamorphose, soit dans une feuille repliee sur elle-même et formant une espèce de boîte hermétiquement fermée, soit dans une coque lâche composée de soie et de molécules de terre.

Clostera curtula. Linn. — V. Saule.

——— anachoreta. Id. — Ibid.

Acronycta Psi. Her. — V. Tilleul.

——— auricoma. Id. — Ibid.

Gonoptera libatrix. Linn. — V. Saule.

Cymatophora ridens. Fab. — Ibid.

——— or. Fab. — Ibid.

——— octogesima. Hubn. — Ibid.

——— flavicornis. Linn. — Ibid.

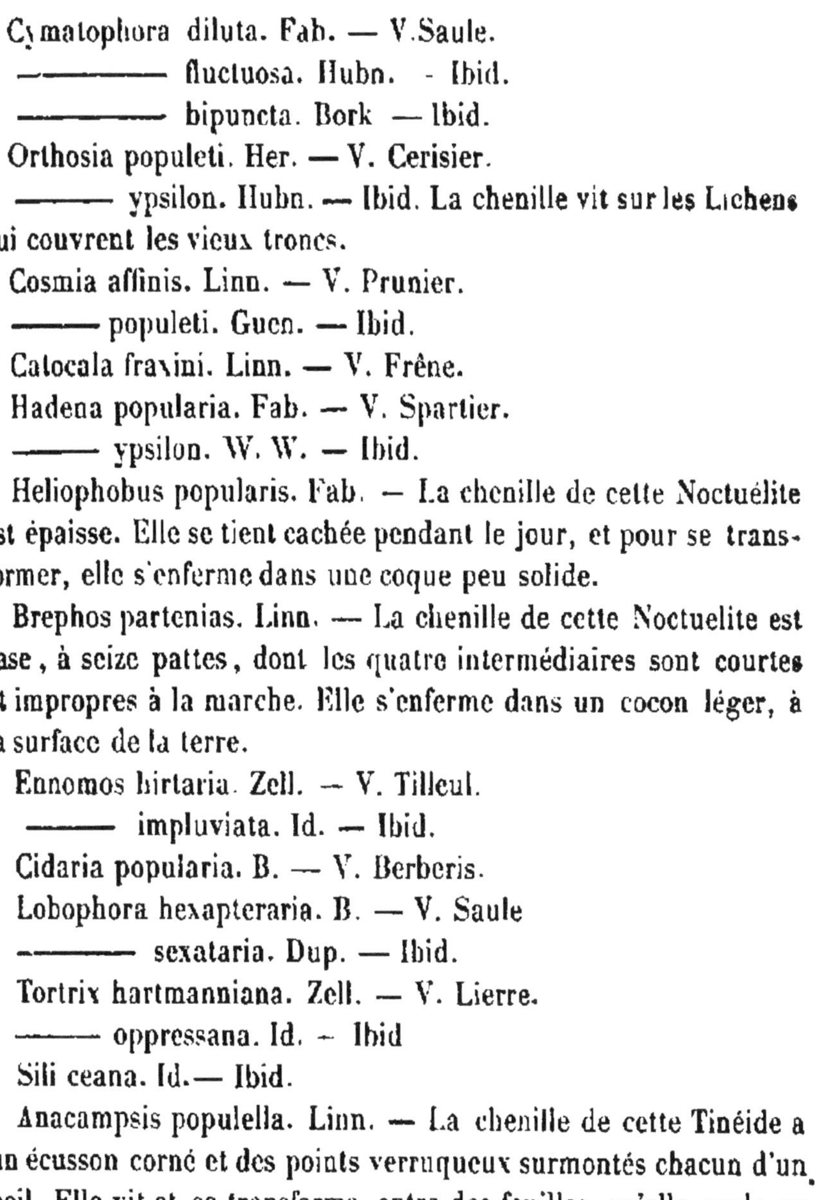

Cymatophora diluta. Fab. — V. Saule.

——— fluctuosa. Hubn. - Ibid.

——— bipuncta. Bork — Ibid.

Orthosia populeti. Her. — V. Cerisier.

——— ypsilon. Hubn. — Ibid. La chenille vit sur les Lichens qui couvrent les vieux troncs.

Cosmia affinis. Linn. — V. Prunier.

——— populeti. Guen. — Ibid.

Catocala fraxini. Linn. — V. Frêne.

Hadena popularia. Fab. — V. Spartier.

——— ypsilon. W. W. — Ibid.

Heliophobus popularis. Fab. — La chenille de cette Noctuélite est épaisse. Elle se tient cachée pendant le jour, et pour se transformer, elle s'enferme dans une coque peu solide.

Brephos partenias. Linn. — La chenille de cette Noctuelite est rase, à seize pattes, dont les quatre intermédiaires sont courtes et impropres à la marche. Elle s'enferme dans un cocon léger, à la surface de la terre.

Ennomos hirtaria. Zell. — V. Tilleul.

——— impluviata. Id. — Ibid.

Cidaria popularia. B. — V. Berberis.

Lobophora hexapteraria. B. — V. Saule

——— sexataria. Dup. — Ibid.

Tortrix hartmanniana. Zell. — V. Lierre.

——— oppressana. Id. - Ibid

Sili ceana. Id.— Ibid.

Anacampsis populella. Linn. — La chenille de cette Tinéide a un écusson corné et des points verruqueux surmontés chacun d'un poil. Elle vit et se transforme entre des feuilles qu'elle roule ou lie entre elles par des fils.

Coleophora tiliella. Schr. Zell. — V. Tilleul.

Gracillaria populetorum. Zell. — V. Erable.

Cosmopterix pinicolella. Zell. — La chenille de cette Tinéide vit dans les chatons en des fourreaux portatifs en forme de crosse de pistolet.

Lithocolletis populifoliella. Tr. — V. Erable.

——— pastorella. Heyd. — Ibid.

——— comparella. Fab. — Ibid.

DIPTÈRES.

Cecidomyia populi. L. Duf. — Cette espèce a été découverte sur l'écorce d'un peuplier mort.

Xylophagus marginatus. Meig. — La larve de ce Diptère vit entre les feuillets du liber.

Teremyia laticornis. Macq. — V. Robinia.

PEUPLIER BLANC. *P. alba*. Linn

Le style est indivisé; les chatons femelles sont serres, plus grêles que les mâles; les bourgeons cotonneux; les pétioles des feuilles peu aplatis.

Ce Peuplier nous plaît par sa grandeur, son port, sa large cime, la blancheur de son écorce et de son feuillage. On ne voit pas sans admiration ceux des bords du Rhône et surtoût de l'île de Valabrègues près de Tarascon (1).

Outre les insectes propres aux Peupliers en général, nous en mentionnerons deux qui ont été particulièrement observés sur cette espèce.

COLEOPTERES

Rhyzodes europeus. Fab. — Ce Térédite perforc les racines des vieux troncs quelquefois à la profondeur de deux mètres.

HÉMIPTÈRES.

Aphis populi albæ. Fons Col. — V. Cornouiller.

PEUPLIER-TREMBLE. *P. tremula*. Linn.

Le style est bifurqué; les chatons femelles sont presque aussi gros que les mâles; les bourgeons visqueux; les pétioles des feuilles très-aplatis.

---

(1) J'en possède un à Hondeghem (Nord) qui a 5 mètres de circonférence

Le Tremble est peu estimé des charpentiers, mais son air agreste et pittoresque, son port sauvage, les lieux escarpés, les torrents, les rochers où il se plaît, son feuillage tremblant et agité par le moindre zéphyr, le recommandent aux yeux des hommes qui voient dans un arbre plus que des planches et des madriers, comme dans une prairie émaillée de fleurs, plus que les bottes de foin qu'elle doit produire.

Les insectes qui ont été observés sur le Tremble sont :

COLEOPTERES.

Lampra conspersa. Fab. — Ce Sternoxe se développe sous l'écorce

Ampedus ephippium Fab. — V. Pommier.

——— crocalus. Fab. — Ibid.

——— præustus. Fab. — Ibid.

Lytta vesicatoria. Linn. — V. Catalpa.

Rhynchites populi. Linn. — V. Vigne. Cette espèce façonne une espèce de valise en pliant d'adord une feuille dans sa longueur et puis dans sa largeur

Dorytomus tremulæ. Payk. — V. Saule.

——— tortrix. Fab. — Ibid.

——— costirostris. Sch — Ibid.

——— affinis. Payk. — Ibid.

Erirhinus tremulæ. Sch. — V. Peuplier.

Compsidea populnea. Linn. — V. Peuplier.

Saperda tremulæ. Sch. — V. Saule.

Lina tremulæ. Fab — V. Saule

HEMIPTÈRES.

Miris populi. Linn. — V. Coudrier.

Aphis tremulæ. Linn. — V. Cornouiller.

LEPIDOPTERES.

Apatura Iris. Linn. — V. Saule.

Nymphalis populi. Linn. — La chenille de ce Papillon a la tête bifurquee et le corps charge de tubercules de diverses formes, hérisses de poils terminés en massue; la chrysalide est attachée par la queue

Sesia apiformis. Linn. — V. Groseiller.

Smerinthus tremulæ. Zell. – V. Tilleul.

——— populi. Linn. — Ibid.

Sesia apiformis. Linn. — V. Groseiller.

Notodonta tritophus. Fab. — V. Saule.

Orthosia populeti. Fab. — V. Cerisier.

Cidaria popularia. Bois D. — V. Berberis.

Plastenis subtusa. Linn, — V. Saule.

Diurnea fagella. Fab. — La chenille de cette Tinéide a la troisième paire de pattes ecailleuse, allongée, en forme de palette. Elle les écarte beaucoup en marchant, et lorsqu'on l'inquiète, elle les remue vivement et produit avec elles un bruit qui imite en petit le roulement du tambour. Elle vit cachee entre deux feuilles dans un double tissu de soie.

Anacampsis tremulella. Zell. — V. Tilleul. La chenille de cette espèce se forme un hamac suspendu au moyen de deux fils dans une coque renfermée elle-même dans une feuille roulée en cornet.

Lithocolletis tremulæ. — V. Erable. La chenille de cette espèce est mineuse et forme de grandes taches rouges et blanches sur la surface inférieure des feuilles.

DIPTERES.

Cecidomyia polymorpha. Brémi — V. Tilleul. La larve de cette espèce se développe dans une galle hémisphérique sur les deux surfaces des feuilles, située près de la base et de la nervure principale. Cette galle ne contient qu'une seule loge pour une à trois larves qui en sortent au terme de leur développement et se retirent dans la terre.

Peuplier noir. *P. nigra*. Linn. (1).

Le style est bifurqué; les chatons femelles sont très-lâches,

(1) Peuplier franc.

moniliformes ; les bourgeons visqueux ; les pétioles des feuilles aplatis, longs, grêles ; les rameaux cylindriques, étalés.

Cet arbre se plaît surtout au bord des eaux, et par une heureuse harmonie, il est de tous les Peupliers celui dont le bois est de la meilleure qualité pour les travaux hydrauliques, tels que tabliers de pont, poutres submergées, etc.

Les insectes observés particulièrement sur ce Peuplier sont :

COLÉOPTÈRES.

Mordella fasciata. Fab. — Cet Hétéromère se développe dans les souches.

HÉMIPTERES.

Aphis bursariu. Linn. — V. Cornouiller. Ce Puceron pullule extrêmement et produit un effet très-remarquable : l'effet de la succion de la sève détermine les pétioles des feuilles à se dilater et à se contourner en hélice, de manière à former des loges sphériques, hermétiquement fermées, de formes extrêmement diverses, dans lesquelles naissent des milliers d'individus qui y vivent en sécurité.

LEPIDOPTÈRES.

Leiocampa dyctæa. Linn. — V. Saule.

PEUPLIER D'ITALIE. *P. pyramidalis*. Rozier.

Le style est bifurqué ; les chatons femelles sont très-lâches, moniliformes ; les bourgeons visqueux ; les pétioles des feuilles aplatis ; les branches cylindriques, verticales.

Ce Peuplier, originaire du Caucase (1), charme le paysage par sa haute pyramide qui se balance dans les airs, par le pittoresque de son port élancé, par son élévation qui attire les regards et sert de phare pour diriger les voyageurs. Tout chez lui tend vers le ciel, et c'est ainsi qu'émule du Cyprès, il se rapproche des tombeaux et nous parle de l'immortalité de l'âme.

---

(1) Il n'est connu en France que depuis 1749, et y fut apporté d'Italie par Reigemortes pour être planté le long du canal de Montargis.

Les insectes qui ont éte observés sur ce Peuplier sont :

COLÉOPTÈRES.

Trogossita caraboides. Fab.

LÉPIDOPTERES.

Sesia asiliformis. Linn. — V. Groseiller.
Notodonta tritophus. Linn. — V. Saule,
Lyonetia (Phyllocnistes. Zell.) Suffusana. Zell. — V. Tilleul.

PEUPLIER DU CANADA. *P. canadensis*. Mich. Desf.

Le style est trifurqué ; les chatons femelles sont lâches, moniliormes ; les bourgeons visqueux ; les pétioles des feuilles aplatis ; les rameaux polyèdres.

Cet arbre, que les uns considèrent comme une espèce particulière et d'autres comme la femelle du Peuplier monilifère Aiton de la Caroline (1), se distingue par la rapidité de sa croissance. C'est l'arbre préféré par ceux qui plantent avec l'espoir d'abattre ; mais autant il charme l'égoïste par sa maturité hâtive, autant il le désenchante par sa qualité et sa valeur.

Les insectes qui y vivent sont :

COLÉOPTÈRES.

Phyllobius oblongus. Fab. — V. Poirier. M. Nordlinger a vu cinq individus dans un rouleau formé de quatre feuilles terminales, le rouleau contenait des œufs.

Leptura 4 fasciata, Linn. — La larve de ce Longicorne se developpe sous l'écorce.

LEPIDOPTÈRES

Apatura Iris. Linn. – V. Saule.
Sesia apiformis. Linn. V. Groseiller. — La chenille vit au pied des vieux troncs dans les crevasses.

---

(1) Bois coton, Cotton-wood, des Anglais.

CLASSE.

URTICINÉES, URTICINEÆ. *Bartl.*

Les fleurs sont presque toujours unisexuelles, agrégées; mâles : les étamines en même nombre que les lobes du périanthe et insérées à la base de ceux-ci. Femelles : ovaires uniloculaires.

Des familles qui composent cette classe, nous n'avons à nous occuper que des Artocarpées qui renferment les Muriers, les Figuiers, les Platanes, les Liquidambars. En voyant l'Ortie placée à côté de ces arbres, on se demande quelle erreur de la science ou quel lien secret rapproche des végétaux si différents. Outre les caractères tirés de la floraison et de la fructification, ils ont généralement des sucs propres, soit astringents, ou narcotiques ou laiteux ou balsamiques, généralement âcres, quelquefois vénéneux. Ils sont peu attaqués par les insectes.

FAMILLE.

ARTOCARPÉES, ARTOCARPEÆ. *De Cand.*

Les fruits sont plongés dans un réceptacle charnu, ou recouverts d'un périanthe charnu.

Cette famille est entièrement composée d'arbres ou d'arbrisseaux originairement étrangers à l'Europe, appartenant la plupart aux climats chauds, dont quelques-uns extratropicaux, tels que le Murier, le Figuier, le Platane, sont devenus en quelque sorte indigènes, et nous présentent un grand intérêt; et d'autres, tels l'arbre à pain (*Artocarpus incisa*), Linn., le Jacquier (*Artoc. integrifolia*) Linn. qui nourrissent les habitants de l'Australasie.

Sous le rapport entomologique, le Murier a acquis une très-grande importance industrielle en servant d'aliment au ver à soie, Bombyx mori.

MORÉES, MOREÆ. *Endlicher.*

Les ovaires sont uniloculaires, l'ovule est suspendu au sommet de la loge.

Cette tribu ne comprend qu'un petit nombre de genres d'arbres dont quelques espèces sont cultivées en pleine terre : ce sont les Muriers, les Broussonéties (Muriers à papier), les *Maclura* et les Figuiers.

G. MURIER. Morus. *Linn.*

Les fleurs sont ordinairement dioïques, disposées en épis, les fleurs mâles à périanthe quadrifide, quatre étamines. Fleurs femelles à périanthe recouvrant l'ovaire.

Ce genre comprend quelques espèces d'origine asiatique toutes propres à nourrir les vers à soie, et une américaine qui ne peut servir à cet usage.

Murier noir. *M. nigra. Linn.*

Les fleurs sont à étamines une fois plus longues que le perianthe les syncarpes assez gros ; fruits noirs.

Ce Murier, originaire de la Perse, recommandable par les qualités agréables et salutaires de son fruit, était connu des Grecs dès l'époque d'Alexandre le grand : Théophraste, le disciple d'Aristote, en fait souvent mention dans ses ouvrages. C'est sous son ombrage qu'Ovide place le théâtre de la mort tragique de Pyrame et de Thisbé, qu'il raconte avec tant de charme. Naturalisé en Europe longtemps avant l'introduction de l'industrie séricicole, il fut adopté par cette industrie avant que la culture du Murier blanc pût se répandre, et il jouit alors d'une grande faveur. C'est sous un Murier que reposait Shakespeare, à Stratfort, en concevant ses immortels ouvrages.

Les insectes qui vivent sur le Murier noir se nourrissent aussi sur les autres arbres de ce genre, cultivés en Europe. Nous les rapportons particulièrement à cette espèce qui y a été introduite la première; mais nous devons admettre une exception pour le Bombyx mori qui y a été apporté en même temps que le Murier blanc. Ces insectes sont :

COLÉOPTÈRES.

Dryops femoratus. Fab. — Ce Clavicorne se développe sous l'ecorce.

Cetonia cardui. Dej. — Elle dévore les mûres en Corse.

Clytus arietis. Fab. — V Erable. La larve vit dans les branches mortes.

ORTHOPTÈRES.

Locusta ephippiger. Fab. — Cette Sauterelle devaste quelquefois le feuillage.

LÉPIDOPTÈRES.

Bombyx mori. Linn.

Endromis mori. Hering. — Ce Bombycide a le corps lisse, atteanué de la queue à la tête et élevé en pyramide sur le onzième segment. Elle se transforme dans une coque de soie mêlee de brins de mousse.

MURIER BLANC. *M. alba.*

Les fleurs sont à étamines à peine plus longues que le périanthe, les syncarpes ovoïdes.

Cet arbre doit à sa chenille une si grande importance dans l'industrie humaine, qu'on peut le ranger au nombre des plus utiles, des plus dignes des soins de l'homme. Originaire du fond de l'Orient et probablement de la Chine, il fut introduit dans la Grèce sous le règne de Justinien en même temps que les vers à soie dont deux moines envoyés dans l'Inde, rapportèrent clandestinement des œufs dans un bâton creusé, et l'arbre s'y propagea au point de faire changer le nom de Péloponèse en celui de Morée. De la Grèce il passa en Sicile au treizième siècle, et en Provence à la fin du quinzième, d'où il se repandit, grâce aux encouragements de François premier et d'Henri quatre, dans la plus grande partie de la France.

La culture du Murier blanc dans un grand nombre de contrées a donné lieu à de nombreuses variétés appropriées aux différents sols et températures. Outre les plus caractérisées, connues sous les noms de M. commun, nerveux, de Constantinople, d'Italie, on en cultive un grand nombre d'autres, tels que le M. romain, la feuille rose, la grosse reine, la colombassette (1), qui ont chacune leurs propriétés.

Ces diverses variétés du Murier blanc ont determiné de nombreuses modifications dans sa culture. On les plante à haute tige, en buissons, en taillis, en haies, de la manière enfin la plus propre a nourrir le ver à soie auquel ils sont destinés.

Cette chenille, la soie dont elle forme son précieux cocon, les Magnaneries où elle est élevée, les merveilleux tissus qui en proviennent, toute cette admirable industrie séricicole, si répandue sur le globe, compensent par les avantages qu'ils nous procurent les ravages des autres insectes. Il y a à peu près 4000 ans que dans la Chine, une femme, selon la tradition, découvrit la soie, cette matière à la fois solide, fine, moelleuse, souple, brillante, dont les tissus pénétrèrent en Europe par de rares caravanes sous le règne d'Auguste. Longtemps achetée au poids de l'or, les prodiges de l'industrie moderne ont donné à la soie les formes les plus variees, depuis le modeste foulard jusqu'aux splendeurs du lampas, du velours, du brocard; et c'est à une hideuse chenille que nous devons ces merveilles.

MURIER MULTICAULE. *M. multicaulis.* Pers.

Les fleurs sont à étamines plus courtes que le périanthe; les syncarpes oblongs.

Ce Murier, considéré comme espèce distincte des autres, a éte apporté en 1821 par M. Perrottet, de Manille au Sénégal et ensuite en France, il présente l'avantage de se reproduire de boutures, de produire une plus grande quantité de feuilles et une soie d'une qualité supérieure; mais il est plus sensible aux gelées et ne convient qu'au midi.

---

(1) Nous citerons encore les variétés suivantes : les M. nain, colombasse, fourcado, amella, meyne, langue de bœuf, la fleur de lys, l'*Elata*, le *latifolia*

G. FIGUIER. Ficus. *Tournef.*

Les fleurs sont monoïques ou dioïques, insérées à la surface interne d'un réceptacle charnu ; fleurs mâles à périanthe trifide ; trois étamines ; fleurs femelles à périanthe 5-fide, tubuleux.

Ce genre dont les nombreuses espèces appartiennent généralement aux contrées méridionales de l'ancien continent et surtout à l'Inde, en comprend plusieurs très-remarquables par quelques particularités. Outre le Figuier commun, le seul qui appartienne à l'Europe, nous citerons le Figuier sycomore dont le bois incorruptible était employé par les Egyptiens pour renfermer leurs momies, et que l'on retrouve encore intact ; le Figuier des Pagodes, grand arbre de l'Inde, consacré à Vischnou dont la naissance et les transformations se sont opérées, dit-on, sous son ombrage. Le Figuier du Bengale, si remarquable par sa manière de se propager : d'épais sarments descendent de ses branches jusqu'à terre, s'y enracinent et donnent naissance à des arbres nombreux. On a observé au Bengale des individus dont la cime de plus de mille pieds de circonference, et supportée par une soixantaine de troncs de diverses grosseurs, peut se comparer à la voûte d'un vaste édifice.

Ils sont, par leur feuillage, au nombre des plus beaux arbres de l'Asie.

Figuier commun. *F. carica.* Linn.

Les réceptacles androgynes sont ordinairement pyriformes, retrécis en stipe pédunculiforme ; les fleurs mâles occupant, dans les réceptacles androgynes, la partie supérieure de la paroi.

Le Figuier présente un puissant intérêt, tant par son organisation que par l'importance de son fruit, et par les particularites qui s'y rattachent. Les fleurs qui s'épanouissent à l'intérieur de la figue sont un phénomène fort remarquable. Une autre singularité consiste dans le contraste qu'offrent le suc âcre et vénéneux qui découle de l'écorce, avec la substance sucrée et salutaire du fruit. Il est en même temps savoureux, delicat, moelleux, succulent, pectoral ; aussi le Figuier est l'arbre fruitier le plus cultivé dans les pays méridionaux et forme par l'abondance de ses fruits une branche importante de la nourriture des habitants. La culture a modifié la figue en une multitude de variétés appropriées à tous les sols, à toutes les expositions, telles que la Coucourelle, la Bellone, la Bargemont, la Monissoune, la Serventine, la Figue de Lipari, de Marseille, de Salerne, qui toutes diffèrent entre elles de couleur, de forme, de saveur, de succulence.

Cet arbre est connu depuis une haute antiquité. Sans remonter jusqu'au Figuier d'Adam qui est un Bananier, c'est sous un Figuier que fut trouvée la louve qui allaitait Romulus et Remus, et cet arbre consacré par la reconnaissance romaine ornait du temps de Pline la place publique où se rendait la justice et se faisaient les sacrifices pour conjurer la foudre. Caton voyant l'insuffisance de ses efforts pour déterminer le Sénat à entreprendre la troisième guerre punique, et le peu de succès du *Delenda Carthago*, montra aux sénateurs une Figue nouvellement cueillie à Carthage, leur en fit admirer la fraîcheur et la beauté, et la destruction de la rivale de Rome fut résolue. Les Hébreux regardaient le Figuier comme le but final de tous les désirs, et l'avantage de vivre sous son ombrage était un gage de félicité parfaite. Lorsque Jesus-Christ voulut prémunir ses Disciples contre les hypocrites et leurs dehors trompeurs, il leur dit : Vous les reconnaîtrez par leurs fruits ; peut-on cueillir des raisins sur des épines et des figues sur des ronces. Considérant ainsi ces deux fruits comme l'emblème de la bonté, il leur opposait les deux plantes épineuses, images de la médisance et de la calomnie qui déchirent et meurtrissent.

Le Figuier est remarquable sous le rapport entomologique par l'usage que l'on faisait dans tout l'Orient et qui est encore usité dans quelques îles de l'Archipel, d'un insecte pour hâter la maturité des figues. Ce procédé, sous le nom de caprification, consiste à placer sur des Figuiers domestiques, des paniers remplis de figues sauvages. Les Cynips qui se sont développés dans ces dernières, se répandent sur les jeunes figues cultivées, les piquent de leur longue tarière, y déposent leurs œufs, et y produisent le même effet que d'autres insectes sur d'autres fruits, tels que les poires. On a cru longtemps à une autre cause de ce phénomène : on disait que les Cynips sortaient des figues sauvages ou mâles chargés de pollen; qu'ils s'introduisaient par l'*œil* dans l'intérieur des figues cultivées, ou femelles, qu'elles fécondaient tous les germes et accéléraient ainsi la maturité du fruit.

Les autres insectes du Figuier sont :

COLÉOPTÈRES.

Bostrichus (hypoborus. Erichs.) fici. Fab. — V. Palmier

Nyphona saperdoïdes. Ziegl. — Ce Longicorne se développe dans le bois du Figuier.

HYMÉNOPTÈRES.

Cynips (Blastophaga) grossorum. Grav. — V. Sycomore.

HÉMIPTÈRES.

Psylla ficûs. Réaum. — V. Buis. Cette espèce détermine la formation des galles qui se produisent sur les feuilles du Figuier, contre la nervure principale.

LÉPIDOPTÈRES.

Pyralis (Pyralida. Zell.) chlametulalis. Zell — V. Tamarisc

Tortrix ocellana. Zell. — V. Lierre.

FAMILLE.

PLATANÉES, Plataneæ. *Lestib.*

Les ovaires sont uniloculaires, ovules orthotropes; la graine est à périsperme mince, charnu.

G. PLATANE, Platanus. *Linn.*

Les fleurs sont monoïques, apérianthées. Mâles : les étamines sont nombreuses, accompagnées de squamules ; les femelles ont les ovaires nombreux.

Le Platane, seul de son genre et de sa tribu(1), est l'un des arbres qui jouissent de plus de célébrité. Il ne la doit ni à l'éclat de ses fleurs, ni à l'utilité de ses fruits, mais à la beauté que lui donnent sa grandeur, son élévation, son port majestueux, sa vaste cime, son écorce lisse, sa large feuille palmée. Il présente deux qualités dont la réunion est fort rare : l'accroissement rapide et la longévité, et il en résulte qu'entre tous les arbres, le Platane est celui dont nous pourrions citer le plus de spécimens célèbres par leurs dimensions colossales.

Le Platane originaire de l'Asie a été successivement importé dans la Grèce, dans l'Italie, dans les Gaules. Les Persans lui attribuaient la vertu de purifier l'air, d'écarter la peste, et ils en multipliaient les plantations. (2) Il était connu de Salomon qui signale sa beauté dans les vallées du Liban, comme le Cèdre en décorait les flancs et les sommets.

Hérodote et Ælien mentionnent un Platane situé dans la Lycie, d'une hauteur prodigieuse, et sous lequel Xerxès s'arrêta un jour, peut être avant de passer le Bosphore. Cette station sous le Platane présenta sans doute quelque circonstance particulière, puisque les courtisans du roi des rois s'en prévalurent pour la lui rappeler chaque année en lui envoyant une image de cet arbre en or massif. C'était sans doute aussi l'adulation qui avait donné lieu à la fable d'après laquelle un Platane se convertit en Olivier à Laodicée à l'arrivée de Xerxès.

Un autre Platane, situé egalement dans la Lycie, où il ombrageait une fontaine, avait un tronc creux dont la cavité avait trente mètres de circonférence et dans lequel le Consul Licinius Mutianus passa la nuit avec dix-huit personnes de sa suite.

---

(1) C'est au moins l'opinion de M. Spach, fondée sur de longues recherches.

(2) Ceux qui ont voyagé en Perse, dit Chardin, ont été étonnés de la beauté des jardins royaux d'Ispahan, plantés de Platanes toujours verts, malgré la chaleur excessive du climat, par les soins que l'on prend d'entretenir la fraîcheur des racines par des rigoles d'eau courante

Dans la Lydie, un autre Platane encore était célèbre par son tronc semblable à une caverne de vingt six mètres de tour et par sa cime vaste comme une forêt.

Dans la vallée de Beyouk-Déré près de Constantinople, un Platane a servi d'abri à Godefroy de Bouillon; il est connu sous le nom de Jedi-Gardek, les sept frères, il est composé de sept branches sortant à fleur de terre du même tronc, dont l'une n'a pas moins de seize mètres de circonférence à sa base.

Dans l'île de Crête, le Platane de Gortyne ombrageait une belle fontaine; il ne perdait jamais ses feuilles (1), parce qu'il avait favorisé les amours de Jupiter et d'Europe.

On montrait près du temple de Delphes, un Platane qui avait eté planté par Agamemnon. En Arcadie, 800 après la guerre de Troie, il en existait un autre qui l'avait été par Ménélas dont il portait le nom.

Le Platane était le plus bel arbre de la Grèce dont il ombrageait le bord des rivières et des ruisseaux. Il couvrait une île de l'Eurotas, qui prenait le nom de Plataniste; il décorait les beaux jardins d'Academus où Platon montrait à ses disciples à quelle hauteur Dieu a permis à l'homme d'élever sa pensée avec le seul secours de la raison, et leur révélait en même temps le besoin d'une sagesse plus haute, d'une lumière surnaturelle, pour pénétrer le mystère des destinées humaines.

En Italie, les premiers Platanes introduits servirent à ombrager le tombeau de Diomède dans les îles qui portent son nom. Un Platane, au bord du lac de Nemi, pouvait contenir vingt personnes dans l'intérieur de son tronc; à Vellétri, la cime d'un Platane présenta à Caligula une grande salle de festin où il réunit les complices de ses orgies. Les Romains portaient leur admiration pour ces arbres jusqu'à les arroser de vin, et Horace les chante dans ces vers :

(1) Pline.

Cur non sub alta, vel Platano, vel hæc
Pina jacentes.....................
Potamus uncti?

Dans les Gaules, la capitale des Morins, Thérouanne, au temps de Pline, possédait une plantation de Platanes si beaux que le fisc imposait une forte rétribution pour les voir. Ils ont fini comme la noble cité elle-même, la plus malheureuse que signale l'histoire · consumée par Attila, ravagée par les Normands, saccagée par Henri huit, anéantie par Charles-Quint qui y fit passer la charrue et semer du sel comme sur le sol des villes maudites.

Tantæne animis cœlestibus iræ!

Le Platane le plus remarquable des temps modernes etait celui du parc de Fontainebleau, qui en 1731 mesurait six mètres de diamètre en son intérieur. En Amérique M. Michaux a observe des individus qui avaient quinze mètres de circonférence.

Dans les environs de Smyrne et près de la grotte de Bournabat où l'on dit qu'Homère ecrivit l'Iliade, il existe un antique Platane dont le temps a creusé le tronc et l'a partagé en deux parties; depuis le sol jusqu'à une assez grande hauteur, et assez écartées l'une de l'autre pour former une espèce de portique, sous lequel les voyageurs passent même à cheval.

Les plantations de cet arbre tant célebré, présentent cependant un inconvénient signalé depuis longtemps en Amérique et depuis en France. Un duvet roussâtre qui se detache au printemps des jeunes branches et des feuilles affecte péniblement les yeux, le nez et la gorge, et y causent la démangeaison et l'irritation.

Le Platane présente l'avantage d'être fort peu attaqué par les insectes. Deux espèces ont été signalées. On attribue ce privilége à l'amertume et à la fermeté de ses feuilles, à son écorce qui se détachant chaque année, ne présente pas de gerçures où les larves puissent se développer.

COLÉOPTERES

Bostrichus dispar. Hellw. — V. l'introduction. Il a ete signale par M. le professeur Mathieu.

LÉPIDOPTÈRES.

Zerene pantaria. Linn. — V. Groseiller

FAMILLE.

BALSAMIFLUÉES, Balsamifluæ. *Blume.*

L'ovaire est biloculaire, multiovulé.

G. LIQUIDAMBAR, Liquidambar. *Linn.*

Les fleurs sont monoïques, agrégées ; mâles : les étamines nombreuses, entremêlées de squamules; les filets libres; femelles : les ovaires nombreux ; styles subulés

Le Liquidambar copelme des États-Unis, qui se trouve dans les forêts de Chênes et de Tulipiers, et que l'on cultive en Europe dans les jardins, exsude une liqueur balsamique, d'une couleur ambrée, d'une odeur aromatique agréable, mais d'une saveur âcre. On extrait cette substance au moyen d'incisions dans l'écorce.

J'ai trouvé au mois de juillet 1850, sur une feuille d'un Liquidambar de mon jardin de Lestrem, une chenille de *Tinea* dans son fourreau semblable à celle du *T. cratægella*, elle était fixée sur la nervure principale. J'ai transporté cette feuille dans un bocal, et j'ai pris les précautions nécessaires pour obtenir le papillon ; mais je n'ai pas réussi.

CLASSE.

AMENTACÉES, Amentaceæ. *Bartl.*

Les fleurs sont ordinairement unisexuelles, amentacées, l'ovaire est pluriovulé ; le fruit monosperme ; périsperme nul.

Cette classe comprend un grand nombre de nos arbres forestiers.

FAMILLE.

ULMACÉES, Ulmaceæ. *Mich.*

Les fleurs sont hermaphrodites ou polygames monoïques, le

périanthe est inadhérent, persistant ; les étamines sont en même nombre que les lobes du périanthe ; le pistil est nul dans les fleurs mâles.

Cette famille se compose de deux tribus : les Ulmidées et les Celtidées.

TRIBU.

ULMIDÉES, Ulmideæ. *Dumortier.*

Les fleurs sont hermaphrodites; les mâles sans disque; stigmates persistants ; pericarpe sec; périanthe persistant.

G. ORME, Ulmus, *Linn.*

Les fleurs sont petites, fasciculées, latérales, pedicellées ; le périanthe est campanulé ou turbiné, lobé; les étamines sont en même nombre que les lobes du périanthe; les anthères cordiformes, didymes ; l'ovaire est ovale, comprimé.

Ce genre se compose, outre l'Orme champêtre et ses nombreuses variétés, de deux autres espèces européennes et de deux américaines.

Orme champêtre. *U. campestris.* Linn. (1)

Le périanthe est turbiné, point oblique ; les lobes sont ovales, ou elliptiques ; le fruit (samare) est a aile ovale ou elliptique, profondément bilobé ; lobes arrondis.

L'Orme est à nos yeux, l'emblème du mérite modeste. Il ne nous charme ni par l'élégance de son feuillage, ni par la beauté de ses fleurs et de ses fruits ; son tronc ne fournit pas, comme celui du Chêne, des mâts à nos vaisseaux; ses rameaux ne se tressent pas en couronnes civiques; mais il se prête à la plupart de nos besoins ; il nous est éminemment utile. Son bois à la fois liant, élastique, pesant, tenace est excellent pour la marine, la charpente, la me-

(1) Ses principales variétés sont : l'O. commun, l'O. à petites feuilles, l'O. lisse, l'O. élancé, l'O. à feuilles ployées, l'O. à feuilles crépues. l'O. d'Exeter, l'O. à grandes feuilles

nuiserie, le charronnage, le chauffage, son feuillage présente en automne un précieux aliment pour les bestiaux.

Enfin, bien inférieur au Chêne, il se soutient dignement au second rang en présence du Hêtre, du Frêne, du Charme qui le lui disputent à certains égards; il est vrai qu'il doit une partie de ses avantages à la culture. Il ne forme jamais de forêts, mais il vit épars dans les bois de Chênes et de Hêtres. Quand il croît ainsi spontanément, il réunit rarement les qualités que l'état de culture lui a données. C'est donc comme arbre cultivé qu'il s'est multiplié, perfectionné et modifié en nombreuses variétés différant entr'elles de port, de feuillage, de croissance, de qualité. Ainsi, le Hollandais étale sa large feuille, arrondit son ample couronne, acquiert le développement le plus hâtif et vit moins d'un siècle. L'Orme pyramidal s'élance à une grande hauteur, et son tronc est garni de rameaux dans toute son étendue; le Tortillard, à petites feuilles, au port recourbé, aux branches étalées, à l'aspect pittoresque, jouit d'une grande longévité.

Aussi l'Orme est-il, surtout dans le Nord de la France, l'arbre préféré pour le bord des chemins, des rivières, pour les vergers dont il est le principal ornement par l'élévation de son tronc et l'ampleur de sa cime. Peu cultivé dans le moyen-âge, c'est à François I.er et surtout à Henri IV que nous devons le bienfait de son introduction dans nos cultures.

Ses qualités utiles et sa vulgarité lui donnent quelque chose de prosaïque au moins dans les cordons de nos gras pâturages, dans les avenues de nos routes royales ou nationales.

Cependant la poésie le revendique quelquefois: en Italie, l'Orme sert de soutien à la Vigne qui le pare de ses pampres, de ses grappes, et s'y attache comme la jeune femme à son époux, *Ulmus marita*.

Quid faciat lætus segetes, qua sidere terram
Vertere, Mœcenas, Ulmisque adjungere vites,
Conveniat.

Virg., Georg.

Comment ne pas trouver poétique l'Orme de Saint-Martial, à Toulouse, qui existait encore en 1808, âgé de neuf siècles, et sous lequel, en 1323, les maîtres du Gai-Savoir, à l'appel de Clemence Isaure, inaugurèrent les jeux floraux? C'est sous l'Orme célèbre de Trémilly (1) qui remontait au 7.e siècle, que les damoiselles des châteaux voisins allaient danser les rondes des ménestrels champenois, Hues de Braic-Selves et Cupelin. Si nos ancêtres rendaient la justice sous les arbres, tels que l'Ormeau de Gisors, la jeunesse se livrait aux *gieux soubs l'Ormel*, c'est-à-dire à la danse, au chant, et à la poésie, et tenait les plaids de courtoisie et gentillesse (2). D'autres Ormes encore parlent à l'imagination par leur âge et leur ampleur. Celui qui orne la place de Brignoles, qui date du 13e siècle et dont le tronc a neuf mètres de circonférence, conserve encore une végétation vigoureuse, et rien n'annonce encore la décrépitude qui précède la mort. L'Orme de Graux dans les Vosges à trente-trois mètres de hauteur, huit de circonférence et, quoique très-verdoyant encore, on a attribué sa plantation au romain Lisias, qui d'après Jules César, avait acquis le droit de cité chez les Biturigiens. A Clisson, deux Ormes couronnent majestueusement les hautes murailles du château du fameux connétable. Leurs branches énormes se sont fait jour à travers des crenaux à demi ruinés, et ces ouvertures gothiques, d'où partaient autrefois tant de traits meurtriers, sont maintenant ombragées par de superbes rameaux que le vent balance dans les airs (3). Ils y prêtent aussi leur ombrage mélancolique au puits des martyrs vendéens, qui mêle sa funeste célébrité à celle de cette glorieuse ruine.

L'Orme nourrit un grand nombre d'insectes.

COLÉOPTERES.

Pristonychus venustus. Clairv. — Ce carabique se tient sous l'écorce.

---

(1) Haute-Marne.
(2) M. Thiebaut de Bernaud.
(3) M. Thiebaut de Bernaud.

Lampra rutilans. Fab. — V. Tremble.

Hylæcetus dermestoides. Fab. — La larve de ce Serricorne se développe sous l'écorce.

Nosodendrum fasciculare. Lat. — Ce Clavicorne se développe dans les ulcères de l'Orme.

Cetonia fastuosa. Fab. — V. Rosier.

Hypophlœus castaneus. Lat. — V. Frêne.

——— bicolor. Lat. — Ibid

Cistela lepturoïdes. Lat. — V. Tilleul.

Bruchus griseo-maculatus. Chev. — V. Ciste.

Phlœophagus lignarius. Sch.—Ce Curculionite vit sous l'écorce.

Anthonomus ulmi. Fab. — V. Sorbier.

Orchestes quercûs. Linn. — V. Lonicère. Il habite entre les nervures principales des feuilles.

Sibinia (Microtrogus) cuprifer. Sch. — Ce Curculionite se developpe sous l'écorce.

Mecinus ulmi. Chev — V. Poirier.

Cionus (Nanophya) ulmi. Meg. — V. Frêne.

Hylesinus vittatus. Fab. — V. Lierre. On le trouve souvent avec le Scolyte.

Scolytus ulmi. Redtenb — V. l'Introduction

——— destructor, id. — Ibid.

——— intricatus, id. — Ibid.

——— pygmœus, id — Ibid.

——— rugulosus. Fab. — Ibid.

Lyctus contractus. Fab. — Ce Xylophage se développe sous l'écorce.

Colydium sulcatum. Fab. — Même observation.

Nemosoma elongatum. Lat. — Même observation.

Cucujus ater. Lat. — Même observation

Hammaticherus miles. Bonelli. — La larve de ce Longicorne vit dans l'aubier.

Clytus 4 punctulata. Fab. — V. Sycomore. (1)

---

(1) M. de Romand a vu ces Clytus sortir d'un fauteuil plaqué d'acajou depuis 20 ans.

Molorchus abbreviatus (major). Linn. — V. Saule.

Pogonocherus hispidus. Fab — V Gui

Saperda punctata. Fab. - V. Saule. La larve se développe dans le bois mort.

Leptura ruficornis Fab. — Ce Longicorne se développe sous l'écorce.

Stenostola nigripes. Fab. — V. Saule.

Galeruca calmariensis. Fab. — V. Viorne. Elle a dévoré en 1850 toutes les feuilles de la grande avenue du parc de Saint-Cloud.

HYMÉNOPTÈRES.

Tenthredo ulmi. Linn. — V. Groseiller .

HEMIPTÈRES

Miris striatus. Linn. — V Coudrier.

Phytocoris ulmi. Linn. — V Poirier.

Cicada ulmi. Linn — V. Orme.

Tettigonia ulmi Linn. — Cette Cicadelle suce la sève.

Thrips ulmi. Linn. — V. Vigne. Il vit en société sous l'écorce.

Aphis (Schiczoneura. Am.) ulmi Linn — V. Cornouiller Cette espèce détermine les boursoufflures connues sous le nom de vessies de l'Orme.

Aphis (Tetraneura. Am.) Deg. — Cette espèce vit dans les galles des feuilles.

Kermes ulmi. Linn. — V. Vigne.

Coccus ulmi. Linn. — V. Tamarisc.

——— conchiformis, id. — Ibid

——— laniger, id. — Ibid

——— spurius, id. — Ibid.

LEPIDOPTERES.

Vanessa polychloros. Linn. — V. Cerisier

——— C. album, id. — Ibid.

Thecla W. album. Fab. — V. Marronnier.

Arctia lubricipeda. Fab. — La chenille de cette Chélonide est velue, à poils courts. Elle se renferme dans une coque spacieuse, d'un tissu lâche

Cossus ligniperda. Linn. — V. Saule

Zeuzera æsculi. Linn. — V. Marronnier.

Attacus pyri. Bork. — V. Oranger.

Uropus ulmi Bork. — La chenille de cette Bombycide est lisse ; elle porte sur le quatrième segment un tubercule conique, et le dernier est terminé par deux tubes cornés renfermant les pattes anales qu'elle fait sortir à volonté ; elle s'enfonce dans la terre avant de se transformer.

Chelonia villica. Linn. — V Cerisier.

——— plantaginis, id. — Ibid.

Orthosia stabilis. Guen. — V. Cerisier

——— instabilis. Guen — Ibid.

——— miniosa. Guen — Ibid.

——— ambigua. Guen — Ibid

Mecoptera satellita. Linn. — La chenille est rase, elle se retire pendant sa jeunesse entre les graines membraneuses de cet arbre, elle s'enterre avant de se transformer.

Miselia bimaculosa. Linn. — V. Aubepine.

Xanthia ferruginea. Guen. — V. Saule.

——— gilvago, id. — Ibid. Les chenilles se retirent dans les graines membraneuses des Ormes.

Cosmia diffinis. Linn. — V. Prunier.

Amphidasis ulmaria. Bork. — V. Pommier.

——— hirtaria. Fab. — Ibid.

——— betularia. Linn. — Ibid.

Zerene ulmaria. Hubn — V. Groseiller.

——— pantaria, id. — Ibid.

Tortrix ribeana. Zell — V Lierre.

——— diversana. Zell. — Ibid

——— viridana, id. — Ibid.

——— hoffmannseggiana, id. — Ibid.

——— dealbana, id. — Ibid.

——— hepurana, id. — Ibid.

——— lithoxylana, id. — Ibid.

——— unifasciana. Dup. Supp. — Ibid

Glyphiptera boscana. Fab. — Cette Platyomide a les palpes épais, le deuxième article est très-garni d'écailles ; les premiers articles ne sont pas connus.

Teras cerusana. Zell. — V. Vigne.

—— schreiberiana. Id. — Ibid.

Penthina ulmana. Hubn. — V. Erable.

Grapholytha ulmariana. Zell. — V. Ajonc.

Ephippiphora ulmana. Hubn. — La chenille de cette Platyomide se nourrit de feuilles, de bourgeons et de graines ; elle se renferme avant de se transformer dans un tissu solide, revêtu de terre.

Argyresthia conjugella. Zell. — Cornouiller.

Lithocolletis ulmifoliella. Hubn. — V. Erable.

—— ulminella. Zell. — Ibid.

—— insignitella, id. — Ibid.

—— pomifoliella. Tisch. — Ibid.

—— agilella. Zell. — Ibid.

Gracillaria citrinella. Fab. — V. Erable.

Coleophora limosipennella. Dup. — V. Tilleul.

Lyonetia (Bucculatrix. Zell.) ulmilla. Mann. — V. Tilleul

—— boyerella. Dup. — Ibid.

—— aurella. Fab. — Ibid.

—— samiatella. Zell. — Ibid.

—— lemniscella. Zell. — Ibid.

—— rufella. Zell. — Ibid.

Elachista gemmatella. Costa. — V. Cerisier.

—— saportella. Dup. — Ibid.

DIPTÈRES.

Mycetobia pallipes. Meig. — Ce Diptère se développe dans les ulcères de l'Orme.

Rhyphus fenestralis. Meig. — Même observation.

Subula citripes. L Duf. — Ibid.

Pachygaster ater. Meig. — Ibid.

Ceria conopsoides. Fab — Même observation.
Eumerus œneus. Macq. — Ibid.
Brachyopa bicolor. Meig. — Ibid.
Cheilosia scutellata. Meig. — Ibid.
Drosophila pallipes. L. Duf. — Ibid.
Aulacigaster rufitarsis. Macq. — Ibid.

TRIBU.

CELTIDÉES, CELTIDEÆ. *Dumortier.*

Les fleurs sont polygames, monoïques, solitaires ; le péricarpe est drupacé ; le périanthe caduc.

Cette tribu est composée du seul genre Micocoulier.

G. MICOCOULIER, CELTIS *Tournef.*

Les fleurs sont axillaires; mâles : inférieures, ternées; le périanthe est membraneux ; disque hypogyne ; les étamines en même nombre que les segments du périanthe, insérées sous le disque ; les fleurs femelles à ovaire ovoïde, oblique ; stigmates filiformes ; drupe ovale.

Ce genre ne comprend qu'une espèce européenne, le Micocoulier austral.

MICOCOULIER AUSTRAL. *C. australis.* Linn.

Le périanthe est à segments oblongs.

Cet arbre de la France méridionale joint à la beauté du port toute l'utilité que donne à son bois, la dureté, la pesanteur, le poli, la ténacité, la souplesse ; il rivalise avec le buis et l'ébène, et, adopté par les artistes, il est employé pour la sculpture et les instruments de musique. C'était à bon droit que celui(1) dont on admire encore la superbe cime, à Aix en Provence, servait de siége de justice au roi René, qui rendit un culte si passionné aux beaux arts.

---

(1) Il est, dit on, âgé de 500 ans

Cet arbre jouit de la reputation de n'être jamais attaque par les insectes. Le bois, en effet, est, par sa dureté, à l'abri de leurs dommages. Quant au feuillage, il nourrit la chenille d'un Lépidoptère remarquable :

Libythea celtis. Linn. — Ce papillon de jour se distingue entre tous par l'espèce de bec forme par l'allongement des palpes, et de toutes les tribus voisines par les pieds antérieurs de forme normale, et munis d'ongles dans la femelle, quoiqu'il appartienne au groupe singulier des Lépidoptères, dans lequel les pieds antérieurs, dans les deux sexes, sont atrophies, rudimentaires, dépourvus d'ongles, appliques sur le bord antérieur de la poitrine, en forme de palatine, ayant echangé complètement la destination de pieds contre celle d'organe protecteur de la trompe, enfin offrant en apparence le phénomène mouï d'insectes quadrupèdes. L'exception extraordinaire que presente la femelle de la *Libythea celtis*, qui rentre dans l'etat normal, suppose dans sa manière de vivre, un besoin et une faculte de marcher supérieurs à ceux du mâle de cette espèce et des autres membres de cette tribu (1)

FAMILLE.

CUPULIFÈRES, CUPULIFERÆ

L'ovaire est adhérent, les ovules sont suspendus.

Les Cupulifères forment une des plus grandes familles vegetales qui se partagent le globe. Citer le Chêne, le Châtaignier, le Hêtre, le Charme, le Bouleau, l'Aûne et leurs nombreuses espèces, c'est nommer en grande partie l'elite des arbres forestiers de nos climats temperés. Ils revêtent et décorent le sol; ils forment nos belles forêts, qui répandent tant de bienfaits autour d'elles, qui assainissent l'air, condensent les vapeurs atmospheriques, alimentent les cours d'eau, accroissent la terre vegetale, tempèrent

(1) Dans les Erycines, papillons exotiques, les pieds antérieurs sont egalement complets dans les femelles, et atrophies dans les mâles

les rigueurs de l'hiver et les chaleurs de l'été, et fournissent tant de matériaux à notre industrie et à nos besoins.

La cupule (petite coupe) qui caractérise cette famille, se modifie dans chacun de ses membres, de la manière la plus diversifiée, et la plus conforme à sa destination. Réduite à la forme d'un petit vase pour recevoir la base du robuste gland, elle prend celle d'un coffret pour loger la faine; elle s'arrondit et se hérisse d'épines pour envelopper et garantir la châtaigne; elle s'allonge et se découpe en feuille festonnée dans la noisette; toujours elle révèle les soins de la Providence en faveur du fruit, investi de la double fonction de reproduire l'arbre et de nourrir l'homme ou les animaux.

Une multitude d'insectes vivent sur ces arbres, en attaquent toutes les parties et y causent quelquefois de grands ravages. Les larves des Coléoptères attaquent le bois, les chenilles des Lepidoptères dévorent le feuillage. Il est de notre intérêt d'y mettre des entraves, et nous en avons indiqué les moyens usités en Allemagne, mais trop peu employés en France où malheureusement nous défrichons les forêts beaucoup plus que nous ne nous occupons de leur conservation et de leur bonne administration

TRIBU

BETULACÉES, Betulaceæ. *Rich*

Les fleurs sont monoïques, sessiles, disposées en chatons écailleux; mâles à périanthe; femelles dépourvues de périanthe et d'involucre.

Nous commençons la famille des Cupulifères par une tribu qui n'en présente les caractères que d'une manière fort modifiée; les Bétulacées diffèrent en effet des autres en ce que les fleurs femelles sont dépourvues de périanthe et d'involucre. Elles se rapprochent des Cupulifères Betuloïdes qui forment une transition entre les premières et les Cupulifères-types.

Les Betulacées se divisent en deux genres : les Bouleaux et les

Aûnes, sur lesquels se développent un assez grand nombre d'Insectes.

G. BOULEAU, Betula, *Tourn.*

Les fleurs mâles sont à périanthe irrégulier. Fleurs femelles à strobiles cylindriques.

Bouleau blanc, *Betula alba.* Linn.

Les pédoncules fructifères sont ordinairement plus courts que les pétioles.

Le Bouleau est médiocre en grandeur et en qualité ; il ne peut supporter la comparaison avec la plupart des autres arbres forestiers ; cependant il rachète cette infériorité par une utilité extrêmement variée. Il semble vouloir monter au premier rang à force de services rendus. Insensible au froid, plus même que les résineux, il avance vers le pôle, il gravit les hauteurs des Alpes au point de rester la seule végétation ligneuse dans les plus âpres climats, et il contribue ainsi à les rendre habitables à l'homme : il est éminemment l'arbre du nord : indifférent au sol, il s'accommode des plus stériles, il dispute à la bruyère le tuf le plus aride ; son bois ne se refuse à aucun usage, sa sève fournit une boisson agréable, son feuillage sert de fourrage aux bestiaux, et il est propre à la teinture ; ses bourgeons contiennent une matière balsamique à laquelle on accorde des propriétés vulnéraires ; son écorce est employée pour le tannage ; on la pile pour la mêler au pain dans les temps de disette ; elle se façonne en chaussures, en cordes ; on en construit même des pirogues et des canots.

Toutes ces qualités sont à la vérité plus utiles aux Samoyèdes, aux Canadiens, aux Kamtchadales qu'à nous ; mais si notre civilisation les dédaigne, nous recherchons le Bouleau dans les parcs pour la blancheur satinée de sa jeune écorce, pour l'élégance de son port, pour le laisser-aller avec lequel il incline gracieusement ses jeunes rameaux.

De nombreux insectes se développent sur le Bouleau.

COLÉOPTÈRES.

Agrilus betuleti. Ratz. — V. Vigne. Il a causé la mort de tous les Bouleaux du bois de Boulogne. La larve vit en société entre l'écorce et le bois, et se creuse des sillons tortueux dirigés dans tous les sens. Lorsqu'elle a pris tout son accroissement, elle pratique dans le bois une petite cavité où elle se métamorphose.

——— viridis. Gour. — Ibid. Il fait quelquefois de grands ravages dans les bois de Bouleaux.

Melasis flabellicornis. Fab. — V. Aûne.

Scaphidium immaculatum. Fab. — Ce Clavicorne se développe sous l'écorce.

Gibbium scotias. Linn. — Ce Térédile vit sous l'écorce.

Platysoma depressa. Fab. — Ce Clavicorne vit sous l'écorce.

Melolontha hippocastani. Fab. — V. Erable.

Pyrochroa coccinea. Fab. — V. Noyer.

Rhynchites betuleti. Fab. — V. Vigne.

——— betulæ. Linn. — Ibid

Attelabus curculionides. Linn. — Lorsque ce Curculionite éprouve le besoin de faire sa ponte, il va sur la surface supérieure d'une feuille, et dépose un œuf contre la nervure médiane et le colle au bout de la feuille. Ensuite il passe sur la surface inférieure et monte lentement le long de la nervure médiane en la mordant à chaque pas, puis il revient sur ses pas en renouvelant ses coups de dents, et repète plusieurs fois cette opération qui rend la nervure assouplie. La feuille peut donc se plier facilement, mais chaque moitié conserve sa rigidité, et l'insecte se sert du même procédé pour la détruire; à cet effet, il parcourt la feuille plusieurs fois du haut en bas en pinçant à chaque pas l'épiderme avec ses dents. La feuille étant convenablement préparée, l'Attelabe revient au bout où se trouve son œuf; à l'aide de ses pattes, il plie la feuille en deux, suivant la direction de la nervure médiane, ce qui met l'œuf à couvert; ensuite il se place perpendiculairement à la nervure, la tête tournée vers les dentelures; il replie l'extrémite avec ses pattes et commence à rouler. Pour faire cette operation, il etend ses pattes posterieures de gauche et les accroche a la feuille au moyen des crochets doubles qui terminent les tarses, et tirant à lui le rouleau, qui est saisi par les crochets des pattes de droite, il le force à marcher ; la feuille s'enroule ainsi avec beaucoup de vitesse ; le rouleau, maintenu entre les pattes, ne peut pas se desserrer, parce que la feuille a perdu sa rigidité, et que les petites epines qui garnissent les jambes suffisent pour la maintenir. Les mâchoires et les pattes antérieures ne restent pas oisives pendant ce travail ; l'insecte s'en sert pour faire rentrer les plus petites dentelures dans l'intérieur du rouleau, et pour tordre les plus saillantes de manière à arrêter solidement son ouvrage. (Goureau.)

Rhynchites betuleti. Fab. — V. Vigne.

——— betulæ. Chev. — Ibid.

Brachyderes lepidopterus. Chev. — Ce Curculionite se developpe sous l'écorce.

Polydrusus marginatus. Steph. — Même observation

Baris cuprirostris. Fab — Même observation.

Camptorhynchus statua. Fab. — Même observation

Phyllobius betulæ. Fab. — V. Poirier

——— argentatus. Id. — Ibid.

Hylesinus betulæ. Chev — V Lierre.

Scolytus destructor Ol. — V. l'Introduction

Cis betulæ. Zett. — Ce Xylophage se développe sous l'ecorce.

— (Endecatomus) reticulatus. Fab. — Ibid.

Lœmophlœus testaceus. Fab —Ce Xylophage vit sous l'écorce.

Prionus coriaceus. Fab. — Ce Longicorne se développe dans l'aubier.

Crioceris (Syneta) betulæ. Fab. — Cette Chrysomeline dévore le feuillage.

Luperus betulæ. Chev — Même observation.

Chrysomelina hæmorrhoidalis. Linn —V Saule

——— betulæ. Lat — Ibid

Gonioctena viminalis. Fab. — V. Saule.
Phædon betulæ. Linn.—Cette Chrysomeline devore le feuillage.
Altica violacea. Fab.—V. Vigne. Au printemps sur le feuillage.
Chryptocephalus nitens. Linn.— V. Cornouiller.
———— paracenthesis. Linn — Ibid.
———— flavipes. Fab. - Ibid.
———— flavilabris. Payk. — Ibid.
———— glaucocephalus. Linn. — Ibid
———— marginatus. Fab. — Ibid
———— pallifrons. Meg. — Ibid
———— bipunctatus. Linn. — Ibid.
———— labiatus. Linn. — Ibid.
Pachybrachys hieroglyphicus. Fab.— V. Saule.
Phratora vitellinæ. Fab — Ibid.

HYMÉNOPTÈRES.

Cimbex (Trichiosoma) betuleti. Kl — V. Sorbier
——— lucorum. Fab. — Ibid.
——— nitens Oliv. — Ibid.
——— vitellinæ. Fab.— Ibid.
——— pallens. Fab.— Ibid.
——— femorata. Leach. — Ibid
Pamphilius betulæ. Linn.— V. Poirier.
Nematus betularius. Hubn. — V. Groseiller.
Dolerus betulæ. Deg. — V. Rosier.
Tenthredo viridis. Fab. — V. Groseiller

HÉMIPTÈRES.

Aradus annulicornis. Fab. — Cette Punaise vit sous l'ecorce.
——— betulæ. Fab. — Ibid.
Aphis (tremulinax) betulæ Kaltenbach. — V. Cornouiller
Coccus betulæ. Linn — V. Tamarisc.
Chermes betulæ. Linn. — V. Vigne.

LEPIDOPTERES.

Vanessa antiopa. Linn. — V. Cerisier.

Thecla betulæ Linn. — V. Marronnier.

——— W. album. Linn. — Ibid.

Smerinthus tiliæ. Linn. — V. Tilleul.

Sesia asiliformis. Breb — V. Groseiller.

Liparis monacha. Linn. — V. l'Introduction

Lithosia (Calligenia) rosea. Fab. — V. Saule.

Colocasia coryli. Linn. — V. Coudrier.

Orgya gonostigma. Linn. — V. Rosier.

Arctia fuliginosa. Linn. — V. Orme.

Clisiocampa neustria. Linn. — V. Pommier.

Eriogaster lanestris. Linn — Les chenilles de ce Bombycide vivent en société et se filent en commun des toiles pour s'abriter. Leur coque est ovoïde et d'un tissu très-solide.

Aglia tau. Linn. — La chenille de ce Bombycide est armee d'épines dans son jeune âge ; elle se renferme dans une coque informe de mousse et de feuilles sèches.

Pœcilocampa populi. Linn. — V. Peuplier.

Bombyx quercûs. Linn. — V. Ronce.

Harpyia fagi. Linn. — V. Coudrier.

Endromis versicoloria. Linn — La chenille de ce Bombycide a le corps lisse, atténue de la queue à la tête ; il s'élève en pyramide sur l'avant-dernier segment.

Dicranura bicuspis. H. — V. Saule.

Leiocampa dictiæa. Linn. — Ibid

——— dictœoides. Linn. — Ibid.

Lophopteryx camelina. Linn. — V. Poirier.

Notodonta dromedarius Linn. — V. Saule.

——— tritophus. Fab. — Ibid.

Microdonta bicolora. Fab. — La chenille de ce Bombycide est lisse ; elle se métamorphose dans une coque molle enveloppée de mousse et de feuilles sèches.

Pygera bucephala Linn. — V. Tilleul.

Accronycta Psi. Linn. — V. Tilleul.

——— leporina. Linn. — Ibid.

Xylina conformis. Fab. — V. Chèvrefeuille.

Xylophasia polyodon. Linn. — La chenille de cette Noctuélite est rase, luisante ; elle vit de la racine et se transforme sans former de cocon ou dans un cocon peu solide.

Aplecta advena. Fab. — La chenille de cette Noctuélite est glabre, à tête aplatie antérieurement ; elle vit ordinairement sur des plantes basses ; elle se renferme dans une coque de terre peu solide et enterrée assez profondément

Xanthia sulphurago. Linn. — V. Saule.

Cosmia fulvago. Linn. — V. Prunier.

Diphthera orion. Esp. — V. Sorbier.

Cymatophora flavicornis. Linn. — V. Saule.

——— bipuncta. Bork. — Ibid.

Brephos parthenias. Linn. — La chenille de cette Noctuelite est lisse. Les quatre pattes intermédiaires sont courtes et impropres à la marche ; elle se renferme dans une coque légère à la surface de la terre.

Himera pennaria. Linn. — V. Rosier.

Amphidasis betularia. Linn. — V. Pommier.

Ennomos lunaria. Linn. — V. Tilleul.

Geometra papilionaria. Linn. — V. Berberis

Fidonia penearia. Linn. — V. Marronnier.

Tephrosia punctularia. Hubn. — La chenille de cette Phalenide est atténuée antérieurement ; elle se transforme dans une coque légère, à la surface de la terre, sous les feuilles sèches.

Coremia miaria. W. W. — V. Saule.

Antithesia betulana. Haw. — V. Saule.

Melanippe tristaria. B. — La chenille de cette Phalenide est lisse ; elle se transforme, soit dans la terre, soit dans un léger tissu entre des feuilles

——— hastaria. Linn. — Ibid.

Aspidia udmanniana. Linn. — Les chenilles de cette Platyomide sont courtes, à points verruqueux ; elles vivent en société en réunissant les jeunes feuilles en paquet ; leur métamorphose se fait aussi en société dans un tissu commun.

Ptichoiloma ministrana. Linn. — La chenille de cette Platyomide vit au centre de plusieurs feuilles réunies par des fils, et qu'elle ferme hermétiquement à l'approche de l'hiver

Hibernia leucophæaria W. W. — V. Erable.

Cabera confinaria. Zell. — La chenille de cette Phalenide est lisse et se transforme dans de légères coques revêtues de grains de terre.

——— trilinearia. Zell. — Ibid.

——— pusaria. Linn. — Ibid.

Glyphiptera treveriana. W. W. — V Orme

Tortrix treneriana. Rutz. — V. Lierre.

Lita betulinella. Fab. — La chenille de cette Tinéide vit et se transforme entre des feuilles roulees ou réunies par des fils.

Argyresthia goedartella. Linn. — V. Cornouiller

——— brockeella. Hubn. — Ibid.

Incurvaria Zinckenii. Zell. — V. Groseiller La chenille est mineuse (1).

Micropteryx sparmanniana. Fab. — V. Cornouiller.

——— semipurpurella. Steph. — Ibid.

——— purpurella, Haw. — Ibid.

Coleophora lusciniapennella. Tr. — V. Tilleul

——— tiliella. Sch. — Ibid.

——— palliatella. Zinck. — Ibid.

——— fuscedinella. Zell. — Ibid.

——— binderella. Koll. — Ibid.

Gracillaria falconipennella. Zell. — V. Erable.

——— populetorum. Zell. — Ibid.

——— simploniella. B. D — Ibid.

Ornix meleagripennella. Hubn. — V. Sorbier.

Lyonetia padifoliella. Hubn — V Tilleul.

(1) M. Zeller a compté jusqu'a 30 chenilles minant une seule feuille Elles en sortent en coupant la partie minée tout autour, soulevent les deux membranes et descendent à terre par un fil.

Lyonetia spartifoliella. Hubn — V. Tilleul

——— clerckella. Linn — V. Erable.

Lithocolletis betulifoliella. Zell. — Ibid.

————— cinerella. Zell. — Ibid.

————— ulmifoliella. Zell. — Ibid.

————— amyotella. Dup. — Ibid.

————— cavilla. Zell. — Ibid.

————— betulæ. Zell. — Ibid.

————— ulminella. Zell. — Ibid.

DIPTÈRES.

Cecidomyia nigra. Meig. — V. Tilleul. M. Schmiedberger l'a trouvee dans les chatons des jeunes Bouleaux.

G. AUNE, ALNUS, *Linn.*

Les fleurs mâles sont à périanthe régulier ; les femelles à strobiles courts, obtus.

AUNE COMMUN. *A. glutinosa vulgaris. Linn.*

Les strobiles sont ovoïdes ; Nucules suborbiculaires.

Quoique par ses caractères botaniques l'Aune soit très-voisin du Bouleau, la nature a donné à ces deux arbres des destinations très-différentes : Autant le premier est-il approprié aux climats les plus septentrionaux, autant le second l'est-il aux régions les plus aquatiques. L'Aune est l'arbre des marécages, des terres riveraines, et par une coïncidence heureuse et harmonique, il est en même temps celui dont le bois se conserve le mieux lorsqu'il est constamment submergé. C'est sur des pilotis d'Aune, dit-on, que repose Venise, et c'est possible ; mais on le dit aussi du Melèze.

Les insectes de l'Aune sont :

COLÉOPTÈRES

Dicerea berolinensis. Fab. — Ce Sternoxe se developpe sous l'écorce.

Malachius suturalis. Dej. — V. Lierre

Melasis flabellicornis. Fab — La larve de ce Malacoderme est remarquable par son organisation et son instinct. Elle est apode; sa tête est semi cornée ; ses mandibules sont fortes, profondément bidentées , et , par une sorte d'anomalie , sensiblement arquées en dehors ; elles rongent le bois non en se rapprochant, mais en s'écartant ; la larve s'enfonce dans le bois en creusant des galeries larges et irrégulières dans le bois récemment mort des grosses branches et dans les vieilles souches. Les parois de ces galeries sont si nettement taillées qu'elles paraissent façonnées par un instrument fort tranchant. Lorsque l'époque de la transformation approche, la larve se retourne dans sa galerie pour que la tête de l'insecte parfait soit tournée du côté de l'écorce.

Throscus adstrictor. Fab. — Ce Clavicorne vit sur les feuilles.

Omaloplia (Triodonta muls). Aln. gené. — Ce Lamellicorne vit sur les feuilles.

Cetonia marmorata. Fab. — V. Rosier.

—— affinis. Duft. — Ibid.

Melandrya serrata. Fab. — La larve de cet Hétéromère se développe sous l'écorce.

Bruchus alni. Fab. — V. Cistus.

Rhynchites betulæ. Fab. — V. Vigne.

Tropidères albirostris. Fab. — V. Prunelier. Il nuit quelquefois à l'Aûne au point de le faire mourir.

Otiorhynchus pulverulentus. Fab. — V. Oranger.

Xylobius ater. Fab. — La larve de ce Curculionite vit sous l'écorce.

———— alni. Fab. — Ibid.

Chlorophanus viridis. Fab. — Même observation.

Baris cuprirostris. Fab. — V. Bouleau.

Eusomus ovulum. Ill. — La larve de ce Curculionite vit sous l'écorce.

Phyllobius pyri. Linn. — V. Poirier.

Orchestes alni. Linn. — V. Lonicère.

Cis alni. gyll. — V. Bouleau.

Callidium alni. Linn. — V. Aubépine.

Serangalia aurulenta. Fab. — La larve de ce Longicorne se développe dans des galeries profondes à l'intérieur des vieilles souches.

Oberea pupillata. Fab. — La larve de ce Longicorne vit sur les buissons de l'Aune.

Agelastica alni. Fab. — Cette Chrysoméline vit en société.

Galleruca alni. Fab. — V. Viorne.

——— calmariensis. Fab. — Ibid.

Chrysomela alni. Ratz. — V. Saule.

——— hœmorrhoidalis. Linn. — Ibid.

——— cœruleo-violacea. D. — Ibid

——— alni. Linn. — Ibid.

——— polita. Linn; — Ibid.

——— populi. Fab. — Ibid.

——— capreæ. Id. — Ibid.

Lina œnea. Fab. — V. Saule.

Helodes violacea. Fab. — V. Saule.

Chryptocephalus fulcratus. G. — V. Cornouiller.

——— variegatus. Fab. — Ibid.

——— lobatus. Fab. — Ibid.

——— coryli. Linn. — Ibid.

——— violaceus. — Ibid

——— pusillus. Fab. — Ibid.

——— labiatus. Linn. — Ibid

——— frontalis. Marsh. — Ibid.

——— flavipes. Fab. — Ibid.

——— 10 punctatus. Linn. — Ibid.

——— flavescens. Schneid. — Ibid.

——— imperialis. Fab. — Ibid.

HYMÉNOPTÈRES.

Dineura alni. Dahlb — La fausse chenille de cette Tenthrédine dévore les feuilles.

Cimbex lucorum. Fab. — V. Sorbier.
——— femorata. Linn. — Ibid.
——— pallens. Fab. — Ibid.
——— humeralis. Oliv. — Ibid.
Tenthredo alneti. Schr. — V. Groseiller.
——— alni. Fab. — Ibid.
——— ovata. Linn. — Ibid.
Nematus septentrionalis Zur. — V. Frêne.

HÉMIPTÈRES.

Psylla alni. Linn. — V. Buis.
Aphis alni. Fab. — V. Cornouiller.
Coccus farinosus. Linn. — V. Tamarisc.
——— alni. Linn. — Ibid.
Kermes alni. Linn. — V. Vigne.

LEPIDOPTÈRES.

Apatura ilia. Linn. — V. Saule.
Sesia scoliæformis. Hubn. — V. Groseiller.
Dicranura vinula. Linn. — V. Saule.
Arctia fuliginosa. Fab. — V. Orme.
Orgya antiqua. Linn. — V. Rosier.
Lithosia muscerda. Hubn. — V. Saule.
Liparis chrysorrhœa. Linn. — V. Myrte.

Nudaria senex. Hubn. — La chenille de cette Lithoside est garnie de longs poils insérés sur des tubercules. Elle se nourrit de Lichens, et fait entrer ses poils dans la construction de sa coque.

Colocasia coryli. Linn. — V. Coudrier.
Endromis versicoloria. Linn. — V. Murier.
Notodonta dromedarius. Linn. — V. Saule.
Lophopteryx camelina. Linn. — V. Poirier.
Attacus pyri. Linn. — V. Oranger.
Pygera bucephala. Linn. — V. Tilleul.

Xylina Merckii. Ramb. — V. Chèvrefeuille.

——— conformis. Fab. — Ibid.

Acronycta leporina. Fab. — V. Tilleul.

——— alni. Linn. — Ibid.

——— Psi. Id. — Ibid.

Ennomos alniaria. Linn. — V. Tilleul.

Geometra papilionaira. Linn. — V. Berberis.

Cabera pusaria. Linn. — V. Bouleau.

Ypsipetes impluviaria. B. — La chenille de cette Phalénide est courte, à tète epaisse, elle se transforme dans un léger tissu entre des feuilles.

Acidalia bassiaria. Feisth. — V. Groseiller.

Tortrix frutetana. Zell. — V. Lierre.

——— immundana, id. — Ibid.

——— mitterpacheriana, Zell. — Ibid.

Micropteryx sparmannella. Hubn. — Les premiers états de cette Tinéite sont inconnus.

Argyresthia goedartella. Linn. — V. Cornouiller.

Coleophora pariponnella. Fab. — V. Tilleul.

——— Binderella. Koll. — Ibid.

——— tiliella. Schr. — Ibid.

Gracillaria falconipennella. H. — V. Erable.

——— elongella. Linn. — Ibid.

Lyonetia (bucculatrix) cidarella. Fisch. — V. Tilleul.

——— hippocastanella. Dup. — Cette espèce produit deux générations par an.

Lithocolletis rajella. Linn. — V. Erable.

——— insignitella, Zell. — Ibid.

——— alniella, Risch. — Ibid.

——— kleemannella, Fab. — Ibid.

DIPTÈRES.

Ctenophora atra. Linn. — V. Saule.

Cecidomyia tortilis. Bremi. — V. Tilleul. La larve determine la formation de petits mamelons sur le bord des feuilles, qui se roulent et se ferment à l'extrémité. Ces mamelons ont la surface supérieure couverte de petits poils argentés, et ils contiennent chacun 10 à 15 larves orangées, luisantes.

Syrphus alneti. Meig. — Cette Syrphide vit sur les fleurs.

TRIBU.

CUPULIFÈRES BETULOIDES, CUPULIFERÆ BETULOIDEÆ.

Les fleurs mâles sont sans périanthe, disposées en chatons écailleux, naissant d'autres bourgeons que les femelles; celles-ci solitaires dans chaque involucre; nucules osseuses.

Cette tribu, intermédiaire entre les Bétulacées et les Cupulifères types, se compose des Corylées et des Carpinées si vulgaires dans nos bois.

SOUS-TRIBU.

CORYLEES, CORYLEÆ. *Linn.*

G. COUDRIER, CORYLUS. *Linn.*

COUDRIER COMMUN. *Corylus avellana.* Linn.

Les chatons mâles sont géminés ou en grappes; l'enveloppe du fruit sessile.

Cet humble arbrisseau, cher à l'enfance, plus cher à l'adolescence et à la jeunesse, jouit d'une renommée poétique qui a traversé bien des siècles, et qui n'est inférieure à celle d'aucune autre célébrité végétale.

Dans les églogues délicieuses de Virgile, dans les idylles si suaves de Théocrite et de Gessner, où la vie champêtre, les mœurs pastorales, sont chantées avec un sentiment si pur de la nature primitive, le Coudrier prête souvent ses simples berceaux aux doux entretiens, aux luttes paisibles et mélodieuses des bergers, à la naïve confidence d'une innocente tendresse :

Hic Corylis mixtas inter consedimus Ulmos.

Corydon donne la préférence à cet arbre sur le Myrte et le Laurier, pour se conformer au goût de sa bergère :

> Phyllis amat Corylos, illas dum Phyllis amabit,
> Nec Myrtus vincet Corylos, nec Laurea Phœbi.
>
> Ecl. 7.

Aussi le flambeau nuptial était-il formé d'une branche de Coudrier.

A ces idées gracieuses que rappelle cet arbrisseau, nous devons opposer celles que la crédulité ou la superstition avaient accréditées sur les vertus de la branche du Coudrier, trop connues sous le nom de Baguette divinatoire. Le moyen-âge et même le siècle des lumières ont recherché la cause des phénomènes tant vantés plutôt que d'en constater la réalité. La propriété de découvrir les trésors enfouis, les mines, les sources, a été examinée, commentée, approfondie par des savants et des philosophes : Malebranche, Lebrun, Formey, Ritter, Arétin, Emerson, etc., ont cherché à expliquer cette vertu occulte et les prodiges qu'elle opérait entre les mains de Jacques Aymar, de Bléton et de bien d'autres. Enfin, la fameuse baguette a fait découvrir un grand nombre de dupes et de fripons.

Les insectes du Coudrier, sont :

COLÉOPTÈRES.

Trachys minuta. Fab. — Ce Sternoxe vit sous l'ecorce.

Ludius castaneus. Fab. — V. Cytise.

——— cruciatus. Fab. — Ibid.

Attelabus curculionidis. Fab. — V. Bouleau.

Apoderus coryli. Fab. — Ce Curculionite ronge les bourgeons lors de leur développement ; il pond un œuf à l'extrémité de la nervure médiane d'une feuille, sur la surface supérieure ; il plie cette feuille suivant la nervure, et n'emploie qu'une partie de la feuille pour en faire un rouleau.

——— avellanæ. Linn. — Ibid.

——— Morio. Bonn. — Ibid.

Rhynchites Bacchus. Fab. — V. Vigne.

Apion nigritarse. Kirby. — V. Tamarisc.

Cneorhinus (strophosomus) Coryli. Sch. — Le developpement de ce Curculionite m'est inconnu.

——— illibatus. Sch. — Ibid.

Phyllobius argentatus. Fab. — V. Poirier.

Balaninus nucum. Fab. — Ce Curculionite dépose un œuf sur la noisette en germe; la larve s'y développe en rongeant le fruit, et elle en sort pour se retirer dans la terre où elle se transforme. Cette espèce est surtout nombreuse et nuisible dans les lieux ombragés.

Otiorhynchus pulverulentus. Fab. — V. Oranger.

Oberea pupillata. Fab. — V. Aune.

Saperda linearis. Fab. — V. Saule.

Hispa atra. Fab. —La larve de cette Chrysomeline ne m'est pas connue.

Homolopus lorey. Dej. — Cette Chrysomeline se nourrit du feuillage.

Labidostomis tridentatus. Linn. — La larve de cette Chrysomeline m'est inconnue.

Cyaniris aurita. Fab. — Même observation.

Cryptocephalus coryli. Linn. — V. Cornouiller.

——— 4 punctatus. Oliv. — Ibid.

——— 12 punctatus. Fab. — Ibid.

——— cordiger. Linn. — Ibid.

——— imperialis. Panz. — Ibid.

——— lobatus. Fab. — Ibid.

——— nitens. Linn. — Ibid.

——— nitidulus. Gyll. — Ibid.

——— flavipes. Fab. — Ibid.

——— bipunctatus. Linn. Suff. — Ibid.

——— pusillus. Fab. — Ibid.[1]

——— Hubneri. Fab. — Ibid.

——— geminus. Suff. — Ibid.

——— 6 punctatus. Fab. — Ibid.

Lachnaia longipes. Fab. — Nous ne connaissons pas la larve de cette Chrysoméline.

HYMENOPTERES.

Tenthredo coryli. Panz. — V. Groseiller.

HEMIPTÈRES.

Capsus avellanæ. Meyer. — V. Erable.

——— coryli. Linn. — Ibid.

Miris tunicatus. Fab. — Cette Cimide suce la sève des chatons naissants.

Reduvius annulatus. Fab. — Cette Cimicide suce la sève.

Ledra aurita. Fab. — Cette Cicadelle suce également la sève.

Thrips urticæ. Linn. — V. Orme.

Aphis coryli. Goetze. — V. Cornouiller.

LEPIDOPTÈRES.

Melitœa maturna. Fab — V. Peuplier.

Arctia rivularis. Fab. — V. Orme.

Trichiura cratægi. Linn. — V. Alisier.

Colocasia coryli. Linn. — La chenille de ce Bombycide porte deux pinceaux de poils en forme d'antennes, sur le 2.e segment. Elle se transforme dans une coque d'un tissu lâche, entremêlé de poils.

Notodonta dromedarius. Linn. — V. Saule

Harpyia fagi. Linn. — La chenille de ce Bombycide a les 4.e et 9.e segments surmontés chacun d'une ou deux bosses triangulaires terminées en crochets, et les deux derniers forment une espèce de massue dont l'extrémité est armée de deux filets divergents. Elle se singularise surtout par ses pattes écailleuses qui sont longues et articulées comme celles d'un insecte parfait. Elle se transforme dans une coque molle entre des feuilles.

Heliothis marginata. Fab. — La chenille de cette Noctuélite est chargée de points verruqueux ; elle s'enterre pour se transformer, et se renferme dans une coque de terre peu solide.

Cosmia trapezina. Linn. — V. Prunier.

Acronycta Psi. Linn. —V. Tilleul.

Ennomos corylaria. Esp. — V. Tilleul.

Geometra papilionaria. Linn. — V. Berberis

Tortrix corylana. Fab. — V. Lierre.

—— avellana. Sruhl. — Ibid.

Ornix meleagripennella. Hubn. V. Sorbier.

Carpocapsa arcuana. W. W. — V. Poirier.

Phoxopteris badiana. W. W. — Cette Platyomide a les ailes supérieures étroites, et le sommet en est courbe en crochet. La chenille vit entre des feuilles réunies en paquet par des fils, et ne se transforme en chrysalide qu'au printemps suivant.

Œcophora avellinella. Costa. — V. Olivier.

Epigraphia avellinella. Hubn —Cette Tinéide a la trompe nulle ainsi que les palpes supérieurs ; les inférieurs sont deux fois aussi longs que la tête. Les premiers états sont inconnus.

Argyresthia andereggiella. Zell. — V. Cornouiller.

Coleophora palliatella. Zinck. — V. Tilleul.

Lithocolletis ulmifoliella. — Hubn. — V. Erable.

———— Cramerella. Fab. — Ibid.

Carpocapsa arcuana. Fab. — V. Poirier.

SOUS-TRIBU.

CARPINÉES, Carpineæ. *Spach*.

G. CHARME. Carpinus. *Tournef.*

Charme commun. *C. betulus*. Linn.

Les fleurs monoïques mâles sont à chatons lateraux, solitaires ; les femelles en épis inclinés, filiformes, à bractées; les enveloppes du fruit trilobées.

Parmi les arbres forestiers de moyenne grandeur, le Charme se recommande par l'utilité de son bois et par la propriété de rester garni de branches et de feuillage dans toute sa hauteur, ce qui le fait employer pour former des haies et des palissades sous le nom de charmilles ; son bois l'emporte en ténacité sur tous les autres de l'Europe; et cette qualite le fait preferer pour le charronnage; il est en même temps excellent pour le chauffage.

Quoique le Charme forme souvent la basse futaie des bois, et qu'il n'atteigne pas ordinairement de grandes dimensions, nous en connaissons cependant un d'une grande beaute dans la forêt de Fontainebleau, sur le plateau des forts de Marlotte : C'est celui qui a abrité un jour la reine Marie Antoinette contre une tempête, et qui en porte le nom vénéré.

A l'usage de charmilles, cet arbre se prête admirablement à s'étendre en muraille, à se courber en coupole, à se dresser en arc de triomphe. On lui donnait les formes les plus fantastiques lorsque le mauvais goût avait envahi les jardins de la renaissance. Au temps de Pline, le Charme partageait avec le Coudrier l'honneur de former le flambeau nuptial.

Nous ne connaissons qu'un petit nombre d'Insectes qui vivent sur le Charme.

COLÉOPTERES.

Ochina carpini. Herbst. — V. Lierre.

Scolytus carpini. Erichs. — V. l'Introduction.

Brachytarsus scabrosus. Sch. — Les premiers etats de ce Curculionite ne me sont pas connus

Apion holosericeus. Dej — V. Tamarisc.

Ellescus (Acalyptus) carpini. Herbst. — Même observation.

Tichius picirostris. Fab. — V. Spartier.

Acalyptus carpini Gyll. — Même observation.

Batrisus oculatus. Aubé — Ce Psélaphien a ete trouvé par M. Aube dans une vieille souche occupée par une société de *Myrmica rubra*.

HYMENOPTERES.

Oryssus coronatus. Lat. — La larve de cet Urocerate se developpe sous l'écorce.

Tenthredo livida var. T. carpini. Panz. — V. Groseiller.

HEMIPTÈRES.

Coccus carpini. Linn. —V. Tamarisc.

Kermes (Lachnaccecis. Am.) lanuginosa. Geof. — V. Vigne.

LÉPIDOPTÈRES.

Lasiocampa pruni. Linn. — V. Poirier.

Cnethocampa processionea. Linn. — Les chenilles de ce Bombycide sont au nombre des plus remarquables et des plus nuisibles en même temps. Elles se singularisent par l'espèce de discipline qui règle leurs travaux, leurs courses, leurs repas. Renfermées dans de grandes bourses de soie qu'elles ont filées en commun, elles sortent chaque après-midi pour prendre leur nourriture, dans un ordre invariable, une seule d'abord, puis deux, puis trois, toujours sur la même ligne parallèle, et toujours en augmentant de nombre. Elles n'avancent jamais qu'en formant un fil de la longueur de leur pas, pour se tracer une route et revenir sur la même voie, comme sur un tapis de soie. Ces chenilles nuisent aux Charmes et aux Chênes en dévorant le feuillage, quelquefois au point de les faire périr; elles sont encore nuisibles par les poils dont elles sont pourvues, et qui, détachés du corps occasionnent des démangeaisons aussi vives que celles de l'Ortie, parfois de grandes inflammations aux personnes qui les touchent. Pour éviter les divers désordres causés par ces chenilles, il est quelquefois nécessaire d'isoler les parties de forêts fortement attaquées, en les entourant de fossés.

Attacus (Saturnia)carpiger. ni. Bork. — V. Oranger.

Harpyia fagi. Linn. — V. Coudrier.

Clisiocampa neustria. Linn. — V. Pommier.

Endromis versicoloria. Linn. — V. Murier.

Himera pennaria. Linn. — V. Rosier.

Geometra brumata. Linn. — V. Berberis.

Cheimatobia brumaria. Esp. — La chenille de cette Phalenide est glabre; elle attaque les bourgeons, elle se métamorphose dans la terre sans former de cocon.

Metrocampa margaritaria. Linn. — La chenille de cette Phalénide n'a pas été décrite.

Boarmia rependaria. Fab. — V. Tulipier.

Hypena rostralis. Linn. — La chenille de cette Pyralide, munie de 14 pattes seulement, porte des verrues. Elle se renferme dans un cocon à demi transparent, entre des feuilles ou dans de la mousse.

Argyresthia pruniella. Zell. — V. Cornouiller.

Tortrix lœvigana. Linn. — V. Lierre.

Coleophora currucipennella. Zell —V. Tilleul.

Lampros bracteella. Linn. — La chenille de cette Tineide est chargée de points verruqueux. Elle vit et se métamorphose dans l'aubier pourri et sous l'ecorce, et elle se renferme dans des coques assez grosses.

DIPTERES.

Cecidomyia bicolor. Bremi. — V. Tilleul.

TRIBU.

CUPULIFERES TYPES ; Cupuliferæ veræ.

Les fleurs mâles sont périanthees, rarement solitaires ; femelles solitaires ou fasciculees.

SOUS-TRIBU.

FAGINEES, Fagineæ. *Spach*.

L'involucre fructifère 2 à 7-carp.; péricarpe subcylindrique.

G. HETRE. Fagus (1) *Linn*.

Hetre commun. F. *sylvatica*. Linn.

Les fleurs mâles sont en chatons pendants, serrés, globuleux ; les femelles renfermees deux à deux dans une enveloppe à quatre lobes ; celle du fruit coriace ; feuilles ovales, luisantes.

Le Hètre est un des arbres les plus répandus, les plus utiles, et les plus beaux de l'Europe ; se faisant plus ou moins à tous les sites, à tous les sols, aux plaines, aux montagnes, aux vallées, il

---

(1) Fau, foyard, foutiau, faic, fayette, fagaster, hagaster, haêtre.

avance au Nord jusqu'en Norwège, au midi, jusques vers la Mediterranée; il s'étend en épaisses forêts, sur le flanc des Vosges, du Jura, des Alpes, dans diverses expositions selon la hauteur des montagnes et la température; il se cantonne sur les versants du Nord dans les pays tempérés. Sur les montagnes élevées, il préfère le flanc méridional. Dans les contrées méridionales, il ne prospère que sur des montagnes assez elevées.

Son utilité n'est pas moins générale que sa station; son bois, quoiqu'inférieur en force, en élasticité, à celui du Chêne se prête à tous les usages, depuis le service de la marine, au moins en Angleterre (1), jusqu'à l'humble sabot du pauvre. Il est également utile comme combustible et dans l'état de charbon (2) ; son fruit, la faine, fournit non seulement un aliment abondant pour nos bestiaux, mais encore une huile très-utile à nos propres besoins.

Sa beauté consiste dans sa grandeur, son élégance, son élévation, dans l'ampleur et l'épaisseur de sa cime, dans le vert gai, frais et lustré de son feuillage; quoiqu'il ne jouisse pas d'une grande longévité, comme le Chêne, le Châtaigner, il atteint de grandes dimensions dans son accroissement rapide. Parmi les plus beaux arbres de la forêt de Fontainebleau, nous avons vu le grand Hêtre situé au bord du chemin des Récluses, celui que l'on appelle l'arbre à cheval, parce qu'il est enchevêtré sur une roche auprès de la route à Marie, et le *Tonnant* aux formes majestueuses, situé dans la futaie de la Mare-aux-Evées, et dont les paysagistes se servent souvent de modèles. Enfin, lorsque Virgile veut nous peindre le bonheur de la vie pastorale, c'est l'ombrage touffu d'un Hêtre qu'il prend pour le lieu de la scène, comme ce bel arbre prête toujours la surface unie de son tronc aux inscriptions des tendres sentiments, sentiments qui s'affaiblissent

---

(1) Au moyen de l'immersion dans l'eau pendant plusieurs mois, et de la carbonisation de la surface.

(2) Charbon de fau.

trop souvent à mesure que les inscriptions s'agrandissent.

Le Hêtre nourrit une multitude d'insectes dans toutes les parties de sa substance.

COLÉOPTÈRES.

Dromius 4 maculatus. Fab — V. Peuplier. Sous les vieilles écorces.

Dromius 4 notatus. Panz. — Ibid.

—— punctatellus. Duftschm. — Ibid.

—— glabratus. Id. — Ibid.

—— sigma. Rors. — Ibid.

Carabus cyaneus. Fab. — On le trouve sous les écorces.

Staphylinus lœvipennis. L. Duf. — Même observation.

Omalium deplanatum. Fab. — Même observation.

—— — pusillum. Fab. — Ibid.

Glyptoma corticana. Fab. — Même observation.

Dicerea berolinensis. Fab. — V. Aûne.

—— fagi. Fab.— Ibid.

Agrilus fagi. Ratz. — V. Vigne.

—— viridis. Fab. — Ibid.

Cardiaphorus thoracicus. Fab.—Ce Sternoxe se développe sous l'écorce.

—— rufipes. Fab. — Ibid.

—— sanguineus. Id.— Ibid.

Eucnemis capucinus. Ahr. — Ce Sternoxe vit dans le bois décomposé.

Melasis flabellicornis. Fab. — V. Aune.

—— Lepaigii. Dej. — Ibid.

Lycus minutus. Fab. — Ce Malacoderme vit sur le tronc.

Tillus elongatus. Fab. — V. Vigne.

Hylecœtus morio. Fab. — V. Orme.

Ptilinus flabellicornis. Megerle.—Ce Clavicorne vit sous l'écorce.

Dermestes exilis. Linn. — Ce Clavicorne se développe sous l'écorce.

Ptinus imperialis. Fab. — V. Aubépine.

Scydmœnus Hellwigii. Fab. — Ce Clavicorne se développe également sous les écorces.

——— denticornis. Fab. — Ibid.

Thymalus limbatus Fab. — Même observation.

Ips 4. pustulata. Fab. — Même observation.

— 4. guttata. Fab. — Ibid.

— abbreviata. Fab. — Ibid.

— 4 notata. Fab. — Ibid.

— maculata. Gyll. — Ibid.

Nitidula œstivalis. Fab. — Même observation.

Abrœus globosus. Fab. — Même observation.

——— granulum. Fab. — Ibid.

——— parvulum. Fab. — Ibid.

——— atomarium. Fab. — Ibid.

——— cœsus. Fab. — Ibid.

Ptilium gracile. Fab. — V. Saule.

——— apterum. Id. — Ibid.

Geotrupes typhœus. Linn. — Ce Lamellicorne se trouve quelquefois dans le bois décompose.

Rhizotrogus ater. Fab. — V. Saule.

Platycerus caraboides, fab. — La larve de ce Lamellicorne se développe dans l'aubier.

Sinodendron cylindricum. Fab. — Même observation

Phaleria fagi. Lat. — Cet Hétéromère se développe sous l'écorce.

Boletophagus crenatus. Fab. — Même observation.

——— spinosulus. Ab. — Ibid.

Anisotoma rufimarginata. L. Def. — Même observation

——— cinnamomea. Fab. — Ibid.

——— humeralis. Fab. — Ibid.

Coxelus pictus. Sturm. — Même observation.

Tetratoma variegata. Dej. — Même observation.

Diaperis violacea. Fab. — Même observation

——— bicolor. Fab. — Ibid.

Uloma culinaris. Fab. — Même observation.

Hypophlœus pini. Fab. — Même observation.

——— castaneus. Fab. — Ibid.

Orchesia fasciata. Fab. — Même observation.

Dircœa discolor. Fab. — Même observation.

—— variegata. Fab. — Ibid.

Serropalpus vandoveri. Lat. — Même observation.

Melandrya serrata. Fab. — V. Saule.

Allecula morio. Fab. — Cet Hétéromère se développe sous l'écorce.

Cistela ceramboides. Fab. — V. Tilleul.

Pyrochroa coccinea. Fab. — V. Oranger.

Rhinosimus ruficollis. Panz. — V. Chêne.

——— roboris. Fab. — Ibid.

Anthribus albinus. Fab. — La larve de ce Curculionite se développe sous l'écorce.

Platyrhinus latirostris. Fab. — Ce Curculionite se trouve à l'intérieur des vieux Hêtres.

Tropideres niveirostris. Fab. — V. Prunelier.

——— cinctus. Payk. — Ibid.

Brachytarsus varius. Fab. — V. Charme.

Apion fagi. Kerby. — V. Tamarisc.

Phyllobius argentatus. Fab. — V. Poirier.

Polydrusus planifrons. Dej. — V. Bouleau.

——— micans. Fab. — Ibid.

——— amœnus. Duf. — Ibid.

Otiorhynchus fuscipes. Sch. — V. Oranger.

Orchestes fagi. Linn. — V. Lonicère.

Smaragdinus concolor. Fab. — La larve de ce Curculionite ne m'est pas connue.

Acallus hypocrita. Fab. — Même observation

Hylurgus ater. Fab. — V. Genévrier.

——— piniperda. Id. — Ibid.

——— ligniperda. Id. — Ibid.

Hylesinus crenatus. Fab. — V. Lierre.

Scolytus intricatus. Fab. — V. l'Introduction.

Bostrichus limbatus. Fab. — V. Clématite.

——— typographus. Fab. — Ibid.

——— laricis, id — Ibid.

——— monographus, id. — Ibid.

——— bicolor. Fab. — Ibid.

——— Curvidens Fab. — Ibid.

——— fagi. Fab. — Ibid.

——— hysterinus, id. — Ibid.

——— villifrons, id. — Ibid.

——— dryographus, id. — Ibid.

——— autographus, id. — Ibid.

——— dispar, id. — Ibid.

——— pusillus, Gyll. — Ibid.

——— fici. Dej. — Ibid.

Apate Dufourii. Lat. — V. Tilleul.

—— fagi. Lat. — Ibid.

Cis fagi. Waltl. — V. Bouleau.

Synchita lœvicollis. Fab. — V. Noyer.

Cerylon deplanatum. Fab. — La larve de ce Xylophage, se développe sous l'écorce.

Rhyzophagus colon. Fab. — Même observation.

Bothryderes contractus. Dej. — Même observation.

Lyctus canaliculatus. Fab. — V. Orme.

Colydium elongatum. Fab. — V. Orme.

Biphyllus fagi. Aubé. — V. Chêne.

Lœmophlœus fractipennis. Fab. — Même observation.

Œgosoma scabricornis. Linn. — La larve de ce Prionien se développe dans l'aubier.

Rosalia alpina. Fab. — Même observation.

Rhagium mordax. Fab. — V. Aubépine.

——— inquisitor. Fab. — Ibid.

——— indagator, Fab. — Ibid.

Rhagium salicis, Fab. — V. Aubépine.

— —— bifasciatum, Fab. — Ibid.

Leptura coricea Fab.—La larve de ce Longicorne se développe sous l'écorce.

Cryptocephalus imperialis. Fab. — V. Cornouiller.

———— coryli. Fab. — Ibid.

———— 6 punctatus. Fab.— Ibid.

———— lineola. Fab. — Ibid.

———— vittatus. Fab. — Ibid.

———— 6 maculatus. Fab. — Ibid.

Homalopus lorey. Suff. — V. Coudrier.

Leistes seminigra. Gyll.— La larve ne m'est pas connue.

Endomychus coccineus. Fab. — La larve de ce Trimère ne m'est pas connue.

Batrisus formicarius. — V. Charme.

——— Deleportei. — Ibid.

Bythinus cartesii.Leach.— La larve de ce Trimère ne m'est pas connue.

Euplectus nanus. Reichenb. — Même observation

——— bicolor. Denny. — Ibid.

Phlegoderus cœcus. — Même observation.

——— dissectus. —Ibid.

HYMENOPTERES.

Cynips fagi. Linn. — C'est le Cecydomyia fagi. Bremi.

Cimbex femorata. Fab. — V. Sorbier.

Tenthredo maura. Fab. — V. Groseiller.

HÉMIPTERES.

Aphis fagi. (Phegirus. Am.) Linn. — V. Cornouiller. Cette espèce ést remarquable par l'épaisse et longue fourrure blanche qui la recouvre ; point de cornicules.

Kermes fagi. Linn. —V. Vigne.

LEPIDOPTERES.

Lithosia quadra.Linn. —V. Saule.

Lithosia helvola. H. — V. Saule.

——— luridеola. Her. — Ibid.

Calligenia rosea. Fab. — La chenille de cette Lithoside est fort courte, garnie de tubercules surmontés d'aigrettes. Elle vit du lichen du Hêtre et se renferme dans une coque légère entremêlée de ses poils.

Liparis chrysorrhœa. Linn. — V. l'Introduction.

Leucoma 5 nigrum. Fab. — V. Tilleul.

Dasychira pudibunda. Linn. — V. Noyer. Cette espèce a commis de grands ravages dans les Vosges en 1848

Orgya antiqua. Linn. — V. Rosier.

Colocasia coryli. Fab. — V. Coudrier.

Aglia Tau. Linn. Hering. — La chenille de ce Bombycide est armée d'épines dans son jeune âge, et devient mutique après la troisième mue. Elle se transforme dans une coque informe composée de mousse et de feuilles sèches, retenues par quelques fils.

Limacodes asellus. Fab. — V. Amandier.

——— testudo. G. — Ibid.

Harpyia fagi. Linn. — V. Coudrier.

Drynobia melagona. Bork — La chenille de ce Bonbycide est lisse. Elle entre dans la terre pour se métamorphoser.

——— velitaris. Esp. — Ibid.

Acronycta Psi. Ochs. — V. Tilleul.

Triphœna subsequa. W. W. — La chenille de cette Noctuelle est rase; elle s'enterre profondement pour se transformer, et se fait une coque de terre peu solide.

Geometra brumata. Linn. — V. Berberis

——— papilioniaria. Id. — Ibid.

Dosythea immutaria. Hubn. — V. Spartier.

Glyphiptera nebulana. H. — V. Orme.

Phibalocera fagana. W. W. — La chenille de cette Platyomide vit dans des feuilles roulées ou repliées sur elles-mêmes et s'y transforme après avoir tapisse sa retraite d'un tissu de soie assez serré.

Halias prasinana. L. — La chenille de cette Platyomide est renflée dans le milieu. Ses dernières pattes debordent l'extrêmite du corps, et par leur divergence figurent une nageoire caudale. Elle se transforme dans une coque d'un tissu solide, toujours collée sur le revers d'une feuille, et ayant la forme d'une nacelle renversée.

Lobophora hexapteraria.Linn. — V. Saule blanc.

Carpocapsa splendana. H. — V. Poirier.

Diurnea fagella. Fab. — V. Tremble.

Argyresthia fagatella. Moritz. — V. Cornouiller

——— goedartella. L. Zell. — Ibid.

Lyonetia hemargyrella. Koll. Z. — V. Tilleul.

Incurvaria korneriella. Zell. — V. Groseiller

——— vetulella. Zett. — Ibid.

Micropteryx chrysolepidella. Koll. — V. Cornouiller.

Nemophora metacella. Zinck. Z. — V Prunelier.

DIPTÈRES.

Cecidomyia tornatella. Bremi. — V. Tilleul. La larve de cette espèce se développe dans une galle cylindrique, surmontée d'un toit conique, sur la surface supérieure des feuilles. Cette galle tombe quand la larve est parvenue.

——— fagi. Id. — Ibid. La larve détermine la formation d'une galle en forme de gland, sur la surface supérieure d'une feuille. Cette galle est habitee par une à quatre larves. Elle ne tombe pas comme la précédente.

——— annulipes. Hartig. Brem. — La galle formee par la larve est hémisphérique, également sur la surface supérieure des feuilles. Elle est persistante comme la précédente.

G. CHATAIGNIER. CASTANEA. *Linn.*

CHATAIGNIER COMMUN. C. vulgaris. Linn.

Les fleurs monoïques : les mâles en épis, petites, nombreuses, agrégées en tête; les femelles cotonneuses épaisses; enveloppe du fruit épineuse.

Ce bel arbre est connu depuis l'antiquité comme arbre fruitier, et comme arbre forestier, par l'utilité de son fruit et de son bois. Pline signale deja la greffe dont on faisait usage pour propager les meilleures variétés du fruit; dans une partie de nos provinces du centre et du midi, il entre pour beaucoup dans la subsistance des populations pauvres; il paraît sur la table du riche, sous le nom de marron de Lyon ou de Lucques, et reunit l'agréable à l'utile.

La qualite du Châtaignier comme bois de charpente est sujette à controverse; l'on n'est pas d'accord sur sa force, sa solidite, sa durée. On avait cru reconnaître le Châtaignier dans les charpentes de nos anciens monuments, lorsque Buffon après un mûr examen, a déclaré qu'elles étaient en chêne blanc (à grappe ou pedonculé) variete du Rouvre (1).

Le Châtaignier est au nombre des arbres dont la longévite est la plus grande, et qui atteignent les dimensions les plus colossales. Nous pourrions en citer un grand nombre, tels que ceux que nous avons vus à Royat près de Clermont en Auvergne, au Mont-Dore, à Montmorency, à Marly; celui des environs de Sancerre dont le tronc à dix mètres de circonférence; celui du comté de Glocester qui en a dix-sept.

---

(1) Voici ce qu'il dit à cet égard :

« J'ai eu occasion de voir quelques unes de ces charpentes, et j'ai reconnu que ces bois prétendus de Châtaignier étaient de Chêne blanc à gros glands, qui était autrefois bien plus commun qu'il ne l'est aujourd'hui en France, par une raison bien simple : c'est qu'autrefois, avant que la France ne fût aussi peuplée, il existait une quantité bien plus grande de bois en bon terrain, et par conséquent, une bien plus grande quantité de ces Chênes dont le bois ressemble à celui du Châtaignier.

Le Châtaignier, continue le grand naturaliste, affecte des terrains particuliers, il ne croit point, ou vient mal dans toutes les terres dont le fond est de matière calcaire; il y a donc de très-grands cantons et des provinces entières où l'on ne voit point de Châtaigniers dans les bois, et néanmoins on nous montre dans ces mêmes cantons, des charpentes anciennes qu'on prétend être de Châtaignier et qui sont de l'espece de Chêne dont je viens de parler. »

Enfin le plus grand de tous les arbres connus est le celebre Châtaignier qui croit au pied de l'Etna, dans la zone boisee et sur la lave de ce volcan ; la cime peut servir d'abri à cent chevaux et il en tire son nom. Son tronc a cinquante-deux mètres de circonference. Le fameux Boabab observé par Adanson en a trente. L'âge présumé de ce vaste Châtaignier est de 4000 ans, il a donc resisté aux cent eruptions connues du volcan dont la première remonte à l'an 1200 avant notre ère ; il a assiste à toutes les commotions politiques, aux dechirements, aux invasions, aux guerres dont la Sicile a eté en proie : mais aussi il a prête son ombrage aux bergers de Théocrite chantant les mœurs les plus pures sous le plus beau ciel.

Le nombre des insectes observes sur le Châtaignier est peu considerable

COLEOPTERES.

Carabus splendens. Fab.—Un bucheron a apporte à M. L. Dufour plusieurs de ces beaux insectes, qu'il avait trouvés dans le creux d'une vieille souche.

Malachius elegans. Fab. — V. Lierre.

Melasis flabellicornis. Fab. — V. Aune.

Notoxus mollis. Fab. — M. Nordlingen a retiré cette Trachelide du bois decompose.

Brachytarsus varius. Fab. — V Charme.

Dryophthorus lymexylon. Fab. — Nous ne connaissons pas les premiers états de ce Curculionite.

Gnorimus 8 punctatus. Fab. — V Rosier.

Œdemera (Stenoxys) annulata. Germ. — Cet Heteromère se développe sous l'écorce.

Megagnathus mandibularis. Fab. — M. Schlumberger a trouve ce Xylophage dans un vieux tronc decomposé. Les galeries, pratiquées par cette espèce, ne sont pas simples comme Ratzebourg les decrit, mais souvent a 2-6 bras ; l'ouverture est située dans une fente ; la chambre principale, dejà assez elargie dans l'écorce, est approfondie jusqu'à l'aubier, ou elle se divise en plusieurs branches. Les galeries des larves dont les unes montent, et les autres descendent, comme dans les autres espèces, parviennent jusqu'aux rudiments de l'aubier, où l'insecte adulte continue encore longtemps les ravages de la larve. (Nordlingen.)

Anthribus albinus. Fab. — La larve de ce Curculionite se développe sous l'écorce.

Platyrhinus latirostris. Fab. — Ce Curculionite se trouve à l'intérieur des vieux Hêtres.

Tropideres niveirostris. Fab. — V. Prunelier.

——— cinctus. Payk. — Ibid

Bostrichus villosus. Gyll. — V. Clematite.

Platypus cylindrus. Fab. — Ce Xylophage passe l'etat de larve sous l'ecorce.

Colydium elongatum. Fab. — V. Orme.

Callidium sanguineum. Fab. — V. Aubépine.

Exocentrus adspersus. Rey. Mulsant. – La larve de ce Longicorne s'est trouvee dans des pieux.

LEPIDOPTERES

Zeuzera æsculi. Lat. — V. Marronnier.

Cossus ligniperda. Linn. — V. Saule.

Dasychira pudibunda. Linn. — V. Noyer.

Colocasia coryli. Linn. — V. Coudrier.

Leucania obsoleta. Linn. — Quoique les chenilles de ces Noctuelites vivent sur les graminées, celle de cette espèce vit sur le Hêtre. Elle se transforme dans une coque legère.

Carpocapsa splendana. Hubn — V. Poirier. La chenille vit dans l'intérieur des châtaignes.

Æcophora tigratella. Costa.— Les larves de ces Tineides qui vivent sur les Châtaigniers filent leur cocon entre les gerçures des ecorces.

Ornix luctuosella. Costa — V. Sorbier

G. CHENE. QUERCUS. *Linn.*

Les fleurs mâles sont en epis pendants, lâches, filiformes, les etamines saillantes ; les fleurs femelles en epis droits

Le genre Chêne est l'un des plus importants du règne végétal, tant par les qualités utiles du bois, que par le nombre des espèces, et leur distribution sur toute la zone tempérée de l'hémisphère septentrional. Plus de cent espèces et des variétés également nombreuses, présentent le type modifié sous tous les rapports, surtout dans l'Amérique septentrionale. La hauteur est tantôt celle des plus grands arbres, et tantôt celle des plus humbles arbrisseaux(1) : le bois offre tous les degrés de dureté ; l'écorce, toujours riche en tannin, se dilate quelquefois en couche épaisse de liège ; les feuilles, caduques ou persistantes, affectent, dans la diversité de leurs formes, celles de lyre, de faulx, de fer de lance ; elles sont parfois onduleuses, trilobées, dentées ; elles se dessinent en feuilles de Châtaignier, de Saule, d'Olivier, de Laurier. Les glands sont de saveur douce ou amère, de forme courte ou allongée ; la cupule en est très-diversement couverte d'écailles tour à tour couchées, étalées, allongées, chevelues.

Les Chênes sont appropriés à tous les sites et à tous les sols de la zone qu'ils occupent sur le globe. Aux terres fraîches, fertiles, argileuses, les Chênes rouvre, blanc, d'Amérique, à feuilles de Châtaignier ; aux marécages, les Chênes en lyre, bicolore, Prinus, aquatique, de marais ; aux sables, le C. Tauzin ; aux landes, les C. pubescent, liège, noir, étoilé, quercitron, à feuilles cendrées, de Catesby, de Banister ; aux terres rocailleuses et aux montagnes, les C. Kermès, monticole, laurier.

Les insectes propres aux Chênes de l'Europe ont été observés en grand nombre pour l'espèce commune.

CHÊNE COMMUN, *Quercus robur*. Linn.

Le gland est oblong, à petite pointe ; la coupe (cupule) courte, en forme d'écusson.

Le Chêne est le plus bel arbre de l'Europe. Aucun autre ne réunit comme lui l'élévation du tronc à l'ampleur de la cime, à

---

(1) Le Chêne à galles.

l'étendue de ses robustes bras, au pittoresque de sa forme où l'art cherchera toujours le modèle de la grâce unie à la majesté.

A la beauté, le Chêne joint la force dont son nom *robur* est synonyme. Le plus souvent

> Son front au Caucase pareil,
> Brave l'effort de la tempête.

non seulement son bois présente la contexture la plus serrée, les fibres les plus robustes, les plus élastiques, mais il joint encore la durée à la dureté. Aussi le Chêne est-il le plus utile des arbres de l'Europe, au moins aux grands travaux, aux monuments publics, à la marine.

Toutes ces qualités ont donné au Chêne une célébrité de tous les temps. En Europe, avant l'ère de la civilisation, il avait quelque chose de sacré aux yeux des hommes qui vivaient dans les forêts et trouvaient leur subsistance dans ses fruits.

Ovide met le gland au rang des fruits qui faisaient les délices des hommes pendant l'âge d'or :

> . . . .
> Arbuteos fœtus montanaque fraga legebant
> Cornaque, et in duris hærentibus mora rubetis,
> Et quæ deciderant patulâ Jovis arbore glandes
> *Met.*, liv. I.

Le Chêne tenait lieu de temple, il rendait des oracles, il servait de refuge contre la persécution. Il était l'emblème de la grandeur et il était consacré au maître des dieux. La civilisation en lui enlevant ce prestige reconnaît cependant tous les bienfaits qu'elle lui doit. C'est le Chêne qui donne la durée à nos constructions, à nos monuments, à nos vaisseaux.

Le Chêne, en formant l'essence de la plupart de nos forêts, en fait la principale beauté qui est encore relevée çà et là par des individus que le temps ou la hache ont respectés, et qui ont pris des dimensions colossales. Ainsi, dans la belle forêt de Fontainebleau, s'élève près du rocher connu sous le nom du Nid de l'Aigle, le vieux *Charlemagne*, qui n'est plus qu'un tronc inerte (1). Naguère encore, j'admirais le *Bouquet du roi*, le plus bel arbre de la forêt.

En Normandie, le Chêne d'Allouville dont le tronc a 10 mètres de circonférence, est âgé de 900 ans.

Dans les environs de Saintes, le Chêne de Montravail présente plus de 1800 couches annuelles, ce qui porte sa naissance au commencement de l'ère chrétienne (2).

Dans les Vosges, la forêt de Parey-saint-Ouen est ornée du Chêne des *partisans*, qui remonte au règne de Philippe-Auguste (3).

Dans la forêt de Tronsac en Berry, il existait du temps de François I.er, un Chêne d'une élévation et d'une grosseur prodigieuses. Ce roi, charmé de la beauté de cet arbre, le fit entourer d'une terrasse et d'une barrière, et il venait se délasser sous son ombrage quand il avait chassé dans cette forêt.

Nous ne pouvons passer sous silence celui du bois de Vincennes le plus célèbre de France, sous lequel le roi St-Louis venait rendre justice à son peuple avec cette sagesse inspirée par la religion, que l'on ne peut comparer qu'à celle de Salomon.

Le Chêne est de tous les arbres de l'Europe celui qui nourrit le plus grand nombre d'espèces d'insectes

COLEOPTERES.

Dromius 4 maculatus. Fab. — V. Peuplier.

——— 4 notatus. Panz. — Ibid.

---

(1) Sa grosseur était de 8 mètres de circonférence à un mètre de ses racines.

(2) On a creusé dans le bois mort de l'intérieur, un salon de 3 à 4 mètres de diamètre sur 3 de hauteur. On y a ménagé un banc taillé dans le bois. On place au besoin une table ronde et 12 convives peuvent s'asseoir autour, enfin une fenêtre et une porte vitrée donnent du jour à cette salle que décore une tapisserie vivante de fougères, de lichens, et de mousses.

(3) Il a 13 mètres de circonférence au dessus du collet, 33 mètres d'élévation, et sa couronne en a 25 de diamètre.

Dromus punctatellus. Duftsch. — V. Peuplier.

——— linearis. Fab. — Ibid.

——— glabratus. Duftsch. — Ibid.

——— fasciatus. Fab. — Ibid.

——— sigma. Rossi. — Ibid.

Velleius dilatatus. Fab. — La larve de ce Brachelytre sort la nuit et détruit les chenilles processionnaires.

Tachyporus cellaris. Fab. — V. Peuplier.

Quedius fulgidus. Fab. — La larve de ce Brachélytre se developpe dans les ulcères du Chêne.

Diceræa berolinensis. Fab. — V. Aune.

Eurythyrea austriaca. Fab. — Ce Sternoxe se tient contre les troncs, sur les bourgeons.

Phænops decostigma. Fab. — V. Peuplier.

——— appendiculata. Fab. — Ibid.

Chrysobothris affinis. Fab. — V. Peuplier.

——— chrysostigma. Fab. — Ibid.

Agrilus viridis. Fab. — V. Vigne.

——— bifasciatus. Oliv. — Ibid.

——— quercinus. Ratzeb. — Ibid.

——— biguttatus. Fab. — Ibid.

——— angustatus. Fab. — Ibid.

Agrypnus varius. Fab.— Ce Sternoxe se trouve dans les vieux troncs.

——— atomarius. Fab. — Ibid.

Athous rhombeus. Oliv. — Même observation.

Campylus denticollis. Fab. — Ce Sternoxe ronge les jeunes pousses.

——— linearis. Fab. — Ibid.

——— mesomelas. Fab. — Ibid.

Cardiophorus biguttatus. Fab. — V. Hètre.

Corymbitis quercûs. Gyll. — La larve de ce Sternoxe se developpe sous l'écorce.

Adrastus limbatus. Fab. — Ce Sternoxe se developpe sous l'ecorce.

Lygistopterus sanguineus. Fab. — La larve de ce Malacoderme vit sous l'écorce et se nourrit de petits insectes.

Dyctiopterus aurora. Fab. — La larve de ce Malacoderme se developpe sous l'écorce

Tillus unifasciatus. Fab. — V. Vigne.

—— ruficollis. Fab. — Ibid.

—— elongatus. Fab. — Ibid

Opilus univittatus. Fab. — M. Perris a trouvé ce Serricorne blotti sur des bûches de Chêne.

Enoplium sanguinicolle. Fab. — La larve de ce Terédile se developpe sous l'ecorce.

——— dulce. Ledoux. — Ibid.

Hylecætus dermestoïdes. Fab. — V. Orme.

Dorcatoma rubens. Koch. — Ce Térédile se developpe dans le detritus.

Ptinus germanus. Linn — V. Aubepine.

—— quercûs. Gyll. — Ibid.

Catops picipes. Fab. — Ce Clavicorne se developpe sous l'ecorce.

Peltis ferruginea. Fab. — Ibid

—— oblonga. Fab. — Ibid.

Silpha 4 punctata. Fab. — Ibid.

Thymalus limbatus. Fab — V. Hètre.

Ips bimaculata. Gyll. — V. Hêtre.

Nitidula æstiva. Fab. — V. Hètre.

Abræus parvulus. Fab. — Ce Clavicorne se developpe dans le bois décomposé.

Megatoma serra Fab. — La larve de ce Clavicorne vit sous l'écorce et se nourrit de petits insectes

Trinodes hirtus. Fab. — La larve de ce Clavicorne se développe dans l'aubier.

Lymexylon navale. Fab. — Ce Serricorne a ete observe voltigeant autour d'un Chêne. Il est probable que la larve se développe sous l'ecorce

Anomala julii. Fab. — V. Vigne.

Melolontha fullo. Linn. — V. Erable

Omaloplia variabilis. Fab. — V. Aune.

Rhizotrogus æstivus. Oliv. — V. Saule.

Osmoderma eremita. Linn. — V. Saule.

Anisoplia horticola. Fab. — V. Rosier.

Platycerus caraboides. Fab. — V. Hêtre.

Lucanus cervus. Linn. — La larve de ce Lamellicorne se developpe dans le bois, quelquefois à une grande profondeur. Avant de passer à l'état de nymphe, elle s'enferme dans une boule oblongue, de la grosseur d'un œuf de pigeon, composée de terre, de petits graviers et de sciure de bois.

Lucanus capreolus. Fab. — La larve de ce Lamillicorne se développe dans le bois.

Lucanus parallelipipedus. Fab. — Ibid.

Eustrophus dermestoides. Fab. — La larve de ce Tenebrionite ne nous est pas connue.

Pentaphyllus testaceus Gyll — La larve de ce Taxicorne vit sous l'écorce.

Heterophaga chrysomelina. Fab. — Même observation.

Uloma culinaris. Fab. — V. Hêtre.

Hypophlæus castaneus. Lat. — V. Frêne.

Cistela ceramboides. Fab. — V. Tilleul. Il se tient sur les sommités du Chêne .

Cistela fusca. Panz. — Ibid

—— fulvipes. Fab. — Ibid

Pyrochroa coccinea. Fab. — V. Oranger.

——— rubens. Fab. — Ibid.

Mordella fasciata. Fab. — La larve de cette Trachelide vit dans les souches.

Œdemera dispar. L. Duf. — V. Châtaignier. Ce celèbre observateur a trouvé les larves au milieu des fibres decomposées, et humides d'un vieux madrier. Elles se creusent des galeries cylindriques assez larges.

Œdemera seladonica. L. Duf. — Ibid.

——— ruficollis. Id. — Ibid.

Asclera cœrulea. Linn. — V. Aubepine

Sparadrus testaceus. Andersch. — Ce Sténelytre se developpe sous l'ecorce.

Hypulus quercinus. Payk. — Même observation.

Salpingus humeralis. Déj. — V. Prunier.

——— fulvipes. Fab. — Ibid.

Rhinosimus roboris. Fab. — Ce Sténélytre se developpe sous l'écorce.

Rhinosimus ruficollis. Panz. — Ibid.

Attelabus curculionides. Fab. — V Bouleau

Apion ilicis. Fab. — V. Tamarisc.

Polydrusus cervinus. Fab. — V. Bouleau.

——— flavipes. Gyll. — Ibid.

Omias brunnipes Oliv — Ce Curculionite ronge les bourgeons.

Metallites mollis. Germ. — V. Ronce.

Brachyderes quercicola. Duf. — V. Bouleau

Phyllobius argentatus. Linn. — V. Poirier

Acallus quercûs. Linn. — V. Hètre.

——— parvulus. Fab. — Ibid

——— roboris. Id. — Ibid.

——— clavuliger. Duf. — Ibid

Orchestes quercûs. Fab. — V. Lonicère

——— pilosus. Id. — Ibid

Balaninus glandium. Marsh. — V. Noyer. La larve vit dans glands.

Micronyx variegatus. Fab — La larve de ce Curculionite n'a pas été observée.

Ceutorhynchus quercicola. Fab. — V. Bruyère

——— querceti. Gyll. — Ibid.

——— quercus. Sch. — Ibid.

——— marginatus. Ulrich. — Ibid.

Dryophthorus lymexylon. Fab. — V. Châtaignier

Cossonus linearis. Fab. — La larve de ce Curculionite se développe sous l'écorce.

Scolytus pygmæus. Fab. — V l'Introduction. Il a causé en 1835, la mort de 50,000 pieds de chênes de 35 à 40 ans dans le bois de Vincennes.

Scolytus pruni. Fab. — Ibid.

——— destructor. Oliv. — Ibid.

——— rugulosus. Fab. — Ibid.

Bostrichus dispar. Fab. — V. Clématite.

——— typographus. Fab. — Ibid.

——— laricis. Fab. — Ibid.

——— monographus. Fab. — Ibid.

——— hysterinus. Fab. —Ibid

——— limbatus. Fab. — Ibid.

——— villifrons. Suff. — Ibid.

——— curvidens, id. — Ibid.

——— dryographus, id. — Ibid.

——— autographus, ullr. — Ibid.

——— limbatus, Fab. — Ibid.

——— pusillus, Gyl. — Ibid.

——— fici. Dej.

Platypus cylindrus. Fab. — V. Châtaignier

——— oxyurus. L. Duf. — Ibid.

Apate capucina. Fab. — V. Tilleul.

——— sinuata. Fab. — Ibid.

——— 6. dentala. Oliv. — Ibid.

Mycetophagus 4. maculatus. Fab. — V. Peuplier.

Cerylon terebrans. Fab. —V. Hêtre.

Rhyzophagus erythrocephalus. Fab — Ibid.

——— variolosus. L. Duf. — Ibid. La larve se developpe dans l'aubier.

Bitoma crenata. Fab. — La larve de ce Xylophage se développe sous l'écorce.

Bothrideres contractus. Fab. — V. Hêtre.

Teredus nitidus. Fab. — La larve de ce Xylophage se développe sous l'écorce

Colydium cylindricum. Oliv. — V. Orme.

——— elongatum. Fab. — Ibid.

Sylvanus unidentatus. Fab. — La larve de ce Xylophage se développe sous l'écorce.

——— bidentatus. Fab. — Ibid.

Trogossila caraboides. Fab. — V. Peuplier d'Italie.

Biophlœus dermestoides. Fab. — La larve de ce Xylophage se développe sous l'écorce.

Læmophlœus monilis. Fab. — V. Hêtre.

——— testaceus. Fab. — Ibid.

Brontes flavipes. Fab. — La larve de ce Xylophage se developpe sous l'écorce.

Prionus coriarius. Fab. — La larve de ce Longicorne vit dans l'aubier. La larve creuse un trou près de la surface de l'arbre, afin que l'insecte parfait puisse s'échapper plus facilement.

Hammaticherus heros. Fab. — Même observation.

——— miles. Bonn. — Ibid.

Callidium sanguineum. Linn. — V. Aubepine.

Clytus arcuatus. Fab. — V. Sycomore. La femelle dépose ses œufs dans les fissures des Chênes abattus et non écorcés.

Acanthoderus varius. Fab. — La larve de ce Longicorne se développe dans l'aubier.

Astynomus œdilis. Linn. — Même observation.

Leiopus nebulosus. Linn. — Ibid.

Exocentrus balteatus. Fab. — V. Saule.

Pogonocherus hispidus. Fab. — V. Gui.

Monohammus sutor. Fab. — La larve de ce Longicorne se developpe dans l'aubier.

Mesosa nebulosa. Fab. — Même observation.

Saperda quercûs. Dahl. — V. Saule.

Oberea pupillata. Sch. — V. Bouleau.

Homalopus Lorey. Fab. — V. Coudrier

Cryptocephalus bipunctatus. Linn., Suff. – V. Cornouiller M. Chevrolat a vu sur des bûches des larves de Cryptocephales, rongeant ces bûches et se traînant à la manière des limaçons. Ces larves sont très-abondantes sous les feuilles sèches du Chêne où probablement elles rencontrent de petits morceaux de bois à ronger.

Cryptocephalus 6. punctatus. Linn. — V. Cornouiller.
————— marginatus. Fab. — Ibid.
————— Hubneri. Fab. — Ibid.
— — — querceti. Erich. — Ibid.
————— melanopus. Linn. — Ibid.
Altica erucæ. Fab. — V. Vigne.

HYMÉNOPTERES.

Cynips quercûs folii. Linn. — V. Rosier.
——— quercûs infera. Linn. — Ibid.
——— pallidus. Fab. — Ibid.
——— quercûs baccarum. Linn. — Ibid.
——— quercûs roboris. Fab. — Ibid.
——— quercûs corticis. Linn. — Ibid.
——— gregaria. Linn. — Ibid.
——— quercûs petioli. Linn. — Ibid.
——— quercûs peduncúli. Fab. — Ibid.
——— quercûs ramuli. Linn. — Ibid.
——— quercûs gemmæ. Linn. — Ibid.
——— quercûs calicis. Linn. — Ibid.
Neurotorus Reaumurii. Brem. — Ce genre est voisin des Cynips (1).

---

(1) Nous joignons ici les Cynips non déterminés qui produisent les galles nommées par Réaumur, galles en pomme de Chêne, en grains de groseille, en grelot ou en cloche, en timballe, en grappe de groseilles, en boutons d'émail, en pomme, en champignon, en artichaud. La galle appelée bédéguar du rosier se développe quelquefois aussi sur le chêne.

Misocampus stigmatisans. — La larve se développe dans une galle en boule ligneuse qui se produit sur les rameaux.

Oryssus coronatus. Lat. — V. Charme.

Cimbex nemoralis. Linn. — V. Sorbier. Les coques des nymphes ont été trouvées dans les nids des chenilles processionnaires.

HÉMIPTÈRES.

Aradus depressus. Lat. — Cette Cimicide se développe sous l'écorce.

Ledra aurita. Linn. — V. Coudrier.

Tettigonia quercûs. Fab. — V. Orme.

Aphis roboris. Fab. — V. Cornouiller.

—— (Lachnus. Am.) quercûs. Linn. — Ibid. Cette espèce a la trompe trois fois plus longue que le corps.

Aphis (Phylloxera. Cel.) quercûs. Fab. — Ibid. Sous les feuilles.

Coccus quercûs. Fab. — V. Tamarisc.

—— fuscus. Linn. — Ibid.

—— lanatus. Linn. — Ibid.

Kermes variegata. Ol. — V. Vigne.

—— (Camptoccecis. Am.) reniformis. Geoff. — Ibid.

—— quercûs. Linn. — Ibid.

LÉPIDOPTÈRES.

Apatura Iris. Linn. — V. Saule.

Thecla quercûs. Linn. — V. Marronier.

Smerinthus quercûs. Linn. — V. Tilleul.

Sesia vespiformis. Linn. — V. Groseiller.

—— nomadœformis. Id. — Ibid. Sur les vieux têtarts de Chêne.

Syntomis phægea. Linn. — La chenille de cette Zygenide est velue; pour se transformer, elle se renferme dans une coque d'un tissu mou.

Lithosia quadra. Linn., Bouch. — V. Saule.

—— complana. Id. — Ibid.

—— rubricollis. Id. — Ibid.

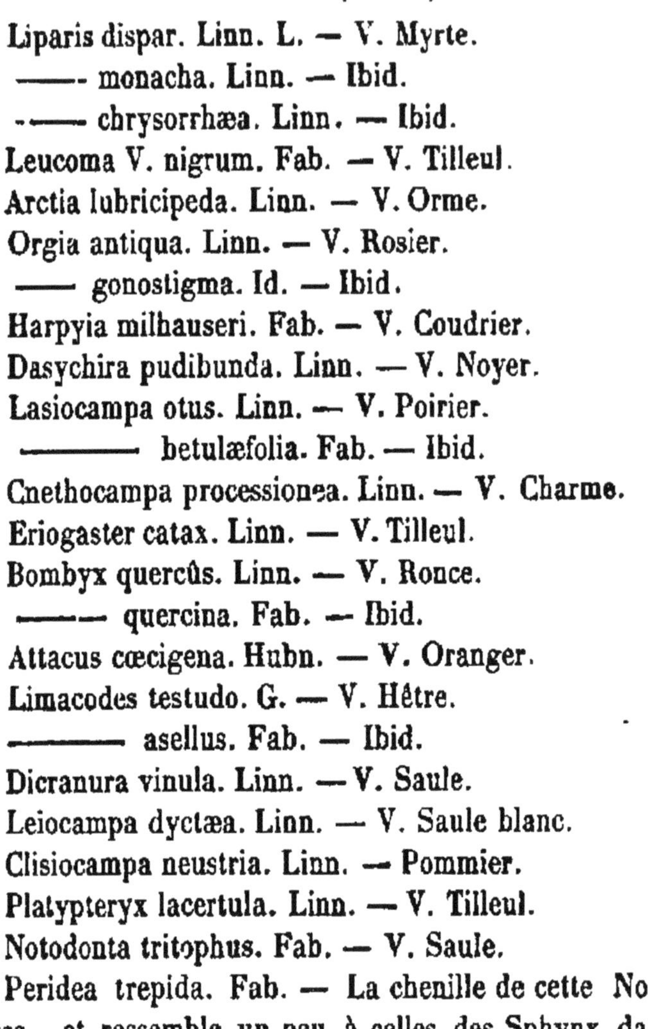

Liparis dispar. Linn. L. — V. Myrte.

—— monacha. Linn. — Ibid.

—— chrysorrhæa. Linn. — Ibid.

Leucoma V. nigrum. Fab. — V. Tilleul.

Arctia lubricipeda. Linn. — V. Orme.

Orgia antiqua. Linn. — V. Rosier.

—— gonostigma. Id. — Ibid.

Harpyia milhauseri. Fab. — V. Coudrier.

Dasychira pudibunda. Linn. — V. Noyer.

Lasiocampa otus. Linn. — V. Poirier.

—— betulæfolia. Fab. — Ibid.

Cnethocampa processionea. Linn. — V. Charme.

Eriogaster catax. Linn. — V. Tilleul.

Bombyx quercûs. Linn. — V. Ronce.

—— quercina. Fab. — Ibid.

Attacus cœcigena. Hubn. — V. Oranger.

Limacodes testudo. G. — V. Hêtre.

—— asellus. Fab. — Ibid.

Dicranura vinula. Linn. — V. Saule.

Leiocampa dyctæa. Linn. — V. Saule blanc.

Clisiocampa neustria. Linn. — Pommier.

Platypteryx lacertula. Linn. — V. Tilleul.

Notodonta tritophus. Fab. — V. Saule.

Peridea trepida. Fab. — La chenille de cette Noctuélite est lisse, et ressemble un peu à celles des Sphynx dans l'état de repos. Elle se renferme dans une coque lâche entre des feuilles.

Drynobia melagona. Bork. — V. Hêtre.

—— velitaris. Esp. — Ibid.

Heterodonta argentina. Fab. — La chenille de cette Noctuélite est brune, et portant des tubercules, ressemble à une jeune branche. Elle se transforme dans une coque molle environnée de mousse, à la superficie de la terre.

Chaonia roboris. Fab. — La chenille de cette Noctuélite est lisse et rayée longitudinalement. Elle se transforme dans la terre.

Chaonia querna. W. W. — Ibid.

——— dodonea. Id. — Ibid.

Pygæra Bucephala. Linn. — V. Tilleul.

Clostera curtula. Linn. — V. Saule.

Acronycta auricoma. Her. — V. Tilleul.

——— Psi. Linn. — Ibid.

Diphthera Orion. Esp. — V. Sorbier.

Cymatophora ridens. Fab. — V. Saule.

——— octogesima. Hab. — Ibid.

——— or. Fab. — Ibid.

——— flavicornis. Linn. — Ibid.

——— diluta. Fab. — Ibid.

——— ruficollis. Fab. — Ibid.

——— fluctuosa. Hubn. — Ibid.

——— bipuncta. Bork. — Ibid.

Tethea oo. Linn. — La chenille de cette Noctuélite se trouve à l'extrémité des jeunes branches, où elle vit renfermée entre plusieurs feuilles qu'elle assujettit par des fils. Elle se métamorphose dans un tissu peu solide, à la surface de la terre.

Orthosia miniosa. Fab. — V. Cerisier.

——— stabilis. Guen. — Ibid.

——— instabilis. Id. — Ibid.

——— pallida. W. W. — Ibid.

——— ambigua. Id. — Ibid.

——— munda. Id. — Ibid.

Hosporina croceago. Fab. — La chenille de cette Noctuélite est moniliforme; elle s'enfonce dans la terre sans former de coque pour se transformer.

Ophiodes lunaris. Fab. — La chenille de cette Noctuélite est rase avec deux tubercules sur le onzième segment, et les pattes anales écartées dans le repos. Elle se renferme dans une coque légère, placée entre des feuilles.

Hadena protea. Esp. — La chenille de cette Noctuélite est rase. Elle s'enferme dans un cocon de terre pour se transformer.

Hadena roboris. B. — Même observation.

——— convergens. Fab. — Ibid.

Xanthia rufina. Linn. — V. Saule.

Xylina petrificata. Linn. —V. Chevrefeuille.

Egira pulla. W. W. — La chenille de cette Noctuélite est glabre. Elle se métamorphose dans la terre.

Agriopis aprilina. Linn. — La chenille de cette Noctuélite est glabre. Elle se cache pendant le jour dans les fissures de l'écorce; elle s'enterre, sans former de coque, pour se transformer.

Miselia bimaculosa. Linn. — V. Aubépine.

Amphipyra pyramidea. Linn. — La chenille de cette Noctuélite est glabre, avec le onzième segment relevé en pyramide. Elle fait son cocon de soie et le place entre les feuilles. La Pyramidea se glisse souvent après son éclosion, dans les galeries pratiquées dans les troncs par les larves des *Cossus* et des *Hammeticherus heros*. Elle se tient, dans ces retraites, la tête tournée vers l'entrée et plongée dans une obscurité complète, sur laquelle tranche la lueur phosphorique et rougeâtre de ses yeux. Guenée.

Catocala pellex. Hubn. — V. Frêne.

——— sponsa. Linn. — Ibid.

——— promissa. Id. — Ibid.

——— conversa. Esp. — Ibid.

——— pacta. Linn. — Ibid.

Catephia alchymista. Fab. — La chenille de cette Noctuélite est atténuée antérieurement, munie de tubercules coniques sur le onzième segment; les pattes anales sont allongées. Elle se file une coque entre des fissures de l'écorce pour se transformer.

Pyralis (Pyralida. Zell.) togatulalis. Zell. — V. Tamarisc.

Sophronia emortualis. W. W. — La chenille de cette Pyralide n'a que 14 pattes; elle se nourrit des feuilles sèches, et pour se transformer, elle s'enveloppe d'un tissu blanchâtre qu'elle attache à une feuille.

Ennomos quercinaria. Bork. — V. Tilleul

——— quercaria. Habn. — Ibid.

Himera pennaria. Linn. — V. Rosier.

Eurymene dolabraria. Linn. — V. Tilleul.

Chlorochroma chloraria. Hubn. — La chenille de cette Phalenide est lisse, effilée; la tête est bifurquée; elle se transforme dans un léger réseau entre des feuilles.

Chlorochroma viridoria. Hubn. — Ibid.

Mniophila corticaria. Hubn. — La chenille de cette Phalénide est courte et tuberculée. Elle se nourrit du Lichen du Chêne, et y cache son cocon qu'elle recouvre des débris du même Lichen.

Cheimatobia dilutaria. B. — La chenille de cette Phalénide est glabre. Elle est nuisible en détruisant les bourgeons. Avant de se transformer, elle s'enfonce dans la terre sans former de cocon.

Phorodesma bajularia. W. W. — La chenille de cette Phalénide est courte; elle se fabrique avec des débris de feuilles un fourreau qui est ouvert aux deux extrémités, ce qui permet la chenille, quand elle veut changer de place, de faire usage de ses pattes antérieures et postérieures. Elle se transforme dans une coque légère entre des feuilles.

Amphidasis prodromaria. Linn. — V. Pommier.

Geometra mensnaria. Zell. — V. Berberis.

—— tristala. Id. — Ibid.

—— calabraria. Id. — Idid.

—— termerata. Id. — Ibid.

—— strigulata. Id. — Ibid.

—— poraria. Id. — Ibid.

—— contaminaria. Id. — Ibid

—— gyraria. Id. — Ibid.

—— brumata Id. —Ibid.

Ephyra punctaria. Linn. — La larve de cette Phalénide est lisse, à tête plate et triangulaire. Sa transformation, au lieu de se faire dans une coque ou dans la terre, s'opère en plein air comme dans les Papillons diurnes, c'est-à-dire que la chrysalide est attachée par la queue et par le milieu du corps comme celle des Piérides.

Aspilates purpuraria. Linn. — La chenille de cette Phalénide est lisse; elle se renferme dans un léger tissu à la superficie du sol.

Boarmia roboraria. W. W. — V. Tulipier.

Timandra amataria. Linn. — V. Sapin.

Tortrix roborana. Hubn. — V. Lierre.

—— piceana. Linn. — Ibid.

—— xylosteana. Linn. — Ibid.

—— viridana. Linn. — Ibid.

—— splendana. Ratz. — Ibid.

—— prasinana. Zell. — Ibid.

—— quercana. Zell. — Ibid.

—— ferrugana. Zell. — Ibid.

—— favillaceana. Zell. — Ibid.

—— testudinana. Zell. — Ibid.

—— sorbiana. Zell. — Ibid.

—— consimiliana. Zell. — Ibid.

—— cristana. Zell. — Ibid.

Ptycholoma lecheana. Linn. — V. Bouleau

Glyphiptera literana. Linn. — V. Orme.

—— scabrana. Linn. — Ibid.

—— squamana. Fab. — Ibid.

Teras quercinana. Zell. — V. Vigne.

—— testaceana. Zell. — Ibid.

—— insignana. Zell. — Ibid.

—— asperana. Zell. — Ibid.

—— literana. Zell. — Ibid.

—— ferrugana. Zell. — Ibid.

Penthina revayana. Zell. — V. Erable.

Sciaphila albulana. Zell. — La chenille de cette Platyomide vit dans une feuille roulée ou en paquet, assujettie par des fils. Elle se transforme dans un tissu solide sous la mousse.

Phoxopteris ramana. Frohl. — V. Coudrier.

Phibalocera fagana W. W. — V. Hêtre.

Xanthosetia zoegana. Linn. — Les premiers états de cette Platyomide n'ont pas été décrits.

Pædisca corticana. Hubn. — La chenille de cette Platyomide a la peau transparente et couverte de points verruqueux. Elle vit entre des feuilles réunies en paquet, et s'y transforme dans un tissu étroit.

Halias quercana. W. W. — V. Hêtre.

—— prasinana. Linn. — Ibid.

Carpocapsa amplana. Hubn. — V. Poirier. La chenille vit dans les glands.

Crambus roborella. Hubn. — V. Tamarisc.

Eudorea incertella. Dup. — V. Aubépine.

—— cratægella. Hubn — Ibid.

—— quercella. Tr. — Ibid.

Diosia roborella. W. W. — La chenille est inconnue.

Micropteryx sparmannella. Fab. Zell. — V. Cornouiller.

—— fastuosella. Zell. — Ibid.

—— subpurpurella. Haw. — Ibid.

—— semipurpurella. Steph. Zell. — Ibid.

—— purpurella. Haw. Zell. — Ibid.

Tinea ocellana. H. — V. Clématite.

Phycis roborella. W. W. — V. Groseiller.

Coleophora tiliella. Sch. Zell. — V. Tilleul.

—— palliatella. Zinck. — Ibid.

—— ibipennella. Von Heyd. — Ibid.

—— currucipennella. Zell. — Ibid.

Gracillaria franckella. Hubn. — V. Erable.

—— falconipennella. Hubn. Zell. — Ibid.

—— picipennella. Mann. — Ibid.

—— elongella. Linn. Zell. — Ibid.

Coriscium quercetellum. Id. — V. Troëne.

Lyonetia subnitella. Fab. Id. — V. Tilleul.

—— immundella. Id. — Ibid.

—— complanella. Habn. — Ibid.

Lithocolletis roborifoliella. Zell. — V. Erable.
———— quercifoliella. Fab. — Ibid.
———— roboris. Zell. — Ibid.
———— scitulella. Id. — Ibid.
———— saportella. Id. — Ibid.
———— distentella. Id. — Ibid.
———— ilicifoliella. Id. — Ibid.
———— delitella. Id. — Ibid.
———— elatella. Id — Ibid.
———— insignitella. Id. — Ibid.
———— pomonella. Id. — Ibid.
———— mannii. Id — Ibid. (1).
———— abrasella. Id — Ibid.
———— tenella. Id — Ibid.
———— messaniella. Id. — Ibid. (2).
———— amyotella. Dup. — Ibid.
———— lautella. Van Heyd. — Ibid.
———— scopariella. Tisch. — Ibid.
———— cramerella. Fab. — Ibid.

DIPTÈRES

Cecidomyia resupinans. Br. — V. Tilleul.

Laphria fulvicrus. Linn. — M. L. Duf. a trouvé cet Asilique sur une souche dans le détritus de laquelle la larve paraissait s'être développée.

Pelecocera tricincta. Hoffm. — M. Perris a trouvé cette Syrphide sur les feuilles.

Adapsilea coarctata. Waga. — Ce Dolichocère, voisin des Sépédons, a été trouvé sur un buisson de Chêne.

CHÊNE TAUZIN. *Q. toza*. Linn.

Parmi les nombreuses variétés du Chêne Rouvre, le Tauzin,

---

(1) La chenille habite quelquefois l'intérieur d'une feuille conjointement avec celle du *L. abrasella*.

(2) Sur le Chêne pubescent qui est une variété du C. commun.

qui ne s'en distingue guère que par ses feuilles veloutees en-dessous, nourrit les insectes suivants qui ont ete observés dans le département des Landes par M. Perris, à qui l'entomologie doit un si grand nombre d'observations importantes sur le développement de ces petits animaux.

COLÉOPTÈRES.

Rhynchites cæruleocephala. Lat. — V. Vigne. Il habite les sommets.

Brachyderes lusitanicus. Fab. — V Bouleau

———— incanus. Id. — Ibid.

Polydrusus ambiguus. Id. — Ibid.

Orchestes crinitus. Chev. — V. Lonicère. Sur les feuilles

Hammaticherus velutinus. Dej. — V. Chêne.

Cryptocephalus 8 guttatus. Oliv. — V Cornouiller

———— 4 punctatus. Oliv. — Ibid. Sur les drageons.

HÉMIPTÈRES.

Phytocoris chlorizans. Meig. — V. Poirier.

———— luteicollis. Panz. — Ibid.

CHÊNE A GALLES. *Q. insectoria*. Oliv.

Les fruits sont à peu près sessiles ; les cupules hemisphériques, cotonneuses, à écailles courtes ; les glands cylindriques, saillants

Ce Chêne, qui n'est qu'un humble arbuste de la Grèce et des rives de la Méditerranée, doit sa réputation et sa valeur à un insecte qui détermine sur le feuillage la production connue sous le nom de noix de galle, analogues à celles qui se développent sur le Chêne Rouvre.

HYMENOPTÈRES.

Diplolepis gallæ tinctoriæ. Oliv. — La propriété tinctoriale de ces galles est connue, et l'on peut se figurer à quel point elles sont abondantes en voyant l'immense consommation d'encre qui se commet chaque jour

Chêne vert ou Yeuse. *Q. ilex.* Linn.

Les fruits sont latéraux; la cupule est à squamules courts; les feuilles sont persistantes.

Les Yeuses, au feuillage persistant, au tronc branchu, tortueux, au bois d'une dureté extrême, proportionnée à la lenteur de son accroissement, vivent toujours isolées dans les forêts méridionales et particulièrement sur les montagnes; elles parviennent quelquefois à une longévité qui ajoute encore à ce qu'elles ont de pittoresque et de poétique.

On voyait dans l'ancienne Rome une Yeuse dont le tronc avait trois pieds de diamètre et qui formait une cîme immense.

Peu d'insectes ont été observés sur l'Yeuse.

COLÉOPTÈRES.

Apion ilicis. Kirby. — V. Tamarisc.

——— canescens. Fab. — Ibid.

Orchestes ilicis. Fab. — V. Lonicère.

Vesperus xatharti. — M. Mulsant a trouvé ce Longicorne dans une Yeuse creusée par le temps.

Cryptocephalus ilicis. Oliv. — V. Cornouiller.

HÉMIPTÈRES.

Stylosomus ilicola. Suff. — V. Tamarisc.

Kermes ilicis. Linn. — V. Vigne.

LÉPIDOPTÈRES.

Trichiura ilicis. Ramb. — V. Alizier.

Lasiocampa betulifolia. Linn. — V. Poirier.

Pygera bucephala. Linn. — V. Tilleul.

Orthosia ruticella. Esp. — V. Cerisier.

——— ilicis. — Ibid.

Miselia bimaculosa. Linn. — V. Aubépine.

Catocala pellex. Hubn. — V. Frêne.

——— conversa. Esp. — Ibid.

Metrocampa margaritaria. Linn. — La chenille de cette Phalé

nide, munie de douze pattes, dont dix seulement servent à la progression, est aplatie en-dessous et ciliée sur les côtés; elle se forme un cocon mince de soie.

Chêne liége. *Q. suber*. Linn.

Les fruits sont latéraux; la maturation est bisannuelle et l'écorce subéreuse.

Ce Chêne, à glands doux, très-voisin de l'Yeuse, est remarquable par son écorce que l'on en détache tous les huit à douze ans et dont les usages sont si nombreux, si connus depuis l'antiquité. « Nos dames, dit Pline, s'en servent à liéger leurs pianelles et pantoufles en hiver, de sorte que les Grecs, voulant sornetter ces dames empantoufflées, les appellent écorces d'arbres. » (Liv. 16, ch. 8.)

Les insectes observés sur le Chêne liége sont :

COLÉOPTÈRES.

Hammaticherus mirbeckii. Linn. — V. Chêne Rouvre.

LÉPIDOPTÈRES.

Geometra margaritaria. Zell. — V. Berberis
——— contaminaria. Id. — Ibid
Tortrix corylana. Zell. — V. Lierre.
——— pronubana. Id. — Ibid.
——— splendana. Id. — Ibid.
——— dumeriliana. Id. — Ibid.
——— minusculana. Id. — Ibid.
——— festivana. Id. — Ibid.
——— kockeilana. Id. — Ibid.
——— penckleriana. Id. — Ibid.
Carpocapsa splendana. Zell. — V. Poirier.
——— amplana. Id. — Ibid.

Chêne au kermès. *Q. coccifera*. Linn.

La cupule est cotonneuse, à squamules; les fruits sont latéraux, triannuels.

Ce Chêne n'est qu'un arbrisseau touffu, dont les branches tortueuses s'étendent capricieusement, et dont la zone se borne aux contrées voisines de la Méditerranée. Il était déjà connu des Romains, grâce à la graine d'écarlate qu'il produit et qui n'est autre chose qu'un insecte.

HÉMIPTÈRES.

Kermes ilicis. Linn. — La femelle se fixe sur le feuillage, lorsqu'elle est adulte ; elle y prend la figure sphérique sans conserver en rien la forme animale ; elle dépose ses œufs sous elle et meurt en les protégeant de sa dépouille. Ce sont ces œufs et les larves qui en proviennent, dont la substance colorée en rouge et connue sous le nom de grains d'écarlate, est employée dans la teinture. Elle était en possession, depuis l'antiquité, de produire exclusivement cette belle couleur, et de partager avec la pourpre l'honneur de fournir son éclat au luxe et aux grandeurs, lorsque la découverte de l'Amérique a fait connaître la cochenille du Nopal qui l'a reléguée au second rang.

LÉPIDOPTÈRES.

Orgya trigotephras. B. D. — V. Rosier.

FAMILLE.

MYRICÉES. Myriceæ. *Rich*

L'ovaire est inadhérent ; les ovules sont suspendus

G. GALE. Gale. Linn.

Galé des marais. *G. uliginosa.* Linn.

Les fleurs dioïques naissent de bourgeons aphylles : les mâles, à écailles sans appendices et à onglet ; les femelles, à écailles munies d'un onglet ; ovaire recouvert de deux bractées.

Cet humble arbuste, rameux, propre aux marais tourbeux, paraît avoir pour mission de purifier l'air qu'on y respire, en absorbant le gaz hydrogène qui y abonde et en exhalant une odeur balsamique, ainsi que l'indique son nom grec. Ses feuilles sont quelquefois employées au lieu de houblon pour la fabrication de la bière; mais cette infusion est enivrante et cause des vertiges.

Quatre insectes ont été signalés jusqu'ici sur le Galé :

COLÉOPTÈRES.

Orchestes iota. Perris. — V. Lonicère.

HEMIPTÈRES.

Aphis pistaciæ. Linn. — V. Cornouiller. Il vit dans une stipule foliacée qui naît à la base des feuilles, atténuée aux deux extrémités, renflée au milieu, verte lorsqu'elle renferme encore le puceron, rouge après qu'il en est sorti.

Coccus myricæ. Linn. — V. Tamarisc.

LÉPIDOPTÈRES.

Tortrix hastiana. Linn. — V. Lierre.

CLASSE.

CONIFÈRES, CONIFERÆ. *Bartl.*

Les fleurs sont unisexuelles; les mâles en chatons; le périanthe et l'ovaire nuls; les ovules nus.

Ces arbres ou arbrisseaux sont ordinairement résineux; le bois est dépourvu de trachées, composé de vaisseaux ayant une ou plusieurs séries de points disciformes; les fleurs sont monoïques ou dioïques; les mâles portant antérieurement les anthères; les chatons femelles sont insérés sur des écailles et forment des cônes après la floraison; le péricarpe est en noyau, quelquefois à pulpe, sans valves, a une seule loge.

Les feuilles sont ordinairement persistantes, aciculaires (en aiguille) sans veines ni nervures.

Après avoir parcouru la longue série des Amentacées, les Chênes, les Ormes, les Hêtres, les Châtaigniers, tous ces nobles végétaux, si élevés dans l'ordre végétal, nous croirions être parvenus au faite de cet ordre, si nous pouvions oublier qu'il existe une autre grande famille également répandue sur le globe entier, dont l'organisme est plus parfait encore, et qui compte le Cyprès, le Pin, l'Araucaria, le Sapin, le Mélèze, et enfin le Cèdre, le majestueux dominateur du règne végétal tout entier, devant lequel s'incline le Chêne lui-même.

Cette famille, comme la précédente, présente les arbres qui forment les profondes forêts, qui couvrent de vastes régions. Semblant dédaigner de plaire, comme les autres végétaux, par le charme des fleurs, ces deux familles possèdent la beauté des formes majestueuses, l'élévation des troncs surmontés de hautes cimes pyramidales, des dômes impénétrables aux rayons du soleil.

Leur noble destination est de favoriser la civilisation en offrant à l'homme des matériaux pour élever des cités, pour construire des vaisseaux qui rapprochent les peuples séparés par les Océans. C'est ainsi que des forêts verdoyantes se transforment dans nos ports en forêts de mâts pour porter notre pavillon sur toutes les mers, aborder tous les rivages.

Les Conifères, tout entiers à cette grande vocation, abandonnent à d'autres familles plus humbles le soin même de nourrir l'homme de leurs fruits, sans doute parce que le roi de la création n'était pas destiné à vivre dans les forêts. Le pignon de quelques Pins, et le fruit du Ginkgho offrent seuls quelques substances alimentaires.

Ils joignent à la force, à la solidité, communes avec les Amentacées, une qualité plus précieuse encore : l'incorruptibilité qu'ils doivent particulièrement à leur sève résineuse, et qui a valu, particulièrement au Cèdre, l'honneur de servir à la construction du temple le plus célèbre du monde. La supériorité des Conifères se manifeste encore dans une plus grande longévité, dans la prérogative de présenter constamment les sexes de leurs fleurs séparés, souvent même sur des individus différents, ce qui montre, comme dans la série animale, une organisation plus composée, plus avancée que dans les familles hermaphrodites. Ils offrent le plus souvent encore l'avantage d'avoir leur feuillage persistant. Quelle en est la raison? « Pourquoi, malgré le froid des hivers du Nord, les

» Sapins y restent-ils couverts de verdure? Il est difficile d'en » trouver la cause; mais il est aisé d'en reconnaître la fin. Si les » Bouleaux et les Mélèzes du Nord laissent tomber leurs feuilles à » l'entrée de l'hiver, c'est pour donner des litières aux bêtes des » forêts; et si le Sapin pyramidal conserve les siennes, c'est pour » leur ménager des abris au milieu des neiges. » (1)

Les Conifères, appelés à croître, à répandre leurs bienfaits sur tout le globe, ont reçu dans tout leur organisme les modifications nécessaires à cette sorte d'universalité; ils sont répartis à toutes les températures, à tous les sites, aux montagnes, aux rochers, aux coteaux, aux vallées, aux plaines, aux eaux, aux neiges, aux glaces, aux sables, aux argiles, aux marnes. Chaque espèce a sa station et elle est organisée pour elle. C'est ainsi que celles qui habitent les montagnes ont leurs graines rendues volatiles par les ailes membraneuses dont elles sont pourvues pour se disséminer dans les airs, tandis que celles destinées à croître près des eaux, sont façonnées en esquif pour voguer. Le Cyprès chauve, qui ombrage les fleuves de l'Amérique septentrionale, est protégé par une espèce d'estacade naturelle contre les blocs de glace qui viennent s'y heurter.

Sous le rapport entomologique, les Conifères ont leurs ennemis comme les autres arbres, quelquefois mêmes identiques. La larve du Hanneton, la chenille de la *Nonne* confondent dans leur voracité le Pin avec le Chêne, et y commettent les mêmes dévastations. Un grand nombre des espèces particulières qui attaquent les arbres de cette famille, appartiennent à des genres et à des tribus d'insectes qui nuisent à d'autres végétaux, tels sont les Scolytes, les *Bostriches*, les *Hylesines*, les *Hylurgus*, et beaucoup d'autres.

FAMILLE.

TAXINÉES, TAXINEÆ. *Rich.*

Les fleurs femelles sont solitaires, munies d'un involucre.

---

(1) Bernardin de Saint-Pierre, *Etudes de la Nature*.

G. IF. Taxus. *Tourn.*

Les fleurs sont dioïques; les mâles à chatons subglobuleux; les femelles à chatons situés au sommet de l'axe.

L'If commun est un arbre de moyenne grandeur; il a le port touffu, pyramidal; ses rameaux sont nombreux, souples, étalés, souvent inclinés avec grâce; ses feuilles ressemblent à celles du Sapin par leur persistance, leur vert sombre, leur forme étroite et leur disposition de chaque côté des tiges.

L'If croit spontanément dans presque toutes les parties tempérées et froides du globe et particulièrement dans les forêts, sur le flanc des montagnes, au fond des vallées, sur le bord des torrents et des lacs. Il y vit ordinairement solitaire et non en famille comme la plupart des autres arbres; la graine, sous la forme de baie est appropriée aux eaux, et elle se dissémine en voguant. Cette baie est creusée en grelot. Lorsqu'elle tombe de l'arbre, elle est entraînée d'abord par sa chute, au fond de l'eau; mais elle revient aussitôt au-dessus au moyen d'un trou que la nature a ménagé en forme d'ombilic au-dessus de sa graine. Il s'y loge une bulle d'air qui la ramène à la surface de l'eau par un mécanisme plus ingénieux que celui de la cloche du plongeur, en ce que dans celle-ci, le vide est en-dessous, et dans la baie de l'If, il est en-dessus. (Bernardin de St.-Pierre, *Etudes de la Nature.*)

Cet arbre n'atteint guère que la hauteur de dix mètres, mais il grossit beaucoup plus à proportion. On connaît des Ifs très-remarquables sous ce rapport: tels sont en France ceux de Castillan dans le Calvados, de Fouillebec près de Pont Audemer; en Norwège, ceux qui recouvrent les tombelles des anciens Scandinaves; en Ecosse, celui de Fortingall, le plus gros que l'on connaisse et sans doute le plus âgé. On lui donne jusqu'à 3,000 ans d'existence, d'après un calcul comparatif: on a compté 280 couches annuelles dans une tranche de 50 centimètres de diamètre, et cet arbre n'a pas moins de 5 mètres de circonférence. Il est donc contemporain d'Homère.

Il y a bien longtemps aussi que les hommes ont tiré l'If de ses forêts et en ont fait un arbre cultivé. Sous ce rapport, son histoire présente de l'interêt ; il a eté singulièrement en butte à la contradiction : admis au rang des arbres dignes de culture, les anciens reconnaissaient la beauté de son aspect sévère, la dureté et l'incorruptibilite de son bois, dont leur ciseau tirait indifféremment *dieux*, *tables* ou *cuvettes* ; ils lui attribuaient des qualités précieuses.

D'après Suetone, on conseillait l'usage de ses fruits comme antidote du venin de la vipère. Son bois, réduit en poudre, était recommandé contre l'hydrophobie. Parmi les peuples modernes, les Hanovriens et les Hessois en donnent le feuillage pour nourriture à leurs bestiaux pendant l'hiver ; les Japonnais retirent de l'amande une huile propre aux préparations culinaires. Partout les enfants, comme les petits oiseaux, sont friands de la pulpe de ses fruits qui ressemblent à une cerise coupée en travers.

Dans tous les temps l'If a eté consacré, conjointement avec le Cyprès, comme emblème de l'immortalité de l'âme, à ombrager les tombeaux. Il a été longtemps aussi employé pour l'ornement des jardins; mais à une certaine époque, le mauvais goût s'en était empare pour les decorer de sculptures vivantes en donnant à cet arbre les figures d'animaux, de vases, d'obelisques qui lui enlevaient sa grâce native ; le ciseau le torturait pour le rendre grotesque et son nom a été donné à ces pyramides de lampions officiels qui illuminent tristement chacune de nos révolutions. Mais la nature a repris ses droits et nos jardins paysagistes ont rendu à l'If la forme pittoresque, l'ampleur de ses rameaux touffus, son aspect sombre, sévère, poétique dont il nous frappe dans ses sauvages forêts, sur les flancs escarpés de ses montagnes, dans le creux de ses profondes vallées.

En regard de ce panégyrique, l'If a été accusé de mille griefs accablants. Suivant Pline, les bourgeons de l'If sont vénéneux et mortels, surtout en Espagne (1) ; Théophraste considère son

(1) Les bouteilles de bois d'If, que l'on fait dans les Gaules pour porter du vin dans les champs, sont vénéneuses. (Pline.)

feuillage comme nuisible aux chevaux, mais il ne l'est pas aux ruminants. Virgile en éloigne les ruches. Plutarque le craint surtout pendant la floraison. Selon Jules César, les Gaulois trempaient leurs flèches dans son suc pour les empoisonner, et le chef des Eburoniens, parent d'Arminius, s'en servit pour se donner la mort après sa défaite. Sestius dit que cet arbre est si vénéneux, qu'il fait mourir soudainement tous ceux qui boivent et mangent ou qui s'endorment sous son ombrage, et que le nom même de poison (Toxicum) paraît dériver de celui de l'If (Taxus). Lucrèce fait allusion aux dangereuses propriétés de l'If, dans les vers suivants :

Est etiam magnis Heliconis montibus arbor
Floris odore hominum tetro consueta necare.

Parmi les modernes. les accusations contre cet arbre ne sont pas moins graves. Suivant Roi, des jardiniers employés à tondre un If très touffu, du jardin de Pise, furent atteints de violentes douleurs de tête. Bauhin affirme que son ombre seule peut donner la mort. Matthiole prétend que son odeur tue les rats. Le Jésuite Schott assure que ses rameaux, plongés dans l'eau stagnante assoupissent le poisson. Valmont de Bomare rapporte qu'en 1753 plusieurs chevaux périrent au milieu des convulsions, quatre heures après en avoir mangé dans un parc de Bois-le-Duc. (1)

Toutes ces qualités malfaisantes, quoique révoquées en doute par d'autres autorités dignes de foi, Haller, Daléchamp, Péna, Gérard, Lobel, ont été accréditées au point qu'une ordonnance royale du 23 octobre 1637, prescrivit son abattage dans les jardins et autour des habitations champêtres. Il fut proscrit même des cimetières dont il était l'ornement le plus conforme aux tristes pensées, aux graves méditations.

Tel est le singulier procès dont l'If est le sujet, où l'attaque et la

---

(1) Il dit aussi, qu'un âne mourut subitement au Jardin des Plantes pour avoir brouté les feuilles d'un If, auquel on l'avait attaché.

défense sont fondees sur des témoignages egalement dignes de foi, et qui laisse une grande incertitude dans l'esprit. Si l'accusation reposait sur des faits observés dans des contrées méridionales, et la défense sur des observations faites dans le Nord, on pourrait attribuer les qualités nuisibles ou innocentes de cet arbre à la différence de température. On sait que l'Aconit sert de poison en Italie et de salade en Suède; mais il n'en est pas de même à l'égard de l'If; les faits allegues contre lui ou en sa faveur appartiennent indifféremment au Nord ou au Midi.

J'ai voulu apporter aussi une pièce au procès. Il existe à Lestrem, dans le jardin d'une ferme, une petite salle de verdure de douze vieux Ifs (1) très-touffus, dont les robustes branches sont entrelacées et même soudées entre elles et forment une voûte très-basse et épaisse; j'y restai pendant une heure, et je n'en ressentis pas le moindre effet.

Observé sous le rapport entomologique, on pourrait tirer une induction défavorable à cet arbre, en considérant que, seul entre tous ceux de l'Europe, il est réputé ne nourrir aucun Insecte. On pourrait croire à la réalité des sucs, des gaz délétères dont il est soupçonné, en voyant cet éloignement exceptionnel qu'il semble inspirer à ces petits êtres. J'ai fait quelques recherches, particulièrement sur l'écorce et sur le feuillage, pour découvrir des traces du séjour de quelque Insecte; j'ai reconnu que ces parties étaient généralement intactes; aucune feuille rongée, ou minée ou recoquillée; pas de Pucerons, pas de Gallinsectes. J'ai bien observé sur la surface inferieure de quelques feuilles de petites aspérités brunes qui sont quelquefois situées de chaque côté de la nervure principale, et qui pourraient renfermer les larves de quelque Cé c

(1) Ils ont, a un demi mètre au-dessus du sol, 30 centimètres de diamètre, ce qui peut faire présumer qu'ils ont environ 150 ans d'âge, d'après l'appréciation dont j'ai parlé précédemment.

Il existe dans le cimetière, à Willy, département du Calvados, un If qui, dit-on, n'a pas moins de cinq mètres de circonférence.

domyie ou de Cynips ; mais, malgré le secours du microscope, je n'y ai rien découvert, et je soupçonne que ce sont des Cryptogames. J'ai vu aussi dans l'aisselle d'un petit rameau plusieurs petits cocons de soie vides qui pouvaient avoir abrité des chrysalides de Teignes; mais il n'y avait aucune altération dans les feuilles voisines. Enfin, j'ai trouvé à la base d'une autre branche une petite toile serrée qui paraissait aussi avoir appartenu à un insecte, mais également sans aucune apparence de feuille rongée. Au surplus, j'ai vu à l'entour du feuillage touffu de l'If, comme des autres arbres toujours verts, voltiger une multitude de petits Insectes et surtout des Tipulaires, qui y cherchent un abri, et aussi de nombreuses toiles d'Araignées qui attestent combien cet abri est infesté d'ennemis.

Le seul Insecte qui a été observé sur l'If, est un Diptère.

Cecidomyia Taxi. Nob. — Bremi a observé à l'extrémité des branches des galles semblables à celles de la *C. strobulina*; seulement les petites feuilles centrales de la galle terminale ne sont pas anormales, mais plus petites; de plus, elles ne sont pas serrées, mais lâches, et l'extrémité de la galle est plus saillante et un peu tordue ou repliée.

G. GINKGO. Ginkgo. *Linn.* (1).

Ginkgo a feuilles bilobées. G. Biloba. Linn.

Les fleurs sont dioïques ; les chatons mâles à nombreuses étamines, en forme d'épis, dont l'axe est filiforme; chatons femelles en forme de coupe courte.

Cet arbre est au nombre des Conifères dont le feuillage anormal, cessant d'être plus ou moins filiforme, se dilate diversement à l'instar de celui des autres arbres, mais sans s'y confondre. Ses feuilles se singularisent comme celles du *Platycladus* dont les caulinaires sont planes, étalées, verticillées; celles des *Dammara*,

(1) Salisburia adianthifolia, Smith. — Salisb. Ginkgo, Rich. — Noyer du Japon, arbre aux 40 écus.

semblables aux feuilles du *Loranthe;* celles du *Podocarpus* à feuilles de Laurier rose ; celles du *Gnetum* qui se réduisent à des écailles membraneuses. Tous ces végétaux qui croissent aux extrémités de l'Asie ou dans l'Australie, montrent par leur végétation combien ils sont étrangers à l'Europe. Les feuilles du Ginkgo se dilatent en éventail, sans nervure principale, mais à nervures longitudinales, parallèles, non divergentes, mais plusieurs fois bifurquées. (1)

Sous le rapport de la fructification, le Ginkgo se rapproche de celle de l'If; le fruit, beaucoup plus grand et allongé, présente également une pulpe rouge et un noyau central qui contient une amande que mangent avec plaisir les Chinois et les Japonais (2). Comme cet arbre est dioïque, et que l'on a longtemps négligé de rapprocher les sexes en France, les premiers fruits qui y ont été produits, l'ont été en 1832, au jardin botanique de Montpellier par les soins de M. Delile qui a fait ce rapprochement par la greffe. C'est un nouvel arbre fruitier dont il a doté son pays.

Nous ne connaissons pas d'insecte propre à cet arbre.

FAMILLE.

CUPRESSINÉES, Cupressineæ. *Rich.*

Les fleurs femelles sont dressées, adnées aux écailles des cones.

G. GENEVRIER. Juniperus. *Linn.*

Les fleurs sont dioïques, axillaires ou terminales, solitaires; les chatons mâles petits, denses, obtus ; les écailles opposées ou verticillées ; chatons femelles ovoïdes, sessiles ; écailles verticillées, à petites pointes au dessous du sommet.

---

(1) J'ai compté dix nervures près de leur base, et 240 environ au bord postérieur.

(2) Elles ressemblent pour le goût a la graine du pin Pignon

GENEVRIER COMMUN. *J. communis*. Linn.

Les chatons mâles sont petits, ovales; écailles portant les etamines panachées; chatons femelles à cône areole, globuleux, aromatique.

Autant l'If a été signalé, à tort ou à raison, comme arbre dangereux, malfaisant, vénéneux et expulsé du voisinage de l'homme par ordonnance royale, autant le Genèvrier jouit de la faveur publique par toutes les propriétés et les vertus qui lui ont été attribuées. Pline en présente les baies comme un antidote à une multitude de maladies. Peu s'en faut qu'il n'en fasse une panacée (1) que les dieux opposent à tous les maux physiques qui accablent la triste humanité. Aux yeux des modernes, elle jouit encore d'assez belles attributions, elle est à la fois tonique, sudorifique, diurétique, antiscorbutique; je l'ai vue employer en Allemagne à l'assainissement des appartements en la brûlant dans des cassolettes; elle sert aux peuples scandinaves d'assaisonnement aux mets; les rameaux de cet arbre y décorent les habitations, les embaument de leur odeur aromatique et bienfaisante. Enfin nous lui devons les genièvreries qui favorisent l'agriculture dans la Belgique autant que les sucreries le font dans le nord de la France, et la liqueur si vulgaire, le Gin des Ecossais, perfectionnée à Schiedam, mais devenu un fléau par la consommation excessive qu'en a faite l'intempérance.

Cet arbre est réduit souvent à la condition d'humble buisson, et brouté par les chèvres, dans les sables, les pierres, les fentes des rochers, dans l'apreté des régions polaires et des sommites alpines; mais il atteint une moyenne grandeur lorsqu'il croît dans un sol favorable; il s'élève et s'étend en large pyramide touffue, aux

---

(1) Par exemple, la graine est bonne à l'estomac, à la poitrine, aux maux de côtés; elle mûrit la toux et toutes les humeurs intérieures. On l'applique aux fluxions des yeux; elle sert aux spasmes, aux convulsions, aux sciatiques; elle repercute les tumeurs, resserre le ventre, guérit les tranchées; son parfum fait fuir les serpents (Pline).

rameaux inclines, et ornés, dans les individus femelles, de mille baies d'un bleu blanchi par un duvet résineux.

Le Genèvrier est l'arbre que l'on trouve le plus avant dans le Nord, en Islande et dans l'Ile de Kulgouef, à l'entrée de la mer blanche.

Les insectes qui vivent sur le Genèvrier sont en petit nombre.

COLÉOPTÈRES.

Lampyris noctiluca. Fab.

Chrysobothris 10 punctata? Fab. — V. Peuplier.

Apion juniperi. Sch. — V. Tamarisc.

Hylobius abietis. Linn. — La larve de ce Curculionite, qui fait de grands ravages dans les forêts de Sapins, ronge aussi les feuilles du Genèvrier.

Pissodes pini. Ziegl. — V. l'Introduction.

——— juniperi. Ziegl. — Ibid.

Hylurgus (Hylastes. Erich.) juniperi. Ch. — Ce Xylophage se developpe sous l'écorce, et y forme des galeries.

HYMÉNOPTERES.

Lophyrus juniperi. Fab. — La fausse chenille de cette Tenthride devore le feuillage.

——— pini. Lat. — Ibid

HEMIPTERES.

Pentatoma juniperina. Fab. — Cette Cimecide suce la sève.

Thrips juniperina. Linn. — Il vit sous l'écorce.

Aphis juniperi. Deg. — V. Cornouiller.

LÉPIDOPTERES.

Geometra juniperina. Linn. — V. Berberis.

Boarmia solieraria. W. W. — V. Tulipier.

Larentia phœniceata. Dup. — V. Tamarisc.

Corythea juniperaria. Boisd. — La chenille de cette Phalénide est lisse; elle se renferme dans un léger tissu attaché aux branches avant de se transformer.

Eupithecia sobrinaria. Boisc. — V. Tamarisc.

——— pusillaria. Id. — Ibid.

Rhinosia juniperella. Linn. — La chenille de cette Tineide vit dans des feuilles roulées, et elle se construit un cocon en forme de nacelle pour s'y abriter dans l'etat de nymphe.

Chesias juniperata. Zell. — V. Spartier.

Argyresthia abdominalis. Zell. — V. Cornouiller.

——— arceutina. Id. — Ibid.

——— præcocella. Id. — Ibid.

DIPTÈRES.

Cecidomyia (Lasioptera. Meig.) juniperi. Deg. Bremi. — V. Tilleul. La larve se développe dans une galle formee d'un bourgeon qui prend la forme d'une corolle; trois longues feuilles d'une largeur remarquable en enveloppent trois autres rudimentaires entre lesquelles vit la larve.

GENÈVRIER FÉTIDE. *J. sabina.* Linn.

Les chatons sont terminaux : les mâles à écailles (portant les étamines) membraneuses, mutiques ; les femelles inclines ; écailles (portant les pistils) soudées seulement à leur base ; cônes souvent ovales.

Parmi les nombreuses variétés du Genèvrier fétide, la seule que nous ayons à mentionner, est la Sabine, cet arbrisseau touffu, au feuillage de Cyprès, connu par sa saveur âcre et amère, son odeur aromatique et pénétrante, ses propriétés énergiques, utilisees surtout dans la medecine vetérinaire. Nous ne parlons pas de ses vertus contre les sortiléges, preconisees au moyen-âge, et aujourd'hui encore chez les Cosaques.

Le Savinier ne compte qu'un petit nombre d'insectes.

LÉPIDOPTÈRES.

Xilina sabina. Guen. — V. Chèvrefeuille.

Boarmia perversaria. B. D. — V. Tulipier.

Corythea sabinaria. B. D. — V. Genèvrier.

Eupithecia helveticaria. Anderregg. — V. Tamarisc.
Rhinosia sabinella. B. D. — V. Genèvrier.

G. CYPRES, Cupressus. Linn.

Les fleurs sont monoïques; les chatons mâles obtus, a ecailles opposées-croisées; les chatons femelles fort petits, peu nombreux ; les écailles multiflores ; cône subglobuleux.

Cypres commun. *C. sempervirens*. Linn.

Les chatons mâles ellipsoïdes ou oblongs ; les femelles globuleux ; cônes ombiliqués à la base, bosselés.

Cet arbre des tombeaux, emblème de la mort et des regrets qui l'accompagnent, dont le sombre feuillage semble revêtir le deuil de nos âmes, les Grecs le consacraient à Pluton, et leur imagination, gracieuse jusque dans les sujets les plus lugubres, y voyaient le beau Cyparisse ne pouvant survivre à l'objet de ses affections et metamorphosé par Mercure. Le temps a respecté les attributions de cet arbre celèbre, et nous allons encore prier sur la tombe, ombragée de cyprès, des objets de nos regrets (1).

Virgile représente les Troyens occupés à pleurer Misène et a lui elever un bûcher :

Principio pinguem tœdis et robore secto
Ingentem struxere pyram : cui frondibus atris
Intexunt latera, et ferales ante Cupressus
Constituunt. Encid 6

Celèbre sous ce triste rapport, cet arbre se recommande sous d'autres encore. Propre à la Grece, d'ou il a eté introduit en Italie, son bois incorruptible était employe dans la construction des édifices, des vaisseaux ; il eut même l'honneur d'être choisi pour y graver les lois des douze tables à Athènes. Pline rapporte les nombreuses proprietes médicales qui lui étaient attribuées.

---

(1) Horace dit que le Cypres est le seul être qui suive son maitre sur la tombe.

Sa longévité était reconnue, et le même auteur mentionnne celui dont l'âge remontait à l'origine de Rome et qui vivait encore sous Néron. Le Cyprès était encore employé à l'assainissement de l'air; les habitants de l'Archipel en faisaient à cet effet de grandes plantations le long des eaux stagnantes: ils les cultivaient aussi pour le produit qu'ils retiraient de leur développement rapide, et ils les destinaient à la dot de leurs filles, de même que faisaient les anciens habitants de la Flandre, qui, à la naissance des leurs, plantaient de jeunes Peupliers blancs qui croissaient avec elles et leur procuraient à vingt ans de l'ombrage et des maris.

Les insectes observés sur le cyprès sont peu nombreux.

COLEOPTÈRES.

Ancylocheira cupressi. Dej. — La larve de ce Sternoxe doit se développer sous l'écorce.

Morimus tristis. Fab. — V. Saule.

LÉPIDOPTÈRES.

Lasiocampa lineosa. Ad. Der. — V. Poirier. Les chenilles se tiennent toujours pendant le jour, serrées les unes contre les autres, souvent le devant du corps des unes appuyé sur le derrière des autres; elles s'eparpillent pendant la nuit sur les feuilles, et leur repas fini, elles reviennent à leur poste. Leur coçon est semblable à celui du *L. pini*.

———— otus. Drury. — Ibid.

Xylina lapidea. Hubn. — V. Chèvrefeuille.

Geometra cupressaria. Zell. — V. Berberis.

———— cupressata. Id. — Ibid.

———— juniperina. Id. — Ibid.

Cerythea cupressaria. Zell. — V. Genévrier

Tortrix cupressana. Dup. — V. Lierre.

———— compressana. Id — Ibid.

G. SCHUBERTIA. Schubertia. *Mirb.* (1)

Les chatons mâles sont fort petits, en grappe allongée ; les chatons femelles deux fois plus gros ; cônes subglobuleux, à écailles rhomboïdales.

Ce grand arbre est le plus bel ornement du grand fleuve qui arrose la Louisiane, digne de border ses rivages par l'épaisseur de son tronc (2), par l'élévation de sa cîme, par la majeste de son port ; il présente surtout d'admirables harmonies avec le sol tourbeux, marécageux de ses bords, avec la rapidite de son cours, avec l'impétuosité des vents qui soulèvent ses flots. Ses racines, prolongées en longs pivots, s'enfoncent bien au-delà du sol humide et léger de sa base ; son tronc, en sortant de terre, prend une épaisseur considérable qui diminue subitement à hauteur d'homme, et qui sert evidemment a fortifier sa base contre la violence des eaux et le choc des glaces qu'elles charrient. Outre ce moyen préservateur, il sort des racines supérieures, à quelque distance de l'arbre, un cercle d'excroissances coniques, creuses, resistantes, qui font l'office d'estacades ou de chasse-glaces.

Les harmonies aquatiques de ce Cyprès ne se bornent pas à celles que nous venons de signaler. Les graines des cônes sont cannelées en carène, façonnées en esquif, et elles voguent aussi bien que celles des Pins de nos montagnes volent de leurs ailes membraneuses.

Nous ne connaissons pas les insectes qui vivent sur cet arbre en Amérique, ni même ceux qu'il nourrit depuis qu'il a ete naturalise en Europe.

FAMILLE.

ABIÉTINÉES, Abietineæ. *Bartl.*

Arbres resineux ; fleurs monoïques ou dioïques ; chatons mâles a axe nu, portant immédiatement les étamines ; chatons femelles

---

(1) Cyprès chauve ; *Cupressus disticha* Linn

(2) Il y a, dans un faubourg de Mexico, un Cyprès chauve dont le tronc a 118 pieds anglais de circonférence.

solitaires; ecailles très-nombreuses, imbriquees; cônes multiformes, ordinaires, feuilles opposées, sessiles, linéaires.

G. PIN. Pinus. *Linn.*

Les fleurs sont monoïques; chatons mâles ovales ou cylindriques latéraux, agrégés en epis; chatons femelles ovoïdes, terminant les jeunes rameaux; cônes compactes, à cellules ou tuberculeux.

Pin pignon *P. Pinea.* Linn.

Les nucules sont grosses, plus longues que l'aile.

Cette espèce est cultivée comme arbre fruitier en Orient et dans l'Afrique septentrionale. Ses amandes ont le goût de la noisette.

Je ne connais qu'un seul insecte qui ait été observé sur ce Pin.

COLÉOPTÈRES.

Hylobius pinastri. Sch — V. l'introduction.

Pin sylvestre. *P. sylvestris.* — Linn.

Les chatons mâles sont ovales (1); les cônes coniques ou ovoïdes, pédoncules.

Cette espèce est la plus septentrionale, la plus rustique, la plus utile de toutes celles de l'Europe; elle avance jusque dans les frimats de la Laponie; elle se repand en vastes fôrets; elle couvre le flanc des montagnes; elle ne se refuse ni aux sables les plus arides, ni aux craies les plus stériles; elle prodigue partout l'utilité de son bois et de toute sa substance (2), donnant des mâts à nos vaisseaux, des solives à nos édifices, les produits va-

---

(1) Pin du Nord, Pin de Russie, Pin de Riga, Pin de Haguenau, Pin de Genève, Pinasse (dans les Vosges)

(2) Le goudron, la terébenthine, le galipot

riés de sa résine à nos industries et jusqu'à des aliments aux bestiaux (1).

En France, à peu d'exceptions près, telles que la fôret d'Haguenau, le Pin sylvestre ne croit spontanément que sur les montagnes, où il trouve dans la température le degré d'âpreté qui convient à sa nature.

Cependant il se prête a descendre dans nos plaines, à utiliser nos landes, nos bruyères, nos steppes, lorsque nous l'y introduisons par semis ou par plantations; il a couronne de succès les essais qui ont été faits pour l'introduire dans les parties les plus stériles de nos fôrets. Je citerai celle de Fontainebleau, chère a tant de titres aux sciences naturelles où, grâce à une forte volonté, à une persévérance extrême, les Pins ont été propagés, acclimatés, et ou ils presentent, au milieu des roches dont ils couronnent le sommet, des massifs considérables dont la verdure persistante accroît encore la diversite du paysage et le pittoresque de cette belle nature.

> Qua Pinus ingens albaque Populus
> Umbram hospitalem consociare amant
> Ramis et obliquo laborat
> Lympha fugax trepidare rivo.
>
> Hor., od. 3.

Le Pin sylvestre est au nombre des arbres qui nourrissent le plus d'espèces d'insectes, et qui en éprouvent le plus de dommages. Ils ont été l'objet des travaux si connus, si dignes de l'être, de M. Ratzebourg, sous le rapport surtout des moyens de défense qu'il indique contre leurs ravages.

COLÉOPTÈRES.

Tachyporus cellaris. Fab. Milbert. — V. Peuplier.

---

(1) Les Lapons et les Finlandois se servent des couches intérieures de l'écorce, réduites en poudre, pour nourrir les porcs, et en temps de disette, ils en font une sorte de pain pour eux-mêmes. Les brasseurs emploient les bourgeons au lieu de houblon.

Lampra rutilans. Fab. — V. Tremble.

Phænops appendiculata. Fab. — V. Peuplier.

Chrysobothris solieri. Lap. — V. Peuplier.

Choleophora mariana. Fab. — Ce Sternoxe se tient dans les souches.

Anthaxia 4 punctata. Fab. — V. Saule.

Agrilus undatus. Fab. — V. Vigne.

Ancylocheira flavo maculata Fab.— Ce Sternox vit sur les troncs.

———— octoguttata. Fab. — Ibid.

Agrypnus atomarius Fab. — V. Chêne.

Limonius Bructeri. Fab.—La larve de ce Sternoxe se développe sous l'écorce.

Elodes deflexicollis (Pini) Curtis. — Le développement de ce Malacoderme m'est inconnu.

Dasytes pini. Linn. — Même observation.

Clerus formicarius. Fab. — Ce Térédile se trouve souvent sur le feuillage.

Anobium pini. Erich. — V. Vigne

———— pusillum. Gyll. — Ibid.

Ptinus minutus. Fab. (pinicola, Ulrich.) — V. Aubépine.

Catops silphoides. Fal. — V. Chêne. Trouvé sous des buches de Pin.

Ips ferrugineus. Fab. — V. Hêtre.

Rhizotrogus pini. Fab. — V. Saule.

Hypophlœus pini. Lat. — V. Frêne.

Calopus serraticornis. Fab.— Ce Sténélytre doit se développer sous l'écorce.

Salpingus rufescens. Dej. — V. Prunier.

Rhinomacer attelaboides. Fab. — Ce Curculionite doit se développer sous l'écorce.

Brachyderes pini. Chevr. — V. Bouleau.

Polydrusus mollis. Gr. — V. Bouleau. Il nuit aux Pins en perçant les aiguilles de part en part, dans le voisinage du sommet. Il choisit la place où deux aiguilles sont encore réunies dans leur bourgeon.

Hylobius pini. Fab. — V. Saule. La femelle est très-nuisible ; elle dépose ses œufs sur les troncs, les larves penètrent sous l'écorce, creusent des galeries sinueuses et descendent souvent jusqu'aux dernières extrêmités des racines.

——— pinastri. Gyll. — Ibid.

Phyllobius pineti. Linn. — V. Poirier.

Otiorhynchus pinastri. Herbst. — V. Oranger.

Scytropus squamosus. Kiesnw. — Ce Curculionite a eté trouvé sur les Pins du Mont Serrat en Catalogne.

Pissodes notatus. Fab. — Ce Curculionite cause de grands dégats en déposant ses œufs sur le tronc des jeunes Pins, les larves creusent sous l'écorce et de haut en bas des galeries qui serpentent.

——— pini. Fab. — Ibid.

——— piniphilus. Gyll. — Ibid.

Cneorhinus pini. Fab. — V. Coudrier.

Magdalis violacea. Burm. — V. Aubépine.

Thamnophilus violaceus. Fab. — La larve de ce Curculionite doit se developper sous l'écorce

——— carbonarius. Meg. — Ibid.

——— barbicornis. Lat. — Ibid.

——— flavipes. Duf. — Ibid.

Dryophthorus lymexylon. Fab. — V. Châtaignier.

Hylurgus (hylesinus. Nordlinger.) piniperda. Fab. — V. Genévrier. Il se rend très-nuisible par les galeries des larves

——— ater. Fab. — Ibid.

——— affinis. Dej. — Ibid.

——— ligniperda. Fab. — Ibid.

——— palliatus. Gyll. — Ibid.

——— micans. Kug. — Ibid.

——— poligraphus. L. — Ibid.

Bostrichus typographus. Fab. — V. l'Introduction

——— autographus. Kn. — Ibid.

——— stenographus. Duft. — Ibid.

Bostrichus pythiographus. R. — V l'Introduction

——— bispinus. Meg. — Ibid.

——— curvidens. Gr. — Ibid.

——— bidens. Fab. — Ibid.

——— pusillus. Gyll. — Ibid.

——— cinereus. Gyll. — Ibid.

——— Lichtensteinii. R. — Ibid.

——— chalcographus. Linn. — Ibid.

Apate elongata. Payk. — Ibid.

——— substriata. Id. — V. Tilleul.

Spondylus bupresto ides. Fab. — Ce Longicorne se développe dans l'Aubier.

Callichroma alpina. — Même observation.

Callidium ferum. D. — V. Aubépine.

——— rusticum. Fab. — Ibid.

——— griseum. Id. — Ibid.

Astynomus œdilis. Fab. — V. Chêne.

Ergates faber. Linn. — Ce Longicorne se developpe dans l'aubier. La larve se creuse un trou près de la surface de l'arbre, afin que l'insecte parfait puisse s'echapper plus facilement. Lorsqu'elle est sur le point de se changer en nymphe, elle forme dans les souches de Pin une cavité ellipsoïde ; la nymphe, au moyen des aspérités dont son abdomen est armé, monte ordinairement à la partie antérieure où elle se tient sur le dos. Pour se transformer en insecte parfait, elle se place sur le ventre et met vingt minutes à se depouiller. Lucas.

Rhagium inquisitor. Fab. — V. Aubépine.

——— bifasciatum. Fab. — Ibid.

Nyphona saperdoides. Réal. — V. Figuier.

Criocephalum rusticum. Fab. — Même observation.

Dysopus pini. Linn. — Ibid.

Cryptocephalus pini. Linn. — V. Cornouiller

——— violaceus. Fab — Ibid.

——— incanus. Fab. — Ibid.

Cryptocephalus nitens Linn. Vank. — V. Cornouiller.

——————— abietis. Fab. — Ibid.

Scymnus pinicola. Fab. — Ce Trimère vit sur cet arbre.

HYMÉNOPTÈRES.

Xyela longula. Dalm.—La fausse chenille de cette Tenthrédine ronge le feuillage.

——— pusilla. Id. — Ibid.

Pamphilius erythrocephalus. Fab. — V. Poirier.

Lophirus pini. K. — V. Genévrier. La fausse chenille ronge les écorces, et y creuse des trous profonds. Elle se fait une coque très-solide qu'elle fixe contre les branches.

Tenthredo pini. Fab. — V. Groseiller. Elle est très-nuisible et dévaste de grandes parties de forêts. Elle dépose ses œufs sur les feuilles de l'annee, que les fausses chenilles rongent dès leur naissance. Elle se file en même temps une toile d'où sort la partie antérieure du corps. A mesure qu'elle croît, elle agrandit la toile en forme de sac conique ou cylindrique; puis elle se retire dans la terre pour y passer à l'état de nymphe.

Tenthredo campestris. Fab. — Ibid.

——————— pratensis. Id. — Ibid.

——————— mesomelas. Scop. — Ibid.

——————— abietis. Linn. — Ibid.

Sirex gigas. Fab.— Cet Urocerate enfonce sa longue tarière dans l'écorce pour y déposer ses œufs. Les larves pénètrent dans l'aubier; mais, au lieu d'y vivre de la substance ligneuse, ainsi qu'on l'a cru longtemps, elles font la chasse aux Insectes Xylophages dans leurs galeries, et s'y rendent aussi utiles qu'elles étaient réputées nuisibles.

——————— spectrum. Fab. — Ibid.

——————— juvencus. Id. — Ibid.

HÉMIPTÈRES.

Lygœus pini. Linn. — Cette Cimicide vit sur l'écorce.

———— Rolandri. Fab. — Ibid.

Psylla pini. Macq. — V. Mélèze. Cette Psylle (Kermès pini Linn.) ressemble à celle du Mélèze. Les femelles déposent également leurs œufs dans des touffes filamenteuses; mais ces œufs sont jaunâtres au lieu de rougeâtres, et ils n'ont pas de pédicule. Les individus ailés ont sur les ailes une tache allongée, d'un gris roussâtre.

Aphis (Pityaphis. Am.) pini. Linn. — V. Cornouiller.

——— (pinetifex. Am.) pineti. — Ibid.

Kermes pini. Linn — V. Vigne.

LÉPIDOPTÈRES.

Satyrus fauna. Linn. — La chenille de ce Papillon est glabre, épaisse. Elle se creuse une petite cavité dans la terre pour s'y transformer. La chrysalide repose sur le sol sans être attachée.

Lycœna arion. Linn. — V. Baguenaudier.

Sphynx pinastri. Id. — V. Troëne.

Dasychira abietis. Id. — V. Noyer.

Liparis monacha. Id. — V. L'Introduction.

Lithosia quadra. Id. — V. Saule.

——— unita. Fab. — Ibid.

Lasiocampa (Bombyx) pini. Linn. — V. Poirier.

——— lobulina. W. W. — Ibid.

Cnethocampa pythiocampa. Linn. — V. Charme. Les chenilles sont processionnaires comme celles du Chêne, mais avec une modification singulière. Toutes celles qui proviennent d'une ponte marchent sur un seul rang à la suite les unes des autres, en se touchant si exactement par la tête et la queue, qu'elles paraissent au premier coup-d'œil former une immense chenille de 15 à 20 pieds de longueur. On les croit d'abord immobiles, mais en les regardant attentivement, on voit qu'elles font toutes ensemble et à des intervalles de temps égaux, un mouvement progressif et saccadé d'environ une demi-ligne. A chaque saccade, toutes les têtes et toutes les parties postérieures font, sans se séparer, un petit mouvement à droite. Alors la colonne avance. Après une petite pose, le même mouvement à gauche, et une nouvelle saccade portent la colonne de nouveau en avant. Si on touche la chenille qui est la première à la file, elle se contracte en s'agitant vivement, et la dernière de la file, y en eût-il 600, fait au même instant, ainsi que toutes celles qui la précèdent, le même mouvement. On les croirait frappées d'une commotion électrique.

Trachea piniperda. Esp. — La chenille de cette Noctuélite est rase, avec des lignes longitudinales nombreuses; elle s'abrite pendant le jour, et, avant de se transformer, elle se renferme dans une coque de soie, mêlée de débris de feuilles sèches.

Diphtera cœnobita. Tr. — V. Sorbier.

Luperina piniaria. Linn. — La chenille de cette Noctuélite est épaisse, chargée de points verruqueux. Elle ronge les racines, et s'y creuse quelquefois des galeries. Elle en sort ensuite pour se renfermer dans une coque de terre agglutinée.

Dypterygia pinastri. Linn. — La chenille de cette Noctuélite se transforme dans un cocon d'un léger tissu revêtu de mousse.

Aventia flexularia. Hubn. — La chenille de cette Phalénide est plate et ciliée sur les côtés; elle se nourrit des lichens du Pin, et se renferme dans une coque d'un tissu lâche, entre des feuilles.

Philobia notataria. W. W. — La chenille de cette Phalénide est lisse, à tête cordiforme. Sa transformation a lieu entre des feuilles ou dans la mousse au pied des Pins.

——— lituraria. Hubn, — Ibid.

Timandra pectinaria. W. W. — V. Chêne.

Corythœa variaria. B. — V. Genévrier.

Eupithecia strobilaria. B. — V. Tamarisc

Geometra cœsiata. Zell. — V. Berberis.

——— strigilata. Id. — Ibid.

Tephrosia ambiguaria. Dup. — V. Bouleau.

Boarmia secondaria. W. W. — V. Tulipier

——— abietaria. W. W. — Ibid.

Numeria capreolaria. W. W. — La chenille de cette Phalénide est tuberculée, à tête cordiforme; elle file son cocon entre les feuilles.

Phasiane palumbaria. W. W. — La chenille de cette Phalénide est lisse. Elle forme sa coque d'un léger tissu entre des feuilles.

Phasiane artesiaria. W. W. — Ibid.

Anaitis coarctaria. B. D. — La chenille de cette Phalénide est lisse, un peu aplatie. Elle se transforme à la surface de la terre, entre des feuilles sèches, sans former de coque.

Cidaria tristata. Linn. — V. Berberis.

Macaria signaria. Bell. — Cette Phalène a été trouvée par M. Bellier de la Chavignerie, dans les bois de Pins de la Lozère.

Fidonia piniaria. Bell. — V. Marronier.

Metrocampa fasciaria. Linn. — La chenille de cette Phalénide a le corps aplati en-dessous, et cilié sur les côtés. Elle est munie de douze pattes dont dix seulement servent à la progression. Elle se renferme dans un tissu mince avant de se transformer.

Chesias firmiaria. — V. Spártier.

Larentia rupestraria. V. — Tamarisc.

Tortrix piceana. Linn. — V. Lierre.

—— dorsovittana. Zell. — Ibid.

—— turionana. Ratz. — Ibid.

—— pinivora. Id. — Ibid.

Sericoris Zinckenana. Frohl. — Les chenilles de cette Platyomide vivent en famille et se tranforment entre des feuilles réunies en paquet.

Coccyx zephyrana. Tr. — Les chenilles de cette Platyomide vivent dans l'intérieur des bourgeons, s'y métamorphosent et causent de grands dommages.

—— resinana. Fab. — Ibid.

—— turionana. Hubn. — Ibid

—— buoliana. Fab. — Ibid.

—— strobilana. Hubn. — Ibid.

—— diana. Hubn. — Ibid.

—— janthinana. Dup. — Ibid.

Grapholitha cosmophorana. Tr. — V. Ajonc.

Ephippiphora pygmœana. Hubn. — La chenille de cette Pla-

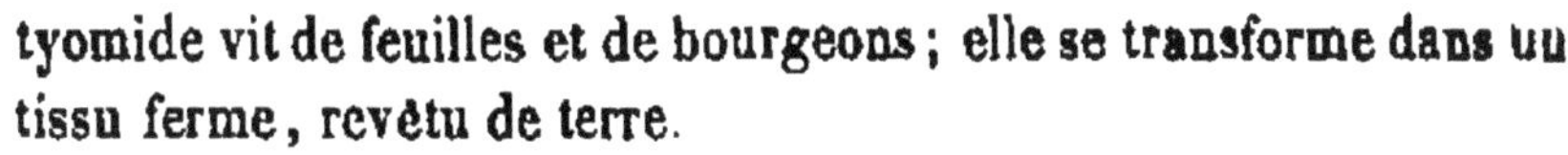

tyomide vit de feuilles et de bourgeons ; elle se transforme dans un tissu ferme, revêtu de terre.

Crambus pinatellus. Tr. — V. Tamarisc.

Eudorea ambigualis. Tr. — V. Aubépine.

——— mercurella. Linn. — Ibid.

Phycis abietella. W. W. — V Groseiller. Les chenilles vivent dans des tumeurs résineuses.

Nemophora pilulella. Hub. Zell. — V. Ciste.

Tinea sylvestrella. Ratz. — V. Clématite.

—— decuriella. Hubn. — Ibid. La chenille ne se nourrit pas des feuilles ou des bourgeons, mais de la partie ligneuse ; elle se loge entre l'écorce et l'aubier, et la blessure qu'elle cause à l'arbre en fait découler la résine qui, en se coagulant forme une tumeur qui trahit la présence de la chenille, et dans laquelle elle pratique une cellule pour s'y transformer; cette cellule en forme de tuyau est tapissée de soie.

Argyresthia piniarella. Zell. — V. Cornouiller.

——— illuminatella. Fab. — Ibid.

——— fondella. Tisch. — Ibid.

——— gysseliniella. Kuhlw. — Ibid

——— farinetella. Zell. — Id.

——— glabratella. — Id.

Coleophora laricella. Hubn. — V. Tilleul.

Gracillaria picipennella. Mann. Zell. — V Erable.

Cosmopteryx pinicolella. Id — V. Peuplier.

DIPTERES.

Cecidomyia pini. Deg. — V. Tilleul. La larve se développe dans une coque de résine sur les feuilles.

——— brachyptera. Schwag. Ratz. — La larve vit à la base des aiguilles, et se transforme dans la terre.

Leucopis griseola. Meig. — La larve de cette Muscide se nourrit des Pucerons du Pin.

PIN MARITIME. *P. maritima*. Lam.

Les chatons mâles sont ovales ; les cônes ovoïdes ou pyramidaux, verticillés, sub-sessiles ; feuilles géminées, raides, fort longues.

Cette espèce, dont la zone est peu etendue et propre au midi et à l'ouest de la France, y est devenue précieuse, surtout par son introduction dans les landes, les bruyères, les dunes les plus rebelles à la culture. C'est par lui qu'ont été converties en forêts les vastes plages du Bordelais qui désolaient les regards de leur nudité, et dont les sables, faute d'être fixés par la végétation, étendaient au loin leur stérilité par l'action des vents.

Sa nature maritime se révèle, suivant Bernardin de St-Pierre, à ses pignons renfermés dans des espèces de petits sabots osseux, crénelés en-dessous, et recouverts en-dessus d'une pièce semblable à une écoutille, conformation qui les rend propres à voguer, tandis que dans les Pins habitants des montagnes, les pignons sont accompagnés d'une sorte d'aileron qui les rend volatiles.

Si le bois de ce Pin est d'une qualité inférieure à celui de l'espece sylvestre, il y a supériorité sous le rapport de la résine que l'industrie modifie en essence de Térébenthine, en goudron, en poix, en colophane, en noir de fumée, et qui, par son abondance, ajoute beaucoup à l'utilité de cet arbre.

Les insectes qui vivent sur le Pin maritime ont donné lieu à un ouvrage spécial de M. Ed. Perris, qui doit être inséré dans les annales de la Société entomologique de France. Le talent d'observation qui caractérise l'auteur, sa science physiologique, son expérience dans l'art de suivre le développement des insectes dans les différentes phases de leur existence nous sont garants du succès qu'aura cet ouvrage. Quant à nous, nous nous bornons à mentionner les espèces qui ont été signalees sur cet arbre jusqu'à ce jour.

COLÉOPTÈRES.

Xantholinus collaris. Erichs. — Ce Brachelytre se développe sous l'écorce.

Lithocaris fuscula. B. D. — Même observation.

Omalium concinnum. Marsh. — Même observation.

Chalcophora mariana. Fab. — Même observation.

Agrilus cyaneus. Oliv. — V. Vigne.

Ancylocheira flavomaculata. Fab. — V. Cyprès. La larve s'enfonce dans le bois.

——— 8. guttata. Linn. — Ibid.

Phœnops tarda. Fab. — V. Peuplier. M. Perris a trouvé les larves en grand nombre dans deux tronçons de Pins.

Anthaxia morio. Fab. — La larve vit sous l'écorce des Pins morts.

Cratonychus brunnipes. Ziegl. — Même observation.

Agrypnus atomarius. Fab. — V. Chêne.

Athous rufus. Fab — V. Chêne. La larve se développe près des racines des gros Pins morts. Perris.

——— rhombeus. Oliv. — Ibid. Sous l'écorce.

Cardiophorus rugicollis. Fab. — V. Hêtre.

Ampedus sanguineus. Fab. — V. Pommier.

——— balteatus. Id. — Ibid.

——— prœustus. Id. — Ibid.

——— nigerrimus. Dej. — Sur les feuilles des jeunes Pins.

Ludius cruciatus. Fab. — Ce Sternoxe se développe sous l'écorce.

Anobium molle. Fab. — Sa larve se développe dans les jeunes bourgeons. Perr.

——— angusticolle. Id. — Sa larve vit dans l'écorce des Pins morts.

Hæterius quadratus. Payk. — M. Perris a trouvé ce Clavicorne dans une fourmilière, sous l'écorce d'une souche de Pin maritime.

Misolampus scabricollis. Grælls. — Cet Hétéromère vit sous l'écorce des Pins abattus, par groupes de cinq à six individus, en Espagne sur le Guadarrama.

Uloma culinaris. Fab. — V. Hêtre.

Phtora crenata. Dej — Cet Hétéromere vit sous l'écorce des souches.

Hypophlœus pini. Panz. — V. Frêne

Hypophlœus linearis. Gyll. — V. Frêne.

Tenebrio curvipes. Fab. — La larve de cet Hétéromère se développe sous l'écorce.

Xanthoctera carniolica. Gyss. — Même observation.

Rhinomacer attelaboides. Sch. — V. Pin sylvestre.

Brachyderes lusitanicus. Sch. Lap. — V. Bouleau.

Hylobius pinastri. Gyll. — V. l'Introduction.

Pissodes notatus. Fab. — V. Pin sylvestre.

Thamnophilus carbonarius. Meg. — La larve de ce Curculionite se développe dans la moëlle des jeunes branches.

Rhyncolus crassirostris. Meg. — La larve de ce Curculionite se développe dans les souches.

——— porcatus. Sch. — Ibid. Sous l'écorce.

Mesites pallidipennis. Sch. — Ce Curculionite vit sous l'écorce.

Otiorhynchus pinastri. Sch. — V. Oranger.

Dryophthorus Lymexylon. Fab. — V. Châtaignier.

Hylurgus ligniperda. Fab. — V. Genévrier.

Hylastes ater. Id. — Ce Xylophage se développe sous l'écorce.

Dendroctonus piniperda. Fab. — Même observation.

——— minor. Hartig. — La femelle pratique, pour pondre ses œufs, des galeries transversales qui font quelquefois tout le tour du tronc, tandis que celles du D. piniperda les fait longitudinalement.

Bostrichus bidens. Fab. — V. Clématite.

——— laricis. Fab. — Ibid.

——— eurygraphus. Erich. — Ibid.

——— pusillus. Gyll. — Ibid.

——— stenographus. Nordl. — Ibid.

——— Lichtensteinii. R. — Ibid.

Rhyzophagus depressus. Fab. — V. Hêtre.

Colydium ruficorne. Oliv. — V. Orme.

Spondylis buprestoïdes. Fab. — V. Pin sylvestre.

Ergates faber. Fab. — V. Ibid.

Rhagium indagator. Fab. — V. Aubépine.

Rhagium inquisitor. Fab. — Ibid. La larve, observée par M. L. Duf., se développe entre le bois et l'écorce, où elle se creuse des galeries fort irrégulières. Avant de se transformer, elle se construit une loge excavée, relevée dans son pourtour par une sorte de fascine de fibres enroulées, sur plusieurs couches, et formant un bourrelet épais; mais pour employer ces fibres, elle doit les assouplir, les humecter, les pétrir et les polir.

Criocephalum rusticum. Fab. — V. Pin sylvestre. Sa larve vit dans les souches.

Astynomus œdilis. Fab. — V. Chêne.

——— griseus. Fab. — Ibid.

Monohammus gallo-provincialis. Oliv. — V. Chêne.

Leplura rubro-testacia. Fab. — V. Hêtre.

Coccinella 11. punctata. Fab. — La larve de ce Trimère dévore les pucerons du Pin.

——— oblongo guttata. Linn. — Ibid.

NÉVROPTÈRES.

Termes lucifugus. Ross. — Cette espèce niche dans les vieilles souches.

HEMIPTÈRES.

Aulacetrus pini. Perris. — Cette Cimicide vit sur les feuilles.

Rhyparochromus pini. Linn. — Cette Cimicide vit sous l'écorce.

Xylocoris ater. L. Duf. — Même observation.

——— rufipennis. Id. — Ibid.

Cicada orni. Linn. — V Orme.

DIPTÈRES.

Cecidomyia pini maritimæ. L. Duf. Bremi. — La larve en est remarquable par le cocon qu'elle se fabrique avant de passer à l'état de nymphe. Ce cocon ovale, couché dans la gouttière de la feuille et collé sur ses bords, est formé extérieuremet d'une couche unie de résine, qui est revêtue en dedans d'un tissu serré de soie. L'instinct industrieux qui préside à cette construction ne consiste pas seulement dans la réunion de ces deux substances et dans la forme et l'agencement que la larve sait leur donner, mais encore dans la recherche de la résine, dans la préparation qu'elle lui fait subir pour en diminuer la viscosité et lui donner la ductilité convenable, et surtout dans l'artifice qu'elle emploie pour fermer extérieurement avec la même substance la porte d'entrée de sa retraite (1).

Pachygaster pini. Perr. — V. Orme.

Medeterus pini. Id. — La larve de ce Dolichopode se développe sous l'écorce.

Xylota pini. Id. — Même observation.

Rhychomyia colombina. Meig. — La larve se développe dans les ulcères.

Blepharipalpus humeralis. Perr. — Même observation.

PIN D'ALEP. *P. halepensis*. Mill.

Les chatons mâles sont oblongs, cylindracés.

Cette espèce, connue aussi sous le nom de Pin de Jérusalem, croît dans les sables les plus arides de l'Atlas. Introduit dans l'Europe méridionale, il y est attaqué par les insectes Xylophages propres aux espèces indigènes et particulièrement par les deux suivants.

COLÉOPTÈRES.

Hylurgus (hylesinus, Nordl) ligniperda. Hubn.

Bostrichus cinereus. Hubn. — M. Nordlinger l'a trouvé près de Toulon réuni au précédent.

PIN LARICIO. *P. laricio*. Poir.

Les chatons mâles sont longs de près d'un pouce, aggregés au nombre de 6 à 20.

Ce Pin, qui se trouve en Corse, dans les Pyrenées, la Calabre,

---

(1) M. L. Dufour, Annales de la Société Entomologique de France, année 1838, page 294.

l'Autriche, la Hongrie, la Crimée, est l'espèce qui atteint les dimensions les plus considérables.

Les deux Coléoptères suivants ont été observés sur ce Conifère.

Bostrichus stenographus. Duft. — V. l'Introduction.

Dendroctonus piniperda. Fab. — V. Pin maritime. Ce Xylophage cause de grands dommages à l'allée des Pins laricio du Jardin des plantes. Les sommités des tiges deviennent d'un jaune feuille morte.

Pin Strobus. *P. strobus.* Linn. (1).

Les chatons mâles sont courts, ovales, aggrégés ; cônes à pedoncules.

Originaire du Canada et des Etats-Unis, il s'y trouve au bord des rivières et dans les marais dont il fait l'ornement par la légèreté de son feuillage, l'élégance de son port pyramidal et les belles dimensions qu'il y acquiert (2). Il est en même temps l'arbre le plus utile de l'Amérique septentrionale pour la marine et les habitations.

Ce Pin paraît avoir eté transporté en France dès le 16.ᵉ siecle.

Belon en cite un qui existait alors à Fontainebleau, et qui attirait les regards par sa beauté.

En qualité d'arbre aquatique, il doit contraster avec les autres Pins, qui habitent les sols arides, et présenter des harmonies avec les eaux comme ceux-ci avec les montagnes. En adoptant le système de Bernardin de St.-Pierre, les feuilles, par exemple, du Pin Sylvestre, appropriées aux terrains en pente, sont fortement sillonnées en gouttières de manière à amener l'eau des pluies à la tige cannelée et de la tige aux racines. Dans le Pin strobus, les sillons sont légers, et par leur disposition en panache, les feuilles

---

(1) Pin de Weymouth, Pin du Lord, Pin blanc, en Amérique *Strobus* est le nom que les Romains donnaient aux cônes de Pins, et qui a donné lieu à celui de Strobiles que les botanistes leur donnent.

(2) Michaux en a mesuré un qui avait 48 mètres de haut sur 2 1/2 de diamètre.

ecartent peut-être cette eau du pied de l'arbre. Les cônes du Pin Sylvestre sont arrondis et propres à se disséminer en roulant du haut des montagnes. Ceux du Strobus sont cylindriques et parais sent destinés à naviguer.

Les insectes observés sur ce Pin sont :

COLÉOPTÈRES.

Hylurgus (hylesinus, Nordl) palliatus. Gyll. — V. l'Introduction.

——— polygraphus. Linn. — Ibid.

Bostrichus autographus. Kn. — Ibid.

———— Lichtensteinii. R. — Ibid.

Leptura rubro-testacea. Fab. — V. Hêtre. M. Nordlingen a vu plusieurs femelles sur le côté inférieur d'un tronc abattu, attirées sans doute par l'instinct d'y déposer leurs œufs sous l'écorce.

PIN CEMBRO. *P. Cembro.* Linn.

Les chatons mâles sont ovales, courts, aggrégés en épis ; chatons femelles pedonculés ; cônes ovales, plats à la base.

Ce Pin, quoique affilié au précédent, en est bien différent sous le rapport des lieux qu'il habite. Il ne se plaît que sur le flanc des hautes montagnes ; il enfonce ses racines dans les anfractuosités des rochers abruptes. Je l'ai vu dans les Alpes au haut des glaciers, au pied des neiges éternelles ; il croit également dans les plus âpres régions des monts Carpathes, de l'Oural, du Caucase, où il déploie sa sauvage élégance, son immense pyramide que ne peuvent abattre les ouragans ni les siècles.

Le Pin Cembra partage avec le Pin Pignon la propriété d'offrir entre les écailles de ses cônes des amandes d'un goût agréable, ressource alimentaire par laquelle la Providence a rendu habitables à l'homme, les sites les moins accessibles.

Insectes observés sur le Pin Cembro :

COLÉOPTÈRES.

Tomicus Cembræ. Heb. — La larve de ce Xylophage, armee

de fortes mandibules, vit sous l'écorce et en dévore la substance en y creusant des galeries souvent remarquables par leur nombre et les dessins qu'elle y grave.

LÉPIDOPTÈRES.

Eudorea Cembrella. Curt. — V. Aubépine.

G. SAPIN. Albies. *Tourn.* (1).

Les fleurs sont monoïques et naissent de bourgeons aphylles.

Tous les sapins habitent l'hémisphère septentrional ; dans les climats chauds de ces contrées, ils sont confinés aux régions supérieures des montagnes.

Sapin Epicea. *Abies picca* (2). Mill.

Les chatons mâles sont allongés ; les chatons femelles sont ovoïdes ; les cônes allongés ; les feuilles couvrant les rameaux.

Comme le Pin Sylvestre, l'Epicea est propre à l'Europe boréale; il en couvre les plaines et les montagnes ; il y prodigue aux besoins et à l'industrie des hommes tous les bienfaits de son bois (3), de son écorce (4), de ses racines (5), de ses cônes, de ses bourgeons,

(1) Ce nom a une étymologie assez compliquée. *Sapinus* comme abies paraît avoir été formé d'*abn*, qui se trouve dans Hésychius. *Abn*, *abinos*, *sapinus*, *sappinus*. Saumaise prétend qu'il y a une différence entre *sapinus* et *sappinus*, et que ce dernier a été fait, par contraction, de *Sapa pinus* : sap pour sapin se trouve dans Perceval :

Si tient une lance de Sap.

(2) Abies picca, Mill.; Abies excelsa, de Cand.; Pinus abies, Linn.; Pinus Picea, Dur.; Pinus excelsa, Lamk.; Picea vulgaris, Link.; Picea pectinata, Don.; Pesse, Epicea de Norwège, Sapin de Norwège, Pinesse, Serente, faux Sapin, Sapin rouge, Sapin gentil.

(3) Le bois sert non seulement à la marine, à la charpente, mais encore à l'ébénisterie, à la boisselerie.

(4) L'écorce sert au tannage, et les couches internes peuvent servir d'aliment.

(5) Les Lapons font des cordages et des paniers avec ses racines.

de sa résine (1). Il se prête à tout, et se dresse fièrement en mât de nos vaisseaux, comme il se débite en jouets d'enfants. Tout grand arbre qu'il est, il permet qu'on le façonne en haie et en charmille.

Loin des régions Scandinaves, l'Epicea paraît encore en rechercher l'âpreté, en croissant de préférence sur le flanc septentrional des montagnes, telles que les Vosges, le Jura, les Alpes, où il s'élève à 1,800 mètres au-dessus du niveau de la mer.

Les insectes que nourrit l'Epicea sont sans doute en grand nombre, mais, comme cet arbre est souvent confondu avec le Sapin, ou nommé de ce nom, les Entomologistes ont dû fréquemment considérer comme propres au Sapin les insectes qu'ils observaient sur l'Epicea. Quelques-uns cependant appartiennent spécialement à ce dernier Conifère.

Coléoptères.

Bostrichus typographus. — V. l'Introduction.

——— piceæ. Ratz. — Ibid.

——— lineatus. Fab. — Ibid.

Pissodes piceæ. Ill. — Ibid. Suivant M. Riegel, la femelle attaque l'arbre en commençant par le sommet du tronc, et elle dépose ses œufs en tas dans des espèces de chambres qui sont pourvues de différents enfoncements, mais souvent aussi dilatées en galeries qui se répandent en diverses directions. Les chambres, les galeries des larves et les cellules des nymphes se trouvent dans l'écorce, de sorte que l'aubier est à peine effleuré.

Mesosa nebulosa. Fab. — Ce Longicorne se développe sous l'écorce et dans l'aubier.

Hyménoptères

Tenthredo abietis. Linn. — V. Groseiller.

Lophyrus piceæ. Fab. — V. Genévrier.

Hémiptères.

Capsus abietis. Linn. — V. Erable.

---

(1) La résine fournit de la poix, de la térébenthine, de la colophane.

Chermes abietis. Linn. — V. Vigne.

Coccus abietis. Linn. — V. Tamarisc.

LÉPIDOPTÈRES.

Liparis monacha. Linn. —V. l'Introduction. Il commet souvent de grands ravages dans les forêts d'Epiceas; il en est le plus grand ennemi en Allemagne, et quoiqu'il soit aussi au nombre des destructeurs du Pin Sylvestre, il est beaucoup plus avide de l'Epicea, au point qu'il épargne le premier lorsque l'un et l'autre sont à sa portée.

Elatina cœnobita. Esp. — La chenille de cette Bombycide vit exclusivement sur l'Epicea. Elle se transforme dans une coque d'un tissu solide et s'enfonce un peu dans la terre.

Numeria donzelaria. Dup. — La chenille de cette Phalenide est tuberculée et atténuée antérieurement. M. Bellier de la Chavignerie l'a élevée sur un petit Epicea en caisse, dans son cabinet. Elle a filé entre quelques feuilles un tissu lâche, dans lequel elle s'est transformée.

Tortrix piceæ. Linn. — V. Lierre.

Glyphiptera abietana. H. — V. Orme.

Fidonia picearia. Hubn. — V. Marronnier.

Phycis abietella. Linn. — V. Groseiller.

Coccyx strobiliana. Hubn. — V. Pin.

DIPTÈRES.

Rhamphomyla gibba. Zett. —Cette Empidie frequente le feuillage des Epiceas dans les forêts de la Scandinavie

SAPIN BLANC. *A. Alba*. Mich.

Les cônes sont courts, oblongs, presque cylindriques; les écailles en forme de coins, tronquées au sommet, très entières; ailes ovales, un peu plus courtes que les écailles.

Cet arbre de l'Amérique septentrionale, remarquable par son feuillage bleuâtre et sa forme régulièrement pyramidale, n'est guère connu en France que dans les jardins. J'en ai observé un à

Sachin (Pas-de-Calais) (1), dont les rameaux de l'année étaient couverts au mois de juillet, d'une espèce de Pucerons verts, à fourrure légère, allongée, blanche. Le jour même de l'observation, il survint une forte pluie d'orage et le lendemain, je n'en revis pas un seul ; ils avaient tous été emportés par l'averse, tandis

---

(1) Lieu plein de charmes pour moi pendant trop peu de temps, et devenu une source intarissable de douleur et de regret. C'est là qu'habitait mon bien-aimé fils ; qu'il avait trouvé le bonheur que donne un heureux mariage et la vie agréablement utile des champs ; c'est là, qu'une maladie de peu de jours a détruit l'espoir d'un long et doux avenir, fondé sur la jeunesse et la santé.

Il se livrait à la culture d'une partie de son domaine, dans le but principal de faire participer les habitants du canton au progrès de l'art agricole, dont il faisait une étude assidue. Il s'occupait aussi avec zèle de l'élève du cheval, qui dans cette partie de l'Artois est favorisée par la qualité des pâturages. Il voulait coopérer à la réintégration dans sa nature primitive de la race boulonnaise à la fois robuste et énergique, dont le sang fortifie toutes les races dans lesquelles il est introduit par le croisement ; il y réussissait et il acquérait des droits à la reconnaissance publique, en suivant l'impulsion de son cœur vers tout ce qui est bon et utile.

Maire de sa petite commune, il se félicitait de pouvoir se mettre en rapport avec tous les habitants, connaître leurs besoins, leur venir en aide, les éclairer de ses conseils, entrer dans leurs intérêts, concilier leurs différents, les soulager dans leurs infortunes, de sorte qu'il n'y avait pas de pauvres autour de lui, ou au moins il ne pouvait y en avoir longtemps. Il n'y existait pas davantage de dissensions politiques, cet autre fléau de notre époque, tant on se ralliait avec confiance à ses convictions. Sachin était un oasis où l'on respirait un air doux et pur comme les eaux de la Clarence qui y prennent leur source.

Tout le bien que produisaient cette activité, ce zèle, ce dévouement, cette charité, est anéanti ; toutes les promesses de l'avenir, fondées sur la force de l'âge et de la santé, se sont évanouies en peu de jours ; il ne reste qu'une tombe, une veuve abîmée dans sa douleur, et deux enfants trop jeunes pour connaître leur malheur ; mais cette tombe est celle d'un chrétien qui du céleste séjour (je puise ma confiance dans la miséricorde divine), prie pour tout ce qui lui fut cher ; cette veuve, qui possède à la fois tant de force de caractère et de délicatesse de sentiment, est animée de toutes les généreuses inspirations qu'elle puise dans son sang et dans la mémoire de celui qu'elle pleure ; ces enfants, tout faibles qu'il sont, montrent déjà le germe des vertus que l'éducation maternelle saura développer.

que sur des Epiceas contigus à cette Sapinette, des pucerons que j'avais vus également la veille, avaient résisté à la pluie.

Sapin commun. *A. vulgaris.* Poir (1).

Les chatons mâles sont ovales, obtus, rapprochés ; les chatons femelles à écailles portant les pistils ; feuilles d'un vert foncé et luisantes en-dessus, d'un glauque blanchâtre en-dessous.

Tandis que l'Epicea, l'arbre de la Norwège, descend vers le Midi, comme les anciens Scandinaves, et ne disparaît entièrement que vers les bords de la Méditerranée, le Sapin commun semble dominer sur le penchant des Pyrénées, des Alpes, d'où il remonte vers le Nord en pénétrant dans les Vosges, la Forêt noire. Je l'ai vu formant une des zones végétales de la base du Mont-Blanc, au-dessus de celle des Chênes, au-dessous de celle des Mélèzes. C'est là que sur la pente méridionale entre Dolone et Pré Saint-Dizier, s'élève depuis 1,200 ans, le colosse connu sous le nom d'écurie des Chamois, dont le tronc a près de huit mètres de circonférence.

Pline fait mention d'un Sapin de sept pieds de diamètre, qui servit à faire le mât d'un vaisseau, sur lequel l'Empereur Galigula, fit apporter d'Egypte à Rome, un obélisque qui fut élevé dans le cirque du mont Vatican.

Les anciens employaient le Sapin pour faire des javelots, comme il le paraît par ce passage de Virgile :

Cujus apertum,
Adversi longa transverberat abiete pectus.
Æneid.

---

(1) Pinus picea, Linn.; Abies picca, Lindl.; Abies pectinata, de Cand.; Abies taxifolia, Desfont.; Abies candicans, Fisch.; Abies excelsa, Link.: Picca pectinata, Loud.

Sapin blanc; S. argenté; S. à feuilles d'If, S. des Vosges, S. de Normandie ; Avet en Catalogne.

Les insectes observés sur le Sapin commun sont :

COLÉOPTÈRES.

Dromius 4. maculatus. Fab. — V. Peuplier.
———— 4 notatus. Panz. — Ibid.
———— punctatellus. Duftschn. — Ibid.
———— glabratus. Panz. — Ibid.
———— sigma. Duftsch. — Ibid.
Ancylocheira flavo-maculata. Fab. — V. Cyprès.
———— 8 guttata. Fab. — Ibid.
Telephorus prolixus. Mœrkel. — V. Sureau. M. Merkel l'a trouvé en assez grand nombre sur les jeunes Sapins de la Carinthie.
Clerus 4. maculatus. Fab. — V. Pin. Sur les troncs.
Rhysodes europœus. Dej. — Ce Térédile vit dans le bois décomposé.
Anobium abietis. Fab. — V. Vigne. La femelle dépose ses œufs en tas au fond d'une cavité en forme de bourse, sous l'écorce. Lorsque les larves éclosent, elles forment des galeries qui s'agrandissent et se communiquent entre elles.
———— abietinum. Gyll. — Ibid.
Hybœcetus dermestoides. Fab. — V. Orme.
Peltis grossa. Fab. — V. Chêne.
—— ferruginea. Id — Ibid.
—— oblonga. Id. — Ibid.
Ips. 4 notata. Fab. — V. Hêtre.
—— 4 pustulata. Id. — Ibid.
—— bimaculata. Gyll. — Ibid.
—— 4 guttata. Fab. — Ibid.
—— abbreviata. Panz. — Ibid.
Strongylus luteus. Herbst. — Ce Clavicorne se développe sous l'écorce.
Thymalus limbatus. Fab. — V. Hêtre.
Engis rufifrons. Fab. — Ibid.
Hypoplœus pini. Panz —V. Frêne.

Hypophlœus castaneus. Fab. — V Frêne.

Dircœa discolor. Fab. — V. Hêtre.

——— variegata. Id. — Ibid.

——— lœvigata. Ziegl. — Ibid.

——— ferruginea. Panz. — Ibid.

Mycetochara barbata. Linn. — Cet Helopien vit sous les écorces.

——— bifoveolata. Duf. — Ibid.

Calopus serraticornis. Linn. — V. Pin Sylvestre.

Serropalpus barbatus. Fab. — La larve de cet Hétéromère se développe sous l'écorce.

Hylobius abietis. Linn. — V. Saule.

Pissodes pini. Fab. —V. l'Introduction. La larve vit de la sève, du cambium et des sucs que renferme la partie intérieure de l'ecorce.

Disopus abietis. Suff. — La larve de ce Curculionite n'est pas connue.

Rhyncolus crassirostris. Mag. — Même observation.

——— pyrœneus. Duf. — Ibid.

Brachyderes incanus. Fab. — V. Bouleau.

——— lusitanicus. Id. — Ibid.

Hylurgus ater. Fab. — V. Genévrier.

——— elongatus. Herbn. — Ibid.

——— piniperda. Fab. — Ibid

——— ligniperda. Fab. — Ibid.

Hylesinus crenatus. Fab. — V. Lierre.

Bostrichus abietis. Ziegl. — V. l'Introduction

——— typographus. Fab. — Ibid.

——— pusillus. Fab. — Ibid.

——— autographus. Fab. — Ibid.

——— limbatus. Fab. — Ibid

——— dispar. Fab. — Gyll.

——— curvidens. Fab. — Ibid.

——— laricis. Fab. — Ibid.

——— monographus. Fab. — Ibid.

Bostrichus hysterinus. Duft. — Gyll.

———— villifrons. Duft. — Ibid.

———— dryographus. — Ibid.

Hylastes abietis. Erich. — Pin maritime.

Cryphalus abietis. Ratz. — La larve de ce Xylophage se développe sous l'écorce.

Rhyzophagus ferrugineus. Panz. — V. Hêtre.

Trogossita caraboidis. Fab. — V. Peuplier d'Italie.

Colydium elongatum. Fab. — V. Orme.

Isarthron luridum. Fab. — Ce Longicorne se développe dans l'aubier.

Callidium rusticum. Fab. — V. Aubépine.

———— variabile. Linn. — Ibid.

———— griseum. Fab. — Ibid.

———— sanguineum. Linn. — Ibid. On trouve quelquefois sa larve dans des planches de Sapin.

Astynomus œdilis. Fab. — V. Chêne.

———— atomarius. Fab. — Ibid.

Monohammus sartor. Fab. — V. Chêne.

———— sulor. Fab. — Ibid.

Rhagium indagator Fab. — V. Aubépine.

———— inquisitor. Fab. Ibid.

———— bifasciatum. Fab. — Ibid.

Cryptocephalus abietis. Knock. — V. Cornouiller.

———— 4 pustulatus. Gyll. — Ibid.

Agathidium seminulum. Let. — Ce petit Erotilène se développe sous l'écorce.

———— magnum. Duf. — Ibid.

Scymnus abietis. Payk. — La larve de ce Trimère dévore les Pucerons.

HYMÉNOPTÈRES.

Pamphylius abietina. Fab. — V. Poirier.

Nematus saxesenii. Ratz. — V. Irène,

Dolerus abietis. Zur. — V. Rosier.

Tenthredo abietis. Fab. — V. Groseiller.

HÉMIPTÈRES.

Aradus dilatatus. L. Duf. — V. Chêne.
——- ellipticus. L. Duf. — Ibid.
Capsus abietis. Fab. — V. Erable.
Psylla abietis. Bouche. — V. Buis.
Aphis abietis. — V. Cornouiller.
Kermes (Elatocecis. Am.) Geoff. — V. Vigne.
——— viridis. Ratzeb. — V. Ibid.
——— coccineus. Id. — Ibid.

LÉPIDOPTÈRES.

Bombyx monacha. Linn. — V. l'Introduction.
Dasychira abietis. Esp. — V. Noyer.
Lasiocampa lobulina. Hubn. — V. Poirier.
Geometra montanaria. Zell. — V. Berberis.

Timandra pectinaria. W. W. — La chenille de cette Phalénide est renflée en massue dans sa partie antérieure, avec la tête petite et enfoncée sous le premier segment. Elle se renferme, avant de se transformer, dans un léger tissu enveloppé de feuilles.

Boarmia abietaria. W. W. — V. Tulipier.
Glyphiptera abietana. Hubn. — V. Orme.
Tortrix abietina. Ratz. — V. Lierre.
—— abietis. Ratz — Ibid.
—— adjunctana. Zell. — Ibid
—— hercyniana. Zell. — Ibid.

Sericoris abietisana. Frey. — La chenille de cette Platyomide vit et se métamorphose entre des feuilles réunies en paquet

Coccyx comitana. W. W. — V. Pin sylvestre.
——— nanana. Tr. — Ibid.
Crambus abietella. W. W. — V. Tamarisc.
Eudorea sudeticella. Zell. — V. Aubépine.
Phycis terebrella. Zell. — V. Groseiller.
—— abietella. W. W. — Ibid.

Tinea sylvestrella. Ratz. — V. Clematite.
—— abietella. Id. — Ibid.
—— bergiella. Ib. — Ibid.
Argyresthia fundella. Zell. — V. Cornouiller.
———— præcocella. Id. — Ibid.
———— argentella. Id. — Ibid.
———— gyssoliniella. Id. — Ibid.
———— illuminatella. Ratz. — Ibid.
Gracillaria picipennella. Mann. — V. Erable.

DIPTERES.

Cecidomyia pilosa. Brem. — V. Tilleul. La larve se transforme dans un cocon que l'on trouve en hiver sur les aiguilles des Sapins.

G. MELÈZE. Larix. *Tourn.*

Les fleurs sont monoïques; les chatons solitaires, terminant de très-courts ramules latéraux ; les feuilles caduques.

Le Melèze commun, entre tous les arbres, n'est inférieur qu'au Cèdre du Liban en prééminence, sous le rapport de la beauté, du port, de l'élevation, des dimensions, des qualités du bois. Il habite de préférence les Alpes dont il forme la zone végétale la plus elevée, à l'exception des Rhododendrons. Il en existe dans le Valais, sur la montagne d'Eudzon, un individu que sept hommes peuvent à peine embrasser. A peu de distance du Mont blanc, près du col du Ferré, un autre Mélèze mesure 5 mètres et demi de circonférence, et est réputé de l'âge de 800 ans. Le plus grand arbre qui ait été vu à Rome, selon Pline, était un Mélèze, que Tibère avait fait amener de la Valteline et que Néron employa à la construction de son amphitheâtre. On en fit une poutre qui avait 120 pieds de long sur deux d'équarrissage, ce qui supposait à l'arbre les dimensions les plus colossales que l'on pût concevoir. Son bois est durable au point que les constructions de Venise qui datent de sa fondation, reposent sur des pilotis encore intacts de Mélèze.

Malesherbes à vu dans le Valais en 1778, une maison en Melèze qui avait 240 ans, et dont le bois était encore entièrement sain. Ces maisons se construisent en plaçant des pièces de Mélèze, d'un pied d'équarrissage les unes sur les antres, et, au lieu de tuiles, on couvre les toits avec des planchettes du même bois.

Les insectes observés sur le Mélèze ne sont pas nombreux.

COLÉOPTÈRES.

Agrypnus fasciatus. Fab. — V. Chêne.

——— varius. Fab. — Ibid.

Athous undulatus. Payk. — V. Chêne.

Calopus serraticornis. Fab. — V. Pin sylvestre.

Bostrichus laricis. Ratz. — V. l'Introduction.

Cis laricis, Mellie. — V. Bouleau.

Phalacrus caricis. Mellié Nord. — Ce Clavipalpe passe l'hiver dans les interstices de l'écorce.

HYMÉNOPTÈRES.

Lophyrus laricis. Jar. — V. Genévrier.

HÉMIPTÈRES.

Psylla laricis. Macq. — Nous donnons ici l'extrait d'un mémoire que nous avons publié sur cet insecte en 1819. Les larves quelques jours après leur éclosion, se couvrent d'une substance filamenteuse, blanche. Elles se fixent comme les Cochenilles ; les feuilles sur lesquelles on les observe ne tardent pas à se couder et à jaunir au point sur lequel chacun de ces petits insectes s'est établi, et d'où il tire, au moyen de sa trompe, les sucs dont il se nourrit. Au commencement du mois de juin, après avoir changé plusieurs fois de peau en grandissant, une partie de ces petites Psylles n'élaborent plus de substance filamenteuse, et elles se montrent munies de petites enveloppes qui renferment des rudiments d'élytres et d'ailes, tandis que d'autres, à peu près aussi nombreuses, restent couvertes de cette espèce de duvet, et sans aucune apparence d'élytres. Quelques jours après, les premières se transforment en insectes ailés d'un noir mat, les élytres transparentes, avec un large bord vert au côté externe. Après avoir vécu peu de jours, pendant lesquels elles montrent beaucoup de vivacité, elles meurent et disparaissent. Les autres, sans perdre la forme de larves. déposent un assez grand nombre d'œufs rougeâtres et oblongs, en les fixant chacun à l'extrémité d'un pédicule dont la base est collée à la feuille, et en les couvrant en partie de leur matière filamenteuse. Ces œufs donnent naissance, au bout de huit à dix jours à de nouvelles larves qui se dispersent bientôt sur le feuillage. Quant aux mères, je crois qu'elles survivent à cette ponte, parce que j'en ai vues qui étaient pleines de vie après la dispersion des larves ; que je n'ai jamais trouvé leur dépouille desséchée près des coques d'œufs, comme on voit celles des Cochenilles, et que, parmi les petites Psylles qui se répandent sur le feuillage au mois de juillet, on continue à en voir de grandes, couvertes de duvet, qui sont, selon toute apparence, les mêmes qui ont produit cette génération. On a déjà fait la même observation à l'égard de l'Orthesia urticæ. Je suis persuade que ces deux sortes d'individus, les uns qui restent aptères, et les autres ailés, sont, les premiers les femelles, et les autres les mâles. Je n'ai jamais trouvé d'œufs dans le corps de ces insectes ailes, à cette époque. Cependant il n'en est pas de même plus tard : au mois d'août, on voit de nouveau des Psylles sans ailes devenir mères ; mais on voit aussi des individus ailés, entièrement semblables à ceux qui avaient paru au mois de mai, se fixer sur les feuilles du Mélèze, et déposer des œufs également pourvus d'un pédicule. A mesure que ces Psylles déposent leurs œufs, leur abdomen diminue de longueur, de sorte qu'il est totalement oblitéré à la fin de la ponte. Les œufs remplissent alors tout l'espace qu'il occupait, et ils sont entièrement recouverts en toit par les élytres et les ailes de l'insecte qui vit immobile pour les garder, et dont la dépouille leur sert encore de rempart après la mort. Outre ces individus ailés dont le sexe n'est pas douteux, on en voit en même temps qui n'en diffèrent que par la légèreté avec laquelle ils s'échappent lorsqu'on veut les saisir, et qui sont, selon toute apprrence, des mâles. Les petites larves, qui tardent peu à éclore, se dispersent au mois de septembre, et, lorsque le feuillage commence à tomber, elles se retirent pour la plupart dans les cannelures des jeunes branches où elles passent l'hiver.

Les Psylles du Mélèze diffèrent donc, sous ce rapport, des autres espèces connues, dont tous les individus adultes ont des ailes, qui ne produisent qu'une seule génération, et qui ne se fixent jamais à la manière des Gallinsectes. Outre ces différences, leurs antennes au lieu d'être composées de neuf articles allonges, n'en ont que cinq courts, avec les deux soies terminales divergentes, caractère essentiel des Psylles ; leurs elytres n'ont point les nervures intermédiaires et internes bifurquées vers l'extrêmite; elles ne portent ni les deux tubercules dont la tête est ordinairement munie, ni la tarière qui termine l'abdomen des femelles. Enfin les tarses n'offrent qu'un seul article au lieu de deux.

L'existence de la Psylle du Mélèze paraît indiquée dans les voyages de Saussure, parlant de l'excellence du miel que produit la célèbre vallée de Chamouni, ce savant dit que l'opinion la plus probable attribue la bonne qualité de cette substance aux Melèzes. En effet, continue-t-il, les feuilles de cet arbre qui est très-commun, transsudent en certain temps, une espèce de manne que les abeilles recueillent avec beaucoup d'empressement. Or cette espece de manne n'est sans doute autre chose que de petits grains blancs, de saveur sucrée, élaborés par les Psylles.

Aphis (Laricethus. Am.) laricis. — V. Cornouiller.

LÉPIDOPTÈRES.

Tinea laricinella. Ratz. — V. Clématite.

Coleophora laricella. Hubn. — V. Tilleul.

G. CÈDRE. CEDRUS. *Juss.* (1)

Les fleurs sont monoïques ; les chatons mâles solitaires, cylin-

---

(1) En hébreu, Arez ; en arabe, Chitram, d'où parait dérivé Cèdre.

driques, à nombreuses etamines ; chatons femelles solitaires ou géminés, cylindriques, à bractées ; feuilles persistantes.

Le Cèdre du Liban, ce roi des végétaux, cet emblème de la puissance, se rattache à Salomon, au temple de Jérusalem, a l'Arche d'alliance, au palais de Persépolis, d'Ephèse ; il jouit d'une célébrité à l'abri, comme son bois, de toute altération. Reunissant au plus haut degré les formes, l'élévation, l'ampleur, la longévité (1), il domine tout le règne végétal, ainsi qu'il régnait sur les cimes du Liban, avant que la hache n'eût presque tout abattu (2). Il ne survivra bientôt à cette destruction que par son introduction en Europe, trop restreinte encore aux parcs et aux jardins. Tels sont les cèdres plantés en 1469 par Ebérard de Wurtemberg dans la cour du vieux château de Montbeillard, ceux du jardin botanique de Chelsea, qui datent de 1683 ; celui du lord Pembrock, à Wilton, de Duhamel du Monceau, à Denainvillers, de Baville, plantés par de Malesherbes, le défenseur, l'ami de Louis XVI.

Enfin celui du jardin des plantes et son frère jumeau, du parc de Montigny, près de Meaux, rapportés l'un et l'autre d'Angleterre en 1734 par Bernard de Jussieu dans son chapeau, dont l'un plus celèbre, mais mutilé dans son sommet, présente dix pieds de circonférence(3), à la hauteur de six pieds de terre, tandis que l'autre en mesure vingt-un, et que, dans toute la puissance de sa vegétation, il a pris une elévation et une couronne immenses. Si, dans l'espace de 120 ans, si court pour un Cèdre, il a pris de telles dimensions, quel sera son développement, sa majestueuse

---

(1) Pline cite un Cèdre qui fut employé par le roi Demetrius, pour une galère, et qui avait 130 pieds de long, et trois brasses d'épaisseur. Il en existe encore sur le Liban, qui ayant 12 mètres de circonférence peuvent avoir neuf siècles d'existence, d'après l'évauation qui en a été faite.

(2) Il n'en reste qu'une petite forêt d'une centaine d'arbres.

(3) M. Lestiboudois a vu en Algérie une table de cèdre, formé d'une seule pièce, d'un mètre soixante de diamètre, et on lui a dit qu'il y en avait de doubles en dimensions.

beauté dans plusieurs siècles, si Dieu lui prête vie (1)? Il égalera peut-être ceux qu'a celébrés Salomon, et d'où le prophète Ezéchiel, tirait la comparaison suivante: ***Ecce Assur quasi Cedrus in Libano, pulcher ramis et frondibus nemorasus, etc.***

Si l'on calculait l'âge des plus gros Cèdres du Liban, qui ont ete mesurés par quelques voyageurs, ceux dont le tronc avait, selon Maundrell et Pockocke, 36 pieds de circonférence, devraient avoir 900 à mille ans.

Aucun insecte, à ma connaissance, n'a encore ete signale comme vivant sur cet arbre; seulement j'ai observé un cèdre de mon jardin de Lestrem, dont la tige principale, encore herbacee, mais dejà longue de vingt centimètres, était rongée par une chenille a son extrêmité; elle y avait filé quelques brins de soie qui paraissent être un commencement de cocon; l'ayant deposee dans un bocal, j'ai desiré l'élever à l'etat ailé; mais je n'ai pu y parvenir.

(1) Ce Cèdre a été planté dans le parc de Montigny, par M de Trudaine, intendant-général des finances. Ce domaine etant actuellement au point d'être vendu et le Cèdre d'être abattu, il s'est ouvert une souscription pour en assurer la conservation. Puisse-t-elle être couronnée de succès.

TABLE ALPHABÉTIQUE

DES ARBRES ET ARBRISSEAUX MENTIONNÉS DANS L'OUVRAGE.

www.ingramcontent.com/pod-product-compliance
Ingram Content Group UK Ltd.
Pitfield, Milton Keynes, MK11 3LW, UK
UKHW020100200726
13856UKWH00002B/295

9 782013 576666